普通高等学校旅游管理教材

旅游生态与环境管理

谢　芳　　张艳玲　编著

清华大学出版社
北京交通大学出版社
·北京·

内容简介

本书编写参考了国内外大量的相关文献，同时列举了国内外案例，使读者在理解相关内容时能更加切合实际。全书简要阐述了旅游生态与环境管理的基本概念、旅游对环境的影响，以及旅游资源环境保护的意义与方法，介绍了旅游地环境承载力的内容及其主要理论和评价方法、旅游环境影响评价、旅游景观开发和保护模式、生态旅游及其开发模式与管理，并对历史古城镇保护利用的原则、旅游循环经济、环境审计和旅游企业环境责任等进行了较为详细的阐述。

本书适合作为本科、高职高专院校和成人教育的旅游生态与环境管理课程教学用书。同时，也是旅游生态与环境管理的相关科研和管理人员的专业用书，对旅游业从业人员也有一定的参考价值。

图书在版编目（CIP）数据

旅游生态与环境管理/谢芳，张艳玲编著. —北京：清华大学出版社；北京交通大学出版社，2010.2

（普通高等学校旅游管理教材）

ISBN 978-7-5121-0021-3

Ⅰ. ①旅… Ⅱ. ①谢… ②张… Ⅲ. ①旅游-生态环境-环境管理-高等学校-教材 Ⅳ. ①X322

中国版本图书馆CIP数据核字（2009）第236369号

责任编辑：吴嫦娥　　特邀编辑：林欣
出版发行：清 华 大 学 出 版 社　邮编：100084　电话：010-62776969　http：//www.tup.com.cn
　　　　　北京交通大学出版社　邮编：100044　电话：010-51686414　http：//press.bjtu.edu.cn
印 刷 者：北京东光印刷厂
经　　销：全国新华书店
开　　本：185×230　印张：19.25　字数：432千字
版　　次：2010年6月第1版　2010年6月第1次印刷
书　　号：ISBN 978-7-5121-0021-3/X·3
印　　数：1～4 000册　定价：29.00元

本书如有质量问题，请向北京交通大学出版社质监组反映。对您的意见和批评，我们表示欢迎和感谢。
投诉电话：010-51686043，51686008；传真：010-62225406；E-mail：press@bjtu.edu.cn。

前 言

在环境污染和破坏日益严重的今天，不少旅游资源已经呈现衰败的迹象，旅游业也面临严峻的挑战，旅游环境保护对促进我国旅游业可持续发展具有重要的意义。本书是按照培养既具有较为系统和坚实的理论基础，又具有较强适应旅游环境管理工作需要的实用型高素质旅游专业人才的高等教育目标，在参考大量国内外有关旅游环境管理教材和论文的基础上，编写的一部理论性和实用性兼备的教材。

本教材的特点是面向实践，注重案例分析，并且图文并茂，有利于学生系统地掌握旅游环境管理的相关知识，以便今后在实际工作中，能开展相关的基础工作，对旅游环境保护专业化程度较高的问题能够找到工作的切入点、寻求专家的支持和合作。本书适合作为本科、高职高专院校，以及成人教育的旅游生态与环境管理课程教学用书，同时可以为从业人员提供辅助参考。

在本书的编写过程中，为保持行文的简明和体例上的统一，未在引用处一一标明参考引用的国内外文献，而是将其附于每章的后面，在此谨向有关作者表示衷心的感谢。对于个别引用文献因篇幅和其他原因未能一一列出者，谨在此向有关作者表示深深的谢意和歉意。

在编写本教材的调研过程中得到了云南省丘北县旅游局、普者黑旅游景区管理局李涛同志，以及泸沽湖景区“算了吧”旅馆的主人墨脱的大力协助，在此表示深深的谢意。

全书由谢芳、张艳玲编著。其中，第1～4章由张艳玲编写，第5～12章由谢芳编写。

2010年5月

编者简介

谢芳，博士，现任天津财经大学旅游系教授，硕士生导师。1995 年取得美国俄克拉荷马市大学工商管理硕士学位。1999.9—2000.9 作为国家教委公派访问学者赴丹麦哥本哈根大学学习绿色管理和环境法。2006 年 6 月获南开大学环境科学与工程学院环境与社会发展研究中心环境经济学博士。2004 年曾参加国家自然科学基金项目：环境审计——现代企业及环境管理重要工具研究。2005 年主持并完成天津市教委人文社科项目：企业环境绩效评价的研究。2008 年参加教育部社科基金资助项目：旅游业可持续发展研究——基于动态环境承载力的分析。2009 年 3 月主持并完成天津市哲学社会科学研究规划资助项目：资源节约型社会条件下企业环境责任与环境绩效评价的研究——以旅游企业为例。谢芳主要讲授的课程有“旅游环境与生态”、“旅游市场营销”、“旅游高级英语”等；发表《环境审计：旅游循环经济的管理工具》等论文 20 余篇。

张艳玲，博士，现任天津财经大学旅游系副教授。1999 年至 2005 年赴德留学，并取得工商管理硕士及管理学博士学位。在德国主要从事国际资源与环境研究，并曾经担任德国弗莱贝格工业大学工商管理硕士项目的教学工作。归国后一直从事旅游环境和会展高等教育事业，并致力于推进旅游和会展的可持续性发展。此外，张博士自 2006 年至今一直负责主编《欧亚企业的社会责任和环境管理会议论文集》。该论文集每年出版，目前出版的论文集均被美国的 ISTP/ISSHP 收录。

目 录

第1章 旅游生态与环境管理导论

本章导读

旅游资源大多是自然和人类文化遗留下来的珍贵遗产，不但具有易受破坏的脆弱性，而且还具有难以恢复的不可再生的特点。在旅游规划管理和经营中，必须注意对旅游资源的保护，我国旅游和环保部门也十分重视这项工作，并制定了一系列的保护性措施和法律条文。总之，旅游环境保护对促进旅游业持续发展具有重要的意义。通过本章的学习，使学生了解旅游活动对生态环境的影响、旅游资源环境保护的意义，以及明确我国环境兴旅的观念和目标。

1.1 旅游对生态环境的影响

1.1.1 环境是旅游业生存和发展的基础

1. 旅游环境

环境是旅游的前提，旅游在某种程度上是依附环境而发展的。没有优质的环境，就不能吸引旅游者前来旅游。良好的环境是旅游业建立和发展的基础，是一个国家或地区旅游业赖以生存和发展的最基本条件。一切使旅游活动得以存在和进行的外部条件总和构成了旅游环境。这是一个包含社会、经济、自然等在内的复合环境系统，称之为广义的旅游环境系统。在旅游环境的各系统中，本书主要讨论旅游环境的自然环境和旅游资源问题，也就是狭义的旅游环境问题，但在部分章节对广义的旅游环境，如人文环境有所涉及。

从自然环境来说，在众多的人类经济活动中，旅游对自然环境的依存度是非常高的。所以，一旦自然环境受到污染而恶化，旅游者就买不到高品质的旅游产品，也就无法从旅游中获得满意的体验。由此可见，旅游业的成功与自然环境所具有的吸引力带给旅游者的愉悦，以及旅游者从中体验到的舒适程度息息相关。

从人文环境来说，随着人们文化知识水平和受教育程度的不断提高，人们对富有文化内涵的旅游资源与环境越来越青睐。在这种环境中旅游，人们能得到高度的精神享受和文化体验；能了解异族异域的风情和特色，最大限度地满足探新求异、追新猎奇的心理需求。而这一类旅游资源与环境大多是历史遗留下来的，因而对它们的保护、维护和修缮就显得非常重要。

2. 旅游环境问题

旅游环境污染与破坏、旅游对环境的负面作用和消极影响，统称为旅游环境问题。

旅游环境问题是旅游与环境非良性循环的具体表现，其根本原因是缺乏科学、有效的管理，不合理开发、利用旅游资源而造成旅游环境质量的下降和恶化。旅游环境的污染和破坏，必然导致旅游资源的损害和浪费，甚至使一些旅游资源枯竭或消失，最终将导致旅游环境质量的进一步恶化。

总之，从高山大川到珍禽异兽，从文物古迹到民俗风情……这些旅游环境是人类整体环境中最宝贵和最精华的组成部分。失去了这些，旅游业将成为无源之水、无本之木，将失去其生存和发展的物质基础。解决旅游环境问题，关键是正确处理旅游与环境的关系，实现旅游与环境的良性循环，走旅游业可持续发展的道路。

1.1.2 旅游业对环境的正面影响

1. 促进环境质量的提高

旅游业在环境保护及可持续发展方面是具有天然优势的产业，通过对旅游资源及环境的合理开发利用而实现的旅游良性循环与发展，可以为环境的保护和改善提供物质基础与条件，对环境保护起到促进作用。所以，旅游发展与环境保护并不是绝对矛盾的，处理得好，旅游发展还可以促进环境的保护。例如，黄山是安徽省著名的国家级风景区，在全省的国家级风景名胜区环境管理工作定量考核中，黄山连续多年获得总分第一名。近年来，黄山风景区在能源结构改造、垃圾处理、污水处理、净菜上山等一系列环保工程上投入数千万元，使环境污染降到最低程度。从 1995 年起，黄山的垃圾收集、清运开始实行袋装化，日产日清；对废弃电池进行定点回收。沿登山道路设简易垃圾池 600 多个，在岗环卫工 100 多人，年处理垃圾 5 600 多吨。近年来，黄山风景区还建设了若干个“生态环境”项目，既为附近村民提供了就业机会，增加了农民收入，又较好地调整了风景区与村民的关系，有效地保护了生态环境，同时还为生态旅游开辟了新的游览区。

2. 推动对自然资源、野生动植物及环境的保护

在人类越来越渴望回归自然、越来越重视自然资源和野生动植物的情况下，旅游发展确实起到了保护自然环境和野生动植物的作用。其主要表现为：旅游发展会改变当地居民的观念，增强他们对环境价值的认识。尤其是当旅游给当地居民带来实际利益时，

这种作用就会更加明显。当地居民会放弃伐木、打猎等传统的生存方式，而通过参与旅游业获取经济效益。同时，政府的观念也会改变。肯尼亚的安波沙提国家公园，每年的旅游创汇达 800 万美元，而养牛业收入只有 45 万美元；发展旅游业，每年每公顷土地纯收入 40 美元，而发展农业只有 0.8 美元。当地政府意识到发展旅游业可以赚取外汇，于是就颁布“禁猎令”，建立多处自然保护区和国家公园，发展自然旅游或生态旅游。结果不仅获得了可观的经济效益，还使环境得到了有效保护。

3. 促进对历史古迹的保护及民族传统文化的发展

旅游为保护历史古迹和民族传统文化提供了一条有效的途径。在国家计划安排的有限基本建设投资中，国家旅游局每年安排专款，资助地方整治或重建了南京秦淮河景区、苏州寒山寺景区、西安古城墙、敦煌月牙泉，整修了包括山海关、八达岭、慕田峪、司马台、黄崖关、嘉峪关等万里长城上的许多景点，这些举措为改善当时我国主要旅游区（点）的生态环境质量、保护文物古迹作出了重要贡献，使一些濒于毁坏的文物古迹得到拯救。此外，随着旅游的发展，一些原先几乎被人们遗忘了的传统习俗和文化活动重新得到开发和恢复；传统的手工艺品因市场需求的扩大重新得到发展；传统的音乐、舞蹈、戏剧等重新受到重视和发掘。

4. 发挥环境教育功能

旅游为旅游者提供了一个亲近自然、认识自然的绝好机会。伴随着旅游活动的开展，旅游者可以了解更多的自然知识、生态知识乃至环境知识，可引发旅游者对人与环境关系的进一步思考，提高环境保护意识。世界上有许多著名的国家自然公园，其经营的目的就是以社会公益为主，强化人们保护自然环境的意识。

1.1.3 旅游业对环境的负面影响

旅游业并非是人们原来认为的无污染工业。旅游业作为一种产业，也产生各种废物。其不仅排放废物影响人类健康，而且产生的“旅游公害”对自然生态环境的破坏是难以弥补的。由于旅游活动对环境的负面冲击，引起了国际社会的高度关注。国际自然保护联盟（IUCN）建议从以下的直接冲击进行整体性考察：①暴露的地质表面、矿物及化石、土壤；②植物；③野生动物；④水资源；⑤空气品质；⑥环境卫生；⑦景观美学；⑧文化环境。以下就从这 8 个方面对旅游活动给环境造成的负面冲击加以综合分析。

1. 旅游活动对地表和土壤的冲击

随着自然区域内旅游活动的开展，旅游设施开发已使很多完整的生态地区被逐渐分割，形成岛屿化，使环境生态面临前所未有的人工化改造，如地表铺面、植被更新、外来物种引入等。换句话说，地球上能完整地保持原始状态的生态地区正在逐渐消失。无论是陆地还是水域表面都可能受到旅游活动的影响，岩岸、沙滩、湿地、泥沼地、天然洞穴、土壤等不同的地表覆盖都可能承受不同类型的旅游冲击，对地表和土壤影响较大的旅游活动有旅游开发、海岛观光、登山健行、洞穴活动等。

1）旅游开发的影响

（1）旅游开发建设对土地造成占用和浪费。从旅游业来看，占用、浪费土地和耕地的现象经常发生，如近年兴起的旅游开发热，各地兴建了一大批大型人造景观、游乐场、游乐园、高尔夫球场等。

（2）旅游开发建设对景观和生态的污染与破坏。对于某些生态脆弱敏感的地区，旅游开发不仅占用耕地，还会对地表植被和生态系统造成不良影响。

例如，旅游业的快速发展给我国张家界国家森林公园带来了巨大的经济效益。但与此同时，不合理的规划设计和粗放的施工建设、过量接待设施的兴建，以及大量游客的涌入已使公园的环境质量发生了一系列的改变。公园内局部地段和区域的植被、空气和水体都遭受了不同程度的污染和破坏。1998年，联合国教科文组织遗产委员会官员在进行考察时，对张家界国家森林公园环境质量状况深表担忧，并提出了黄牌警告，希望能尽快进行环境治理与保护。

2）海岛观光的影响

为了发展旅游业，在岛屿建设了机场、车站、码头、宾馆等大量设施。机场的跑道占去了大片的土地，在岛屿土地面积有限的情况下，许多海岸林被夷为平地，珊瑚礁被炸毁填平，进行人工造地。这不仅改变了地表结构，也使大量动物无家可归，加上建筑材料的就地取材等，使岛屿海岸承受了极大的压力。许多红树林或海滨植物被大量铲平，用于建设旅游宾馆和海滨步行道，而这些宾馆常因离海岸太近，影响海沙的自然移动，导致海岸被严重侵蚀。

3）登山健行的影响

在众多的旅游活动中，对地表造成较严重影响的是登山健行。许多山地为接待游人而进行了大规模开发，修建厕所、小卖部、宾馆、度假中心等。地表上的植被被铲除或移往他处，土坡丧失了保护的功能，容易遭受冲蚀。此外，登山活动还会造成土壤的夹带移动，使山的高度降低。过多游人的踩踏行为也是对土坡最为常见的冲击。尤其是地表植物所赖以生存的土坡有机层往往受到最严重的影响。

4）洞穴活动的影响

洞穴活动对环境的影响也是非常大的。洞穴属于半封闭的空间，其环境容量一般较小，如果过多游客进入，游客呼出的二氧化碳、其他有害气体和水分，以及散发出的体热等都会造成半封闭空间的环境变化，不仅因空气流通不畅，会使人气闷，严重时会使人窒息，而且还会影响洞穴环境的原有化学平衡，造成钟乳石表面的伤害。因此，对天然洞穴的开放参观一定要持谨慎态度，并且要加强管理，避免超载，禁止游客触摸钟乳石表面，以避免造成钟乳石发生色变。

2. 旅游活动对植物的影响

人类的旅游活动对地表植被和植物的影响可分为直接影响和间接影响两大类。直接影响包括移除、踩踏、采集和对水生植物的危害等；间接影响则包括外来植物物种引入、营养盐、车辆废气、水土流失等，这些都会间接地影响植物的生长和健康。

1）大面积移除

大面积移除是人类对植物的最直接伤害。例如，为兴建宾馆、停车场或其他旅游设施，大面积的地表植被被剔除，甚至还从外地搬来其他土坡进行客土，以符合工程上的要求。更换植被最严重的要属高尔夫球场的建设，为塑造出适宜挥杆的坡地环境，常常改变了整座山头的模样，原生植被几乎全部挖除，重新种植上外来草种。

2）践踏与碾压

虽然游客在旅游活动中一般不会有蓄意破坏植物的行为，但对植物的践踏往往会引起一系列的相关反应，通常如土壤压实、土壤结构破坏、地表水流失、土壤侵蚀，以及生物多样性降低等。步行道规划设计不合理也可能影响到濒危植物物种生长。在肯尼亚的马赛马拉（Maasai Mara）保护区，观光游客常为观赏野生动物，驱车在草地间穿梭，对草地的伤害极大。

3）采集

采集也是对植物的一种伤害行为。游客购买稀有植物的行为，会诱发当地居民或商人进入生态保护区盗取天然稀有植物。我国鼎湖山自然保护区科研人员经过长期观察和研究得知，保护区内一些药用和观赏植物已经消失。据 1991 年统计，该保护区成立 35 年来，已有 27 种植物种群数日趋减少，有 7 种已经灭绝。经现场调查分析，鼎湖山生物多样性减少的重要原因是游客及附近居民缺乏基本的生态环境意识，旅游部门管理不力，登山游客又不断增加，所有这些因素导致大量奇花异草被采摘，珍稀植物濒临灭绝。

3. 旅游活动对野生动物的影响

旅游活动可能会破坏许多野生动物的栖息地或庇护所。游客来到旅游区后，无论是旅游活动本身或是游客所制造的噪声都会干扰野生动物的生活和繁衍。而且游客对各种山珍海味和各类野生动物制品的偏爱，更使野生动物的生存受到了威胁。

1）对野生动物的干扰

游客从事户外旅游活动时，很难不对生存其中的动物造成干扰，尤其是对较为敏感的鸟类和哺乳动物。调查发现，英国有一种小型的燕鸥，因为经常有钓客和戏水者在其巢穴附近活动，致使其无法顺利繁衍下一代。希腊、土耳其等地中海沿岸的海滩，本是稀有动物海龟的生存地，海龟蛋在沙地才得以固巢，但随着这些区域成为旅游胜地，海龟的繁殖环境遭到破坏。在山地及森林，一些动物会因游客滑雪或旅行活动而受到干扰。在严酷的冬天，森林动物为逃避游客而迁徙，耗尽了能量。

2）对野生动物的消费

在旅游活动对野生动物的影响中，游客对野生动物的消费行为最为严重。因为游客对野生动物的消费行为，会直接导致捕杀野生动物。除了吃以外，人们还喜欢购买野生动物的相关制品，如动物毛皮、象牙等。由于利润的驱使，动物走私已成为国际三大非法贸易之一。

3）游客的不文明行为

游客自身的不文明行为也会破坏野生动物的生活环境，这种情况在动物园、野生动物园经常出现。例如，游客随手丢掉的空瓶子等废弃物，很可能成为麋鹿等动物的觅食对象，从而使动物患消化不良、肠胃炎、肠梗阻等急慢性疾病，甚至导致死亡。在我国的动物园里，因动物吞食带有塑料制品的食物而死亡的情况也时有发生。

4．旅游活动对水体环境的影响

1）水上运动产生的冲击

游客双足的负面效应不只局限在陆地生态系统中。随着度假旅游活动的日益兴盛，各式各样的水上运动，如水上摩托艇、划船、游泳、垂钓、跳水、潜水、驾驶帆船等，极大地丰富了人们的度假生活内容，同时也给水体环境带来了极大的冲击，而且这种冲击往往是综合性的。根据澳洲大堡礁公园管理处的统计，发现澳洲大堡礁常遭到以下几种干扰。

(1) 悬浮物质增加，造成水体混浊，同时造成沉积物增加。

(2) 水体混浊度增加，减少入射水体的光线，影响植物光合作用。

(3) 营养物质排入，使水质产生变化。

(4) 游客使用机器设备，造成物理性伤害，如水上摩托艇和游艇。

(5) 燃料及油污所造成的散布污染。

2）船舶油污、污水、垃圾污染

旅游水体污染的重要原因之一，是旅游船只所排放的垃圾、油污的污染。船舶上的厕所、医务室等污水未经任何处理，直接排入江中；机舱水、废燃油和机油也被倒入或渗入江中。还有因船舶事故造成的石油、农药、化肥及其他有毒化学药品的污染。但最严重的是船舶垃圾污染。例如，邮轮所产生的废物主要有以下几种。

(1) 废水（Wastewater）：主要分为“黑水”（即污水）和“灰水”（即浴室、洗碗槽和厨房废水）。

(2) 固体废物（Solid Waste）：主要是食品残留、塑料、纸张、木头、板材、罐头瓶和玻璃。虽然这些废物经常会带到岸上处理，但大多数都在船上被焚烧或直接丢入海中。

(3) 有毒废物（Hazardous Waste）：主要是清洗设备的溶剂、冲洗和印制照片的化学物与金属物，以及油漆废物和废电池。

(4) 带油的舱底污水（Oily Bilge Water）：主要包括与引擎和其他机器使用有关的易挥发的燃料、油和废水。

上述各种废物会对海洋水质和许多海洋生物产生影响，如鱼类、海洋哺乳动物、海龟和鸟类。

5. 旅游活动对空气品质的影响

从表面上看，旅游业似乎不会对空气品质造成多大的影响，但当旅游因素介入到天然环境保护区时，就会影响这些地区的空气品质。

1）汽车污染

旅游活动对空气品质的影响以汽车污染最为严重。随着汽车进入家庭成为私人出行交通工具，自驾车旅游的游客越来越多。交通工具所排放的废气还含有有毒性物质，威胁地球生态的健康。从全球气候变化的角度，废气排放可导致酸雨，使地球增温，某些物质还可诱发臭氧层空洞。这些问题已不再是区域性的问题，而是全球性的问题了。

2）飞机污染

国际旅游因民用航空的普及而蓬勃发展，但是飞机所带来的空气污染与噪声污染也是不争的事实。对于机场建成后所带来的空气污染常常令当地居民十分头痛。

6. 旅游活动对环境美学的影响

旅游活动对环境美学的不良影响主要表现为游客的不文明旅游行为和旅游业的不合理开发建设而造成的旅游“开发污染”。

1）游客的不文明旅游行为

不少游客有在古树、碑刻、石头等上面刻字画画的不良习惯。其中，刻字留念可以说是最常见的，这些不良习惯会破坏景观，降低文化旅游资源的价值，而且会影响一些植物的生长。

2）建筑污染与破坏性建设

风景旅游区破坏性建设是我国旅游开发中普遍存在的问题。随着旅游经济的快速发展，一些风景名胜区人口迅速增长，各种生产经营活动日趋活跃（包括修建房屋和各种公共设施，办厂开店，发展乡镇工业和商业服务业，景区内繁华的街区涌现），原有的村庄、居民点迅速扩大，新的旅游集镇不断形成，人口膨胀，环境污染严重，风景名胜区自然风貌黯然失色。一些风景区凭借一些民间传说和神话故事，采用古代和现代的表现手法在景区修建一些雕塑或建筑，但制作粗糙，文化品位不高，与自然景观极不协调。

7. 旅游活动对文化环境的影响

1）旅游活动对文物古迹的破坏

旅游活动会对东道国或地区的社会文化环境造成影响，最明显的是会增加对文物古迹进行保护的费用和工作量，甚至会对文物古迹造成无法挽救的破坏。超容量接待也会对文物古迹造成破坏。在我国，表现之一是著名风景旅游区供给相对薄弱，巨大的国内旅游需求对著名风景区的承载能力形成强烈冲击，特别是近年来游客数量倍增，流向又高度集中，已使大城市近郊的短程景区和大部分著名风景旅游区负载过重，人满为患。这不但对旅游氛围形成巨大冲击，降低游客的旅游感受，使重游率减少，更重要的是严重破坏了景区质量，资源、设施损坏严重，尤其会使文物古迹遭受破坏。

丹麦的小美人鱼铜像于1913年8月23日被安置在哥本哈根港，现已成为丹麦的象征。但“美人鱼”铜像曾多次遭受厄运。目前，哥本哈根市政府决定将丹麦最著名的观光景点美人鱼雕塑迁至深海，原因是过多的游客对这一世界闻名的雕塑造成了太多的破坏（见图1-1）。

图1-1　美人鱼受不了啦

资料来源：http://www.uutuu.com/fotolog/photo/48893/

2）旅游活动对民族传统文化的冲击

愈来愈多的游客喜欢拜访原始部落，如前往非洲或拉丁美洲地区，或者到文明古国访问，如印度、尼泊尔等国家，使这些地区的传统文化因旅游活动而受到冲击，许多民众的价值观因此改变，各地原本独特的文化逐渐消失，久而久之旅游发展很容易使全球许多地方出现文化趋同现象。若大部分地区的文化风貌变得基本相同，那么文化环境类型的旅游将会逐渐萎缩。

3）旅游对当地居民生活方式、价值观与社会道德等的影响

旅游活动是外来旅游者和当地居民之间互动的一种文化渗透过程。在这个过程中，双方的价值观、社会观、道德观、宗教观和政治观等经过无形的传播与渗透，会发生撞击和潜移默化的影响，尤以旅游者对目的地社会的影响最为严重。旅游还会导致旅游地社会犯罪增多。有些当地人通过对来访旅游者行为的观察，逐渐在思想上和行为上发生消极变化。旅游还对旅游地的传统道德观念带来冲击。在四川岷江上游羌族地区，随着旅游业的发展，原本“十里不同羌”的羌族，由于盲目仿效色彩艳丽的其他地方的羌族服装，使不同地区的羌寨在服装服饰上日益趋同。原本淳朴的民风也在经济利益的诱惑下严重衰退，亲戚和邻里关系由原来的和谐相处、无偿互助变成为争夺客源吃住而常常互相诋毁乃至谩骂，中青年人普遍以家传物品为幌子销售造假商品，并以游客讲价后必须购买为由强制游客购买商品。

1.2　旅游资源环境保护的意义

1. 保护自然景观旅游资源是维护生态平衡的重要内容

自然景观旅游资源按其特点可以分为顺境自然生态景观、逆境自然生态景观和特异自然生态景观三大类。顺境自然生态景观是指保存完整的原始景观，如世界自然遗产、自然保护区和一些风景自然区，多分布在高山深谷、人类难以到达的区域和宗教圣地。这类景观的生态系统往往极为脆弱，若开发不当或开发后管理不当，违反自然生态发展

规律，很容易造成自然生态系统不可逆转的破坏，数亿年演化遗留的珍贵自然遗产将毁于一旦。逆境自然生态景观是指由于自然生态系统的逆向演化所形成的具有观赏价值的自然景观，如云南元谋土林和陆良彩色沙林风景区，虽然系水土流失所形成，但是如果人类活动加大了水土流失的强度，则势必影响这类景观的形态特征，甚至会导致其从地球上消失。特异自然生态景观是指自然形成的以奇异特征吸引游客的自然景观，如喀斯特地貌中的云南石林、桂林山水、地下溶洞。这类景观的形成也是历经亿万年，若不注意保护将使之失去原有的魅力，如喀斯特造型景观的石芽被毁、地下溶洞中的石钟乳和石笋被敲断等，减少了对游客的吸引力，同时也破坏了自然景观的完整度。由此可见，保护自然景观旅游资源就是保护自然生态系统。

2. 保护人文景观旅游资源是保护文化完整性和文化遗产的需要

地方文化作为反映人类社会发展历史各个阶段的活的标本和缩影，是人文景观旅游资源中最富生命力的组成部分。不同地域、不同民族的人们在长期适应和改造大自然过程中形成的独特的生产、生活习俗及宗教信仰，是人与自然和谐发展中的一种文化定位，具有其合理性。在进行旅游资源开发时，只有从弘扬民族文化的角度出发，保持其“原汁原味”，防止低级庸俗化的不良开发行为，地方文化的完整性和文化生态平衡才不会被破坏，旅游地也才能显示出强劲的生命力。

此外，众多的古人类遗址、古建筑等历史遗存，不但是重要的人文景观旅游资源，其中的精华还以其极高的历史、文化和艺术价值，成为珍贵的世界文化遗产。例如，北京故宫是目前世界上现存的规模最大的木结构建筑群，已被联合国教科文组织公布为世界文化遗产。又如，中国的万里长城是世界上最为壮观的军事建筑，被称为全球七大古建筑奇观之一，也被列入了世界文化遗产。正如历史不可逆转一样，古人遗留下的历史文化古迹，一旦被破坏就不能再真正地恢复其原貌，即使付出极大的代价仿造，其意义已截然不同。倘若源于自然且优于自然的中国古典园林的精髓苏州园林遭到破坏，即使重修复原，也只会给人留下貌似神异的遗憾。

3. 旅游资源保护是旅游业可持续发展的根本保证

旅游业可持续发展是可持续发展思想在旅游业中的具体贯彻和应用。1995 年，联合国教科文组织、环境规划署和世界旅游组织等，在西班牙召开的“可持续旅游发展世界会议”上通过的《可持续旅游发展宪章》指出：“旅游具有双重性，一方面能够促进社会经济和文化的发展，同时也加剧了环境损耗和地区特色的消失”；“可持续旅游发展的实质，就是要求旅游与自然、文化和人类生存环境成为一体，自然、文化和人类生存环境之间的平衡关系使许多旅游目的地各具特色，旅游发展不能破坏这种脆弱的平衡关系。”

由此可见，旅游资源及其所存在的生态环境的保护，对旅游业的可持续发展至关重要。一方面，旅游资源的特色和永恒存在，是旅游业存在和发展的基础，而旅游资源是有限的，旅游活动造成环境损耗和地方特色逐渐消失，实质上就是对旅游资源的消耗，旅游发展必须切实保护好旅游资源，使其可持续利用水平不断提高。另一方面，较高的旅游资源可持续利用水平和良好的生态环境状况，又是旅游业可持续发展的重要标志。真正可持续发展的旅游业，必须是建立在人们适度开发、旅游资源可持续利用水平和生态环境承载力不断提高的基础上。

1.3 以环境建设促进旅游业的发展

改革开放以来，我国旅游业发展迅速，已经成为国民经济新的增长点。旅游与环境相互依存、相互促进，旅游需要优良的生态环境，并能有效地促进生态建设和环境保护。贯彻落实科学发展观，正确认识和处理环境保护与旅游发展的关系，有效保护生态环境，实行科学的旅游开发、建设、经营、服务和消费行为，是旅游业实现可持续发展的重要途径。

2005 年 6 月 16 日，中国国家旅游局和国家环保总局联合发出《关于进一步加强旅游生态环境保护工作的通知》(以下简称《通知》)，提出要高举环境兴旅的旗帜，并就贯彻科学发展观，进一步加强旅游生态环境保护，促进旅游与环境产业协调发展和旅游业的可持续发展作出原则规定，进行全面部署。

1. 确立“环境兴旅”目标

《通知》首先提出，要确立“环境兴旅”目标，实现旅游业的可持续发展。生态环境是最宝贵的旅游资源，是旅游业发展的重要基础和必备条件。我国旅游业正处于全面开发建设和快速发展阶段，必须高度重视生态环境保护。为此，旅游行业要牢固树立“环境兴旅”的观念和目标，将旅游发展与生态环境保护有机地结合起来，通过保护生态环境促进旅游业发展，通过发展旅游业来更好地保护和改善生态环境，实现旅游业经济效益、社会效益和环境效益的共同提高。

2. 加强规划

规划是加强旅游生态环境保护的主要手段，因此《通知》规定，将生态环境保护纳入各级各类旅游规划，各级旅游行政管理部门要加强对各级各类旅游规划的评审、指导、督促，编制旅游开发建设规划要按照《环境影响评价法》的要求认真做好环境影响评价工作，各地、各有关部门要督促、指导旅游生态环境保护规划内容的贯彻落实。旅游发展规划、旅游区开发建设规划、旅游项目规划设计中对生态保护和污染治理提出明确要求后，各级旅游、环境保护行政主管部门要认真督促、检查，防止规划贯彻落实中出现轻视乃至忽视环境保护的现象。

3. 环境保护法规和标准建设

《通知》还提出，要加强旅游生态环境保护法规和标准建设，积极推动生态旅游，各级旅游和环境保护行政主管部门要建立联合协调工作机制，要进一步加快有关旅游环境保护及生态旅游标准和规范的制定工作，要在切实保护生态环境的基础上积极发展生态旅游。

各地区要认真组织对山岳、森林、草原、湖泊、河流、近海、沙漠、戈壁等自然生态和民族村寨、古村古镇、特定社区等人文社会生态的旅游开发，更好地满足人们度假休闲、学习考察、体验感受等旅游消费需求。

旅游、环境保护行政主管部门要积极支持、鼓励有关部门和社会各方面投资开发自然和人文生态旅游项目，要将旅游业的生态环境保护、公众环境教育和促进地方经济发展有机结合。

旅游经营者、导游要自觉向游客宣传环境保护政策规定和科学知识，鼓励当地社区参与保护地方文化和当地居民利益，加强科学技术在旅游生态环境保护中的运用。加强旅游科普工作，提高旅游者、旅游管理者和旅游活动其他各方的生态环境保护意识，倡导文明、科学、健康的旅游行为。此外，还要加强舆论监督，配合新闻媒体搞好旅游生态环境保护的宣传工作。

本章小结

旅游对生态环境的影响分为正面影响和负面影响。旅游业对环境的正面影响包括促进环境质量的提高，推动对自然资源、野生动植物和环境的保护，促进对历史古迹的保护与民族传统文化的发展，发挥环境教育功能。旅游业对环境的负面影响包括旅游活动对地表和土壤的冲击，旅游活动对植物的影响，旅游活动对野生动物的影响，旅游活动对水体环境的影响，旅游活动对空气品质的影响，旅游活动对环境美学的影响，旅游活动对文化环境的影响。

旅游资源环境保护的意义是保护自然景观旅游资源，这是维护生态平衡的重要内容，保护人文景观旅游资源是保护文化完整性和文化遗产的需要，旅游资源保护是旅游业可持续发展的根本保证。

我国旅游业正处于全面开发建设和快速发展阶段，必须高度重视生态环境保护，为此，旅游行业要牢固树立“环境兴旅”的观念和目标，将旅游发展与生态环境保护有机地结合起来。通过确立“环境兴旅”目标、加强规划和完善环境保护法规和标准建设来促进旅游业的发展。

练习题

1. 名词解释

旅游环境　旅游环境问题

2. 思考题

(1) 简述旅游活动对环境的正面影响。

(2) 简述旅游活动对环境的负面影响。

(3) 简述旅游资源保护的意义。

(4) 简述如何以环境建设促进旅游发展。

参考文献

[1] 何佳梅. 新编旅游环境学. 天津：南开大学出版社，2007.

[2] 石强，李科林，廖科. 景区环境影响评价. 北京：化学工业出版社，2005.

[3] 徐学书. 旅游资源保护与开发. 北京：北京大学出版社，2007.

[4] 张建萍. 旅游环境保护学. 北京：旅游教育出版社，2005.

[5] HALL C M，HIGHAM J. Tourism，recreation and climate change. Channel View Publications，2005.

[6] Cruising toward a cleaner industry. http:// www. mass. gov/czm/coastlines/2003/c24. htm.

[7] GOSSLING S，HALL C M. Tourism and global environmental change，ecological，social，economic and political interrelationships. by Routledge 2 Park Square，Milton Park，Abingdon，Oxon OX14 4RN，2006.

第 2 章 旅游环境保护的基本理论

本章导读

从资源开发和保护的角度，旅游资源是旅游地生态环境的重要构成部分，其具有生态性、脆弱性和可变性特征。旅游环境保护需要理论支持。本章介绍几种环境保护理论，作为旅游环境保护的理论基础与指导思想，为旅游环境保护提供理论依据，这对指导旅游环境保护实践具有十分重要的意义。通过本章的学习，使学生从理论层面上认识对旅游环境进行保护的必要性，了解系统科学理论、木桶原理和旅游地生命周期理论的基本概念，掌握和运用可持续发展理论的基本思想与循环经济的基本内容及原则。

2.1 可持续发展理论

2.1.1 可持续发展理论的基本思想

可持续发展理论是针对目前日益严重的世界问题而提出来的。可持续发展是在满足当代人需要的同时，不损害人类后代满足其自身需要的能力。这是世纪的重大战略，对旅游地开发规划与管理有重大的指导作用。

可持续发展的关键是正确认识人与自然和“人与人”的关系，要求人类以高度的智力水准与泛爱的责任感，去规范自己的行为，去创造和谐的世界。在空间上遵守区域间互利互补的原则，在时间上遵守“只有一个地球”、“人与自然和谐统一”、“平等发展权利”、“共建共享”等原则，承认世界各地发展的多样性，以体现高效和谐、循环再生、协调有序、运行平稳的良性状态。

2.1.2 可持续发展理论的含义

可持续发展思想认为发展与环境是一个有机整体。《里约宣言》强调：为实现可持续发展，环境保护工作应当是发展进程的一个整体组成部分，不能脱离这一进程来考虑。

可持续发展理论大体包括以下主要内容。

(1) 可持续发展不否定经济增长，但需要重新审视如何实现经济增长。要达到具有可持续意义的经济增长，必须将生产方式从粗放型转变为集约型，减少每单位经济活动造成的环境压力，研究并解决经济上的扭曲和误区。既然环境退化的原因存在于经济过程之中，其解决答案也应该从经济过程中去寻找。

(2) 可持续发展以自然资产为基础，同环境承载能力相协调。“可持续性”可以通过适当的经济手段、技术措施和政府干预得以实现。要力求降低自然资源的耗竭速率，使之低于资源的再生速率或替代品的开发速率。要鼓励清洁工艺和可持续消费方式，使每单位经济活动所产生的废物数量尽量减少。

(3) 可持续发展以提高生活质量为目标，同社会相适应。“经济发展”的概念远比“经济增长”的含义更广泛。经济增长一般被定义为人均国民生产总值的提高，经济发展则必须使社会和经济结构发生进化，使一系列社会发展目标得以实现。

(4) 可持续发展承认并要求体现出环境资源的价值。这种价值不仅体现在环境对经济系统的支撑和服务价值上，也体现在环境对生命支持系统的存在价值上。应当把生产中环境资源的投入和服务计入生产成本与产品价格之中，并逐步修改和完善国民经济核算体系。

(5) 可持续发展强调“综合决策”和“公众参与”。可持续发展的实施以适宜的政策和法律体系为条件，需要改变过去各个部门封闭地、分隔地、“单打一”地分别制定和实施经济、社会、环境政策的做法，提倡根据周密的社会、经济、环境考虑和科学原则，以及全面的信息和综合的要求来制定政策并予以实施。可持续发展的原则要纳入经济发展、人口、环境、资源、社会保障等各项立法及决策之中。

2.1.3 可持续发展应遵循的基本原则

1. 公平性原则

在社会发展中，经济的、技术的和资源的分配方面的不公平，贫富悬殊、两极分化是导致环境问题和不能持续发展的一个重要原因。因此，要实现社会的持续发展，就必须正视和体现公平原则。

所谓公平，是指机会选择的平等性。可持续发展的公平性原则包括当代人的公平和代际间的公平两个方面。

当代人的公平（同代人之间的横向公平）：可持续发展要满足所有人的基本需求，给他们机会以满足他们要求过美好生活的愿望。当今世界贫富悬殊、两极分化的状况完全不符合可持续发展的原则。因此，要给世界各国公平的发展权、公平的资源使用权，要在可持续发展的进程中消除贫困。各国拥有根据本国的环境与发展政策开发本国自然资源的主权，并负有确保在其管辖范围内或在其控制下的活动，不致损害其他国家或在各国管理范围以外地区的环境的责任。

代际间的公平（代际之间的纵向公平）：人类赖以生存的自然资源是有限的，当代人不能因为自己的发展与需求而损害后代人满足其发展需求的条件——自然资源与环境，要给后代人以公平利用自然资源的权利。

2. 持续性原则

在可持续发展中，在求得发展以“满足需求”的同时，要顾及“限制”因素，即“发展”的概念中蕴含着制约因素。最主要的限制因素是人类赖以生存的物质基础，即自然资源与环境。不言而喻，人类的存在和活动必然会对自然生态系统进行干预并产生一定程度的影响。要保持社会的持续发展，就必须把人为干预自觉地控制在自然生态系统维持自身的动态平衡所许可的范围之内。“发展”和“需求”要以生物圈的承受能力为限度。“发展”一旦破坏了人类生存的物质基础，造成生态失衡，“发展”本身就会衰退，“需求”就难以满足。持续性原则的核心是人类的经济和社会发展不得超越资源与环境的承载能力。换言之，人类在经济社会的发展进程中，需要根据持续性原则调整自己的生活方式，确定自身的消耗标准，而不是盲目地、过度地生产与消费。

3. 共同性原则

地域不同、国情不同，实现可持续发展的具体模式和道路各异。然而，上述的公平性原则、可持续性原则应是共同的。并且，实现可持续发展的总体目标应该在达到全球共识——认识到人类家园即地球的整体性和相互依存性的前提下，采取全球的联合行动才能成功。

地球是一个整体，具有整体性和相互依赖性，对于人类可谓一荣俱荣、一损俱损。为了当代人的幸福和子孙后代的幸福，全世界不同种族、不同肤色、不同国家和地区的人民皆需要团结起来，共同参与维护地球生态环境的行为，共同实施、推进可持续发展，遵循可持续发展的公平性原则和持续性原则。

2.2 旅游业可持续发展理论

2.2.1 旅游业可持续发展理论形成的历程

可持续旅游实际上是可持续发展思想在旅游领域的具体运用，是可持续发展战略的组成部分之一，是可持续发展理论的自然延伸，是近 30 年来人们对旅游发展和环境效益不断进行探索的产物。鉴于可持续发展思想与旅游业的密切关系，国际社会对可持续旅游的发展十分关注。特别是 1987 年《我们共同的未来》报告发表以后，伴随着对可持续发展理论的深入探讨，对可持续旅游的研究达到了前所未有的高度。

从20世纪70年代起，探讨旅游对环境和生态影响的学者日渐增多。1985年《国际环境研究杂志》出版了《旅游与环境》专辑。1987年《旅游研究纪事》第一期出版了《旅游与物质环境》专辑。1990年，在加拿大温哥华召开的全球可持续发展大会上，旅游组行动策划委员会提出了《旅游业可持续发展行动战略》，构筑了可持续发展的基本理论框架，并阐述了旅游业可持续发展的主要目标。1993年，一本专门以可持续旅游为研究对象的学术刊物——《可持续旅游》在英国问世，标志着可持续旅游研究进入一个新的起点。1995年4月24—28日，联合国教科文组织、联合国环境规划署、世界旅游组织和岛屿发展国际科学理事会，在西班牙加那利群岛的兰沙罗特岛专门召开了"可持续旅游发展世界会议"，大会通过了《可持续旅游发展宪章》和《可持续旅游发展行动计划》，对旅游业可持续发展的基本理论观点作了精辟的说明，为可持续旅游提供了一套行为规范，并制定了推广可持续旅游的具体操作程序，标志着可持续旅游研究已进入了实践性阶段。

2.2.2 旅游业可持续发展的概念

目前，有许多专家学者投入了对旅游业可持续发展的研究，但由于可持续发展本身处于实践探究阶段，其概念和理论尚无统一结论。在国外，比较权威的旅游业可持续发展的定义有以下3个。

(1) 1990年可持续发展大会通过的《旅游业可持续发展行动战略》草案提出的，认为旅游业可持续发展是在保持和增强未来发展机会的同时，满足目前游客和旅游地居民的需要。

(2) 世界旅游组织（WTO）顾问爱得华·英斯基普的定义，他认为可持续旅游就是要"保护旅游业赖以发展的自然资源、文化资源、其他资源，使其为当今社会谋利同时也能为将来所用"。

(3) 世界旅游组织WTO的定义，即1993年世界旅游组织在出版的《旅游与环境丛书》中对旅游业可持续发展给出的定义：指在维护文化完整、保持生态环境的同时，满足人们对经济、社会和审美的要求。它能为今天的主人和客人们提供生计，又可保护和增进后代人的利益，并为其提供同样的机会。

上述关于旅游业可持续发展概念和内涵的阐述，虽然所论述的重点和语言表达不同，但它们之间存在着一个共同点，那就是对旅游业可持续发展的实质的揭示，也就是1995年《可持续旅游发展宪章》中所指出的：可持续旅游发展的实质，就是要求旅游与自然、文化和人类生存环境成为一个整体。即旅游、资源、人类生存环境三者统一，以形成一种旅游业与社会经济、资源、环境良性协调的发展模式。因此，对资源和环境的保护成为旅游业可持续发展的基本出发点。

综上所述，旅游业可持续发展的概念可以概括为：在充分考虑旅游与自然资源、社会文化和生态环境相互作用下，把旅游开发建立在生态环境承受能力之内，努力谋求旅游业与资源、人类生存环境的协调发展，并能造福于后代子孙的一种旅游经济发展模式。

2.2.3 旅游业可持续发展的内涵释义

“旅游业可持续发展”这一概念，有以下两个要点。

(1)“发展”是主体。人类必须不断发展，如以桂林山水而言，不能因为从保护漓江水不受污染出发而不发展旅游，正确的理解是在保护漓江水质的前提下，积极发展旅游。另外，在发展中必须时时考虑可持续性，若漓江水质恶化，则旅游业也将随之毁灭。

(2) 可持续发展包括环境、经济和社会三者的可持续性，三者相互独立又相互影响，并互为因果。单纯的环境是不存在的，如桂林导游的服务质量、整个城市的文明好客程度、旅游交通的安全便利等，这些与桂林山水和自然环境无关的社会因素也都直接影响到桂林旅游业的生存发展。

总之，旅游业作为一个在可持续发展中具有天然优势的产业，必然会有更加广阔的发展前景，也会借助优势的发挥促进自身的可持续发展。

2.2.4 旅游业可持续发展的目标

1990 年，在加拿大温哥华召开的全球可持续发展大会旅游组行动策划委员会会议上，提出了旅游业发展的目标：①增进人们对旅游所产生环境效应和经济效益的理解，强化其生态意识；②促进旅游的公平发展；③改善旅游接待地的生活质量；④向旅游者提供高质量的旅游服务；⑤上述目标所依赖的环境质量。

毫无疑问，可持续旅游发展的实现最终体现于旅游业和旅游活动的长期生存与发展，不仅当代的情况如此，而且将来世世代代的情况都是如此。这意味着这一理想目标的实现，首先需要从当代人做起，可持续旅游发展需要每一代人坚持不懈的努力。但是，旅游业和旅游活动的生存与发展能否具有可持续性，实际上不仅取决于其自身的行为，而且取决于整个社会的配合和努力。世界各地有大量的事实证明，对于很多环境和旅游资源破坏的问题，应为之负责的不仅仅是旅游业和旅游者，而且还包括很多以各种工业污染为代表的当地社会群体。换言之，旅游业和旅游活动的生存与发展能否具有可持续性，取决于其所处背景中众多层面环境因素的可持续性能否实现。因此，这些环境因素可持续性的落实情况客观上成为旅游业可持续发展实现程度的具体反映，主要体现在以下几个方面。

1. 生态环境的可持续性

旅游活动的开展，对旅游地的生态环境可能会产生各种不良的影响。因此，要想实现旅游可持续发展，应当在开发和发展旅游业的同时，努力避免破坏其赖以生存的自然资源和环境资源，这也是为整个社会实现可持续发展承担义务和作出贡献。要做到这一点，就必须防止和尽可能减小旅游活动对生态环境的有害影响。在防止或尽可能减小旅游活动对环境的负面影响和维护生态的可持续性方面，最基本的方法是根据旅游接待地区的环境和生态系统的特点，评价该地的旅游承载力，并将旅游开发的规模和旅游活动的程度控制在这一承载力的极限之内。

2. 社会发展的可持续性

社会发展的可持续性是指一个旅游目的地在吸纳旅游者来访的同时，该地后续的各项职能能够维持正常运转，社会状况能够维持健康和稳定，不会因这些外来人口的输入影响而造成当地社会发展的不协调，或者说旅游目的地社会能够通过社会职能的发挥，自动将这些不协调问题控制在不影响当地社会健康发展的程度之内。

在这方面，旅游业的发展对旅游接待地区社会的负面影响之一，是“促进产生原先并不存在的社会阶层，或者是使原有的社会阶层状况出现恶化”（Mowforth），主要表现为扩大了旅游业发展中受益者与被排斥在外的非受益者之间的阶级差别，分别加大了旅游者生活区与当地居民生活区，以及当地富人区与穷人区的隔离。消除这类不良的社会状况，是旅游接待地实现社会可持续发展需要解决的重要问题之一。

3. 文化发展的可持续性

旅游者之类外来人口的输入所带来的种种文化差异，往往会对旅游接待地区社会造成影响。如果旅游者来访规模不大，当地社会受影响的程度有限，因而仍然保持和谐状态，则该地区社会的各种职能仍可正常运转。但是，在许多情况下该地区社会的各种联系、人们之间的交往方式、生活方式、风俗习惯和文化传统等，都会由于旅游者带来的不同生活方式、风俗习惯和交往方式的影响而变化。在这种情况下，该地区社会虽然有可能继续维持运转，但其文化却往往会发生不可逆转的改变。尽管文化上的动态性是人类社会的一般特点之一，但上述文化改变有时是不利于当地社会的。为了避免这种不良后果的出现，同时也为了维护自己在文化方面的旅游吸引力，旅游接待地区自然有必要保持自己文化传统特色的持续存在。这里所说的文化发展的可持续性，主要是指旅游目的地社会能够保持自己的民族文化和地区文化，从而使自己具有不同于他人的文化特点和不被外来文化同化的能力。

4. 经济发展的可持续性

虽然人们会认为生态环境、社会及文化等方面的可持续能力对于旅游业可持续发展的实现至关重要，但这绝非意味着一个国家或地区经济发展的可持续性对于该国家或地区的旅游业可持续发展不如上述各方面重要。对于整个国家作为旅游目的地而言，其经济发展的可持续性在很大程度上涉及的是国家经济发展的安全性。但这里所说的经济发展的可持续性，主要是指旅游接待地区通过发展旅游业所获得的经济收益，必须能够补偿任何为旅游来访者而付出的直接成本，以及为预防和消除旅游所带来的各种负面影响和问题而采取必要措施与行动所带来的社会成本，并且还应能使旅游接待地区居民因在旅游发展中蒙受的种种不便而获得适当的经济补偿，但前提是对发展旅游经济的强调不能妨碍上述其他方面可持续性的实现。

2.2.5 旅游业可持续发展应当遵循的原则

实现旅游发展的可持续性从根本上是一个转变观念的问题，即摒弃旧的传统发展观，树立旅游业可持续发展观，并将其落实到对各项实践活动的指导中。但是，就实现这一目标的实际工作而言，旅游业可持续发展的实质是资源管理问题。基于这一认识，可持续旅游管理发展要求人们在旅游开发和经营中必须遵循以下原则。

1. 资源计划原则

任何新增旅游景点和旅游设施的开发都不可避免地会涉及土地资源的占用问题。例如，在很多情况下，旅游景点的开发往往需要以牺牲该片土地的其他用途为代价，如用于开发旅游景点便不能用于建造工厂。因此，在决定占用某块土地开发旅游项目之前，必须对其所有不同用途可能带来的社会收益有可能付出的社会成本进行比较和权衡，以确保该项土地资源的用途符合当地社会的最佳利益。也即对旅游开发所涉及的资源占用必须要有计划性，以尽可能使这些资源的配置符合当地社会目前和将来的最佳利益。

另外，对旅游资源的使用，尤其是对自然资源和文化遗产的使用，都是有客观代价的。旅游资源的使用代价通常可分为两部分：①该项资源因使用而发生的损耗；②当地社会在对该项资源的维护方面，或者当地社会在该项资源的开发过程中，所投入的人、财、物等成本。基于旅游资源的使用成本这一认识，旅游资源实际上不仅有使用价值而且是有其自身价值的。正因为如此，1990 年在加拿大温哥华召开的全球可持续旅游发展大会上，旅游组行动策划委员会在向大会提出的《可持续旅游发展行动战略》中特别强调指出，可持续旅游发展要求所有开发决策都应反映自然和文化环境的合理配置。

2. 预警原则

旅游业的发展必然会涉及旅游资源的开发、旅游设施的建设和各种旅游活动的开展。在没有进行相关的科学论证并取得肯定性结论之前，应禁止上述任何活动的开展。在面对拟开发资源具有不可再生性、开发后的变化具有不确定性，贸然决策有可能会造成不可逆转性恶果的情况下，首先就应假定项目的开发和游客活动的开展肯定会造成对环境的破坏。所以，采取预警原则的意义是要求那些准备开发和使用旅游资源的有关企业与组织要有保护环境的责任感，要对同其开发工作有关的环境保护承担责任，以确保其开发行为不会对当地的环境造成重大破坏性影响。

3. 临界点原则

在旅游开发和开展旅游活动方面，要将对环境和旅游资源的使用控制在不会导致该地环境的质量发生任何不可接受的变化限度内，或者至少应将发展规模和游客接待量控制在不会导致上述变化，从而可以接受的某一极限之内。特别是就环境质量而言，环境系统对于各种人为活动影响的承受能力可能会有某种程度的弹性，但这种承受能力毕竟有其极限。例如，自然环境对某种污染的自净能力是有限度的，一旦污染物质的数量超过了自然环境能够将其自然吸收和降解的能力，便会出现环境恶化的问题。自然系统的这种自净能力在一定程度上可以化解人类活动对其造成的影响，而对旅游开发和游客活动的规模极限进行控制，就是要保护自然环境系统的这种功能，就是要防止旅游业和旅游者对环境与资源的过度使用，否则便会导致环境和资源的破坏。

4. 污染者付费原则

除了根据前述预警原则应对旅游项目的开发和游览区域的开放进行必要的控制之外，对于已有的旅游开发和旅游活动的开展带来的环境破坏，要本着“谁污染，谁负责”或“谁污染，谁治理”的原则，及时有效地予以纠正。现有的旅游活动形式种类繁多，除了诸如高山速降滑雪场、高尔夫球场、主题公园、休闲度假区等大型旅游项目的开发建设，很多自然保护区和重点文物保护单位开发旅游的程度，以及开放旅游的区域范围越来越大，前来这些地点开展旅游活动的游客数量也日益增多，“人满为患”的现象时有发生。由此而带来的环境污染问题和文物破坏问题，已经引起社会的广泛关注。这种情况如不能得到及时有效的控制和治理，可持续发展将成为一句停留在口头上的空话。

2.2.6 可持续发展理论在旅游环境承载力管理中的运用

可持续发展是不断提高人类生活质量和环境承载力，且满足当代人需求又不损害子孙后代利益并满足其发展能力的一种发展，而环境承载力是衡量人类经济、社会发展活动与环境协调程度的重要依据。旅游业的两重性决定了其更应该考虑可持续发展。一方面，旅游业的发展促进了社会经济和文化的发展；另一方面，旅游业的发展加剧了环境的损耗和地方特色的消失。旅游业对资源和环境的强依赖性，也决定了旅游业发展与可持续发展有一种天然的耦合关系。因此，在可持续发展理论指导下研究旅游活动及其产生的社会经济现象，是旅游业发展的必然选择。

旅游业可持续发展的本质是满足当代旅游者和当地居民各种需要的同时，保持和增进未来的发展机会，使旅游业的发展与自然、社会、经济融为一体，协调和平衡彼此之间的关系，实现经济、社会和环境发展目标的和谐统一。实施旅游业可持续发展战略，不仅能增进人们对发展旅游业带来的经济效益、社会效益和环境效益的理解，促进旅游业的公平发展，改善旅游地居民的生活质量，而且有助于保护旅游业赖以生存的环境质量，为旅游者提供高质量的旅游体验。旅游业可持续发展突出“发展”与“可持续”两大目标，是“发展”目标和“可持续”目标共同作用的结果，在两大目标的共同作用下，构成了旅游业可持续发展的二维空间，如图 2-1 所示。

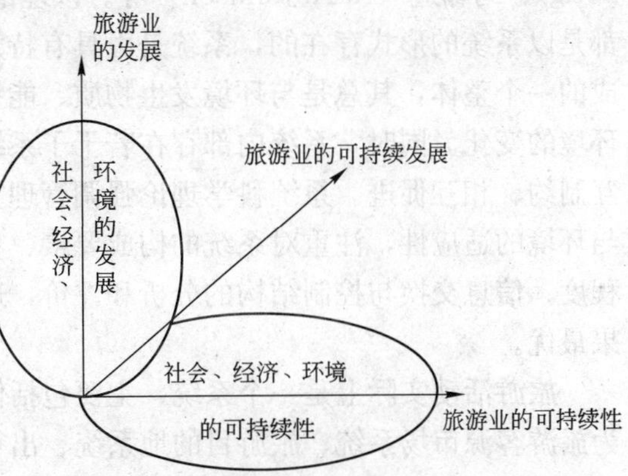

图 2-1　旅游业可持续发展的二维空间

提高经济效益是促进旅游业可持续发展的一个重要内容。如果一个旅游地能够承受较大的旅游活动强度，但实际接待的旅游活动量远低于这一强度阈值，旅游资源利用效率低，旅游环境承载力长期处于弱载状态，则旅游经济效益难以保证，甚至在经济上入不敷出，旅游地无法从发展旅游业中获得良好的经济效益，社会效益也无从谈起，旅游业的可持续发展将失去根基。如果旅游地实际接待的旅游活动量长期大于其旅游环境的承受能力，则会出现“人满为患”的旅游环境承载力超载局面，不仅影响当地居民的生产、生活，而且会严重破坏旅游地的生态环境，这种超载虽然能在短期内获得较高的经济效益，但长期内必然阻碍旅游业的可持续发展。

因此，要使旅游经济发展规模与环境的承受能力相适应，与旅游环境系统的有序运行相协调，既要考虑经济效益，也要考虑社会效益与环境效益，只有“三大效益”的和谐统一，才能促进旅游业的可持续发展。

旅游环境承载力在本质上是旅游环境系统组成与结构特征的综合反映，而旅游业可持续发展与否的首要标志是旅游地自然、经济与社会环境的发展是否协调一致。旅游环境承载力作为旅游环境系统与旅游地的社会、经济联系的中间环节，历史地成为判断旅游业能否可持续发展的一个重要指标。旅游环境承载力动态测评与管理研究，就是在可持续发展理论指导下，力求探索旅游环境承载力的动态变化规律，通过采取科学的旅游环境承载力调控管理对策，把旅游者人数及其旅游活动强度控制在旅游环境承载力的合理范围内，实现旅游经济效益、社会效益和环境效益的兼顾与平衡，以维持旅游业的可持续发展。

2.3　系统科学理论

2.3.1　系统科学理论的基本原理

系统科学理论的主要代表人物有美国的卡斯特（F. E. Kast）、罗森韦克（J. E. Rosenzweig)、约翰逊（R. A. Johnson）等。该理论认为，在自然界和人类社会中，一切事物都是以系统的形式存在的，系统是由具有特定功能、相互间具有有机联系的许多要素构成的一个整体，其总是与环境发生物质、能量、信息的交流。在交流中，系统要能适应环境的变化。同时，系统内部存在若干子系统，各子系统之间相互联系、相互作用、相互制约、相互促进。系统科学理论强调管理方式的整体性、动态性、开放性、综合性和与环境的适应性，注重对系统的构成要素、各要素之间的相互关联和相互作用的性质及程度、信息交换与控制结构的分析和评价，通过统筹考虑和各方协调，实现系统整体效果最优。

旅游活动实际上是一个系统，主要包括供给板块和需求板块两部分，又可进一步分为旅游客源市场系统、旅游目的地系统、出行系统和支持系统 4 个子系统。

旅游客源市场系统是由现实和潜在的具有实际旅游消费能力的旅游者构成，它促使一个地方成为客源地。旅游目的地系统是为已经到达出行终点的旅游者提供游览、食宿、娱乐、购物及其他服务等旅游需求的多种因素的综合体，是旅游系统中与旅游者联系最密切的子系统，一般由旅游资源、设施（包括基础设施和服务设施）、服务 3 方面要素组成。旅游出行系统是为旅游者从客源地到目的地的往返，以及在旅游目的地进行各种旅游活动而提供的交通设施子系统（包括公路、铁路、空中航线、水上航线、缆车、索道等）和信息服务子系统（包括由政府、旅游销售商为旅游者提供的信息服务、旅游宣传、营销，以及由旅游企业提供的旅游咨询、预订服务等）。在旅游客源市场系统、旅游目的地系统和出行系统外围，还存在一个由政策、制度、环境、人才、社区等因素组成的支持系统，为整个旅游系统的有效运行提供支撑和保障。在这一子系统中，政府和旅游地管理者处于十分重要的位置。

2.3.2 系统科学理论在旅游环境承载力管理中的运用

旅游环境承载力研究的对象是一个相当复杂的旅游环境系统。该系统具有多要素、多层次结构和动态变化的特点，不仅包括自然环境子系统，也包括经济和社会环境子系统，是一个由自然系统与人造系统相结合而构成的动态、复合系统。

旅游环境系统随着各要素的变化（自然、经济与社会环境的变化），各要素之间的联系，以及要素与环境间相互联系的变化而变化。要实现旅游地自然、经济和社会的协调发展，必须树立系统的观念，采用定性和定量相结合的方法，进行综合性、动态性、开放性研究，注重整体效应。在解决旅游环境承载力（TECC）内部的各要素、各环节之间的综合平衡与协调发展的同时，还必须通过调控旅游环境承载量（TECQ），即旅游地实际接待的旅游者数量，维持旅游需求与供给的动态平衡，解决旅游地经济效益、社会效益和环境效益之间的协调发展关系，在整体性原则的指导下，加强信息反馈，实施旅游环境承载力的优化控制与管理（见图 2-2）。

旅游环境承载力研究的目的是促进旅游业的可持续发展，使整个旅游环境系统形成有序的良性循环状态。因此，不同子系统之间的协同作用是获得整体效应的关键。旅游环境系统会因旅游者的到来而受到干扰，当干扰超过系统的可调节能力或可承受范围，旅游环境系统的平衡将受到破坏，系统将开始瓦解，从一种稳态走向另一种稳态，但稳态的变化是渐进的。著名生态学家 E. P. Odum 将这种变化看作是一系列台阶，在稳态台阶范围内，即使有压力使其发生偏离，也仍能借助负反馈保持相对稳定，如果超出这个稳定范围，正反馈将导致旅游环境系统迅速破坏（见图 2-3）。

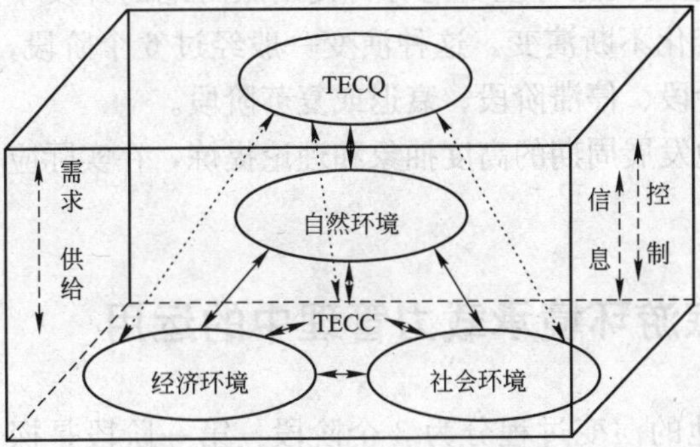

图 2-2　旅游环境承载力的系统分析

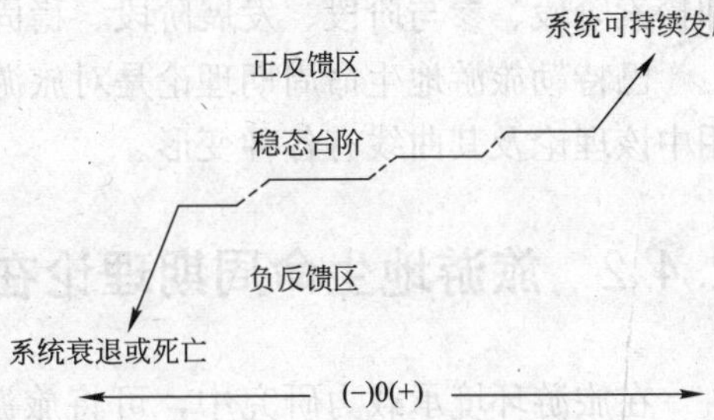

图 2-3　旅游环境系统变化

旅游环境承载力涉及要素众多，影响因素复杂，包含自然、经济、社会等方面的内容，需要以系统科学理论为指导进行各层次、各方面的综合研究，特别是进行多学科、多领域的交叉研究。因此，要使旅游环境系统不发生剧烈变化或不超过波动范围，必须实施整体性、动态性、综合性的旅游环境承载力调控管理措施，确保将压力的作用控制在旅游环境系统可以自我维护和自我调节的范围内。

2.4　旅游地生命周期理论

2.4.1　旅游地生命周期理论的由来与基本内涵

旅游地生命周期理论最早于 1963 年由德国学者克里斯塔勒（W. Christaller）在研究欧洲的旅游发展时提出的，他在《对欧洲旅游地的一些思考：外围地区——低开发的乡村——娱乐地》一文中，阐述了旅游地的发展一般要经历一个“发现、成长与衰落”的演进过程，这个相对一致的演进过程被认为是三阶段周期模型。1973 年，帕洛格（Plog）也提出了另一种获得普遍认可的五阶段周期模型。他把旅游地的周期与吸引不同类型的旅游者群体的变化联系起来，提出了心理图式假说，并认为旅游地的兴衰取决于不同类型旅游者的旅游活动。同样，1978 年，斯坦斯菲尔德（Stansfield）通过对美国大西洋城盛衰变迁的研究，也提出了类似的模式，他认为大西洋城的旅游客源市场部分由精英向大众旅游者的转换伴随着它的衰落。此外，戈尔莫森（Gormsen）等人也提出了类似的生命周期理论。

在这些理论中，加拿大地理学家巴特勒（Butler）的生命周期理论受到了广泛关注和普遍认可。究其原因，主要是他从经济、社会和文化背景出发，为分析旅游地演进过程提供了一种框架（Cooper & Jackson），从动态角度分析和综合了旅游地的各种变化（Wall）。巴特勒根据旅游地旅游者数量和基础设施等主要指标，提出旅游地的开发不可能永久处于一个水平，而是随着时间的变化不断演变。这种演变一般经过 6 个阶段，即探索阶段、参与阶段、发展阶段、稳固阶段、停滞阶段、衰退或复苏阶段。

巴特勒旅游地生命周期理论是对旅游地发展周期的高度抽象和理论提炼，在实际应用中该理论及其曲线有各种变形。

2.4.2 旅游地生命周期理论在旅游环境承载力管理中的运用

在旅游环境承载力研究中，可将旅游地的演变过程分为 3 个阶段：第一阶段是探索、参与阶段；第二阶段是发展、稳固阶段；第三阶段为停滞、衰落或复兴阶段。

在第一阶段（探索、参与阶段），旅游地处于初步建设之中，旅游基础设施刚刚兴建，以自然、原生吸引物为主，旅游者人数少，以前卫、猎奇型旅游者为主。同时，由于还存在许多旅游开发的不确定性，各种物资投入较少，旅游设施简单，加上环境自身的净化、调节能力，旅游活动对环境的破坏作用很小。因而这一阶段应作为旅游地环境保护的开端和旅游环境承载力研究的开始。此阶段对已经存在的少量环境破坏现象进行及时观察和研究，有利于合理预测在旅游者大量涌入时可能造成的环境破坏程度和范围，从而确定预防的重点和难点，明确旅游环境保护措施，为旅游环境承载力研究提供原始数据。在这一阶段，自然环境承载力（包括生态环境承载力和资源空间承载力）最为重要，而经济环境承载力（包括基础设施承载力和旅游服务设施承载力）较弱。如果这一阶段自然环境承载力较小，将会严重影响旅游地的后继发展空间和速度，甚至导致旅游地可持续发展能力的丧失。在社会环境承载力（包括管理水平承载力、当地居民心理承载力和旅游者心理承载力）方面，管理水平承载力较小；由于旅游者数量有限，他们往往不存在心理承载力问题，或者他们的心理承载力容易得到满足；当地居民出于非经济目的或微小的经济利益，对旅游者的到来一般持欢迎态度。

在第二阶段（发展、巩固阶段），旅游者人数迅速增加，基础设施和旅游服务设施的利用处于紧张状态，大规模的开发建设伴随而来，旅游景区、景点、宾馆、饭店等大量出现。旅游业的发展对旅游地的环境构成严重威胁，旅游者数量常常接近、甚至超过承载力的临界值，许多景区、景点、宾馆、饭店“人满为患”，旅游者和当地居民的满意度受到影响。在这一阶段，以旅游环境承载力为依据，有针对性地进行环境保护、采取措施以提高旅游者和当地居民的满意度是旅游环境承载力管理的主要任务，通过有效的旅游环境承载力管理，使旅游业的发展得以巩固并处于一种稳定状态。在这一阶段，自然环境承载力继续发挥重要作用，同时随着旅游者人数的增加和地理上的多元化，他们对经济环境承载力要求较高。在社会环境承载力方面，管理水平对旅游环境承载力产生巨大的影响；由于基础设施和旅游服务设施的建设速度低于旅游者数量的增长速度，旅游者的心理承载力也呈现出来；旅游业的发展对当地经济起到了巨大的促进作用，当地居民从旅游业的发展中得到了更多的收益，他们的心理承载力较大。

在第三阶段（停滞、衰落或复兴阶段），由于基础设施陈旧、旅游产品老化、其他竞争对手的兴起、市场营销不力、生态环境遭受破坏或旅游环境承载力超载造成旅游质量下降等原因，导致旅游地的市场吸引力降低，旅游者数量减少，旅游环境承载力开始回落，旅游业出现停滞不前甚至衰落的局面。经历萧条之后，旅游地可能通过采取更新旅游产品、加强市场营销等而重现活力，也可能因各种努力归于失败而走向衰亡。但无论怎样，加强环境保护、改善旅游环境必然是该阶段的首要任务。伴随着环保措施的加强，旅游地可能得以复兴，也可能收效不大，旅游业的衰落无法制止。在这种情况下，环保措施进行一段时期后，也将随着旅游地的衰落而逐步放弃，旅游业的衰落使这时的旅游地已不能再称为旅游地了。作为人类居住的地方，其环境当然还要有相应的环保措施，但环保措施的力度急剧下降（见图 2-4）。

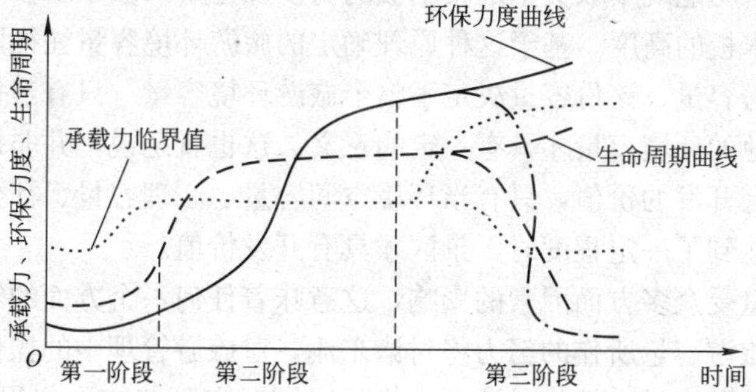

图 2-4　旅游环境承载力、环保力度、生命周期之间的关系

在这一阶段，不同原因造成旅游地的停滞、衰落或复兴，对旅游环境承载力带来的影响不同。如果主要是由于环境污染和破坏的原因导致旅游地的衰败，那么此时自然环境承载力将会降低，而经济环境承载力的变化不大。在社会环境承载力方面，管理水平的高低对环境承载力的增减影响更为巨大；旅游者心理承载力将随着环境的恶化而下降；当地居民的心理承载力也因环境污染和破坏、旅游收益的减少，以及社会价值观、道德习俗、宗教信仰、文化传统、生活方式等受到较大的外部冲击而降低。

旅游地的演变过程十分复杂，而应用旅游地生命周期理论对旅游地的发展演变及其旅游环境承载力的变化进行周期性分析和动态研究，有利于从时间序列上定性把握生命周期各阶段旅游环境承载力的影响因素，有利于采取有针对性的承载力管理措施（如加大环保措施力度等），使旅游地的旅游供给与需求系统保持动态平衡，使旅游环境承载力伴随着旅游地生命周期的推移不断得到加强。

2.5 木桶原理

2.5.1 木桶原理的基本内容

木桶原理是由美国管理学家彼得提出的：由多块木板构成的木桶，其价值在于其盛水量的多少，但决定木桶盛水量多少的关键因素不是其最长的板块，而是其最短的板块。这就是说任何一个组织，可能面临的一个共同问题，即构成组织的各个部分往往是优劣不齐的，而劣势部分往往决定整个组织的水平。

2.5.2 木桶原理和旅游环境容量

木桶原理是一个极其浅显但又耐人寻味的哲学命题。一只由诸多长短不一的木板构成的木桶，其盛水功能既不取决于最长木板的高度，也不取决于木板的平均高度，而是取决于最短一块木板的高度。基于这种原理确定的旅游环境容量往往取决于旅游环境容量中最小的那一份容量，该份容量决定了整个旅游环境容量。只有当每个分容量达到了一定程度，旅游地的环境容量才具有一定的意义。这也就是说，并非每一个区域或每个潜在的旅游区都有开发的价值，只有当环境空间容量、心理容量、社会经济容量、生态容量这些方面都达到了一定程度时，景区才具有开发价值。

旅游环境容量受众多方面因素的影响，这意味着任何一个方面的容量若被超越，其他各方面为提高旅游容量所作的努力将付诸东流，对旅游管理中的操作过程而言，与其去苦思难有结果的游客最大接待量这一总指标，同时在某些方面作很大的努力去提高，还不如就其各个方面进行研究，确定每一方面的理想状态并使各个方面达到一种均衡。旅游业的脆弱性特点，使得各个分项超出临界值并所引起的消极后果不尽相同，各个分项的重要程度不一致，因此，还要根据实际情况确定各个分项的重要程度系数。

例如，同为游客心理容量的影响因素，治安状况的影响力就要大于拥挤程度。同时，各个分项之间并非孤立的，而是相互影响的，从而抵消了一些消极因素。例如，一个旅游地的环境容量大于心理容量时，综合容量的确定就不必以心理容量为绝对限度，可以适当突破心理容量，因为游客感觉到拥挤时会产生厌烦情绪，从而自动调节游客数量。总之，确定一个带有普适性的环境容量测定方法是困难的，只能因时、因地制宜，着力对旅游地的各方收集数据以获取经验值，达到进行监测预警的目的。

提高旅游环境容量的关键不在于提高旅游环境容量的每个方面，而应该将重点放在增加最小容量方面，这样才能做到低成本、高收益。纵观旅游环境容量的 5 个方面，它们都可以通过一定条件得到改变。

因此，从“木桶原理”出发，提高旅游环境容量的基本途径就是使“木桶边沿”整齐，即使旅游环境系统的各要素的容量趋于一致。

2.6 门槛理论

根据 B. Malisz 的门槛理论及门槛分析方法，任何一个旅游地（景区、景点），根据其经营成本，都存在一个保证其正常运行的最低旅游者规模。在这个规模上，旅游地的经营成本与旅游收入相等，如果旅游者规模低于此规模将出现亏损，这个保证旅游地能够生存的最低旅游者规模就是最低门槛人数。但旅游地能够承受旅游者的数量也不是可以无限制地膨胀下去的，当旅游者的数量超过某一限度时，将导致旅游环境系统的破坏，旅游者满意度下降，这个限度就是最高门槛人数。以最高门槛和最低门槛为界限，旅游环境承载力可以划分为旅游环境低迷承载力、旅游环境适宜承载力和旅游环境极限承载力 3 种类型。旅游的规划、开发与管理应努力使旅游者数量控制在旅游环境适宜承载力内。如果一个旅游地接待的旅游者数量长期超过旅游环境极限承载力（高于最高门槛人数），旅游环境系统就会遭到破坏；如果接待的旅游者数量长期低于旅游环境低迷承载力（低于最低门槛人数），旅游地将难以生存，旅游业的经济、社会和环境效益也就难以实现。因此，旅游的规划、开发与管理必须进行门槛分析，只有具有良好的自然、经济、社会环境和一定的客源条件，才能保证旅游开发所必需的最低门槛人数，这样的旅游规划与开发才有意义。同样，通过门槛分析确定旅游开发的最高门槛人数，可以有效保护旅游资源和生态环境，维护旅游地长期的经济效益和社会效益。

以门槛理论为指导，结合具体旅游地的资源特点、环境状况和管理目标，确定其旅游环境承载力的弱载、适载和超载区间（见图 2-5），构建旅游环境承载力预警系统，可以对旅游环境系统的运行状况进行监测和诊断，防止和矫正旅游环境承载力的不良趋势和危机状态，协调旅游地社会经济发展与旅游者利益、环境保护之间的关系，保证旅游地的环境系统处于良性运行之中，最终实现旅游地的可持续发展。

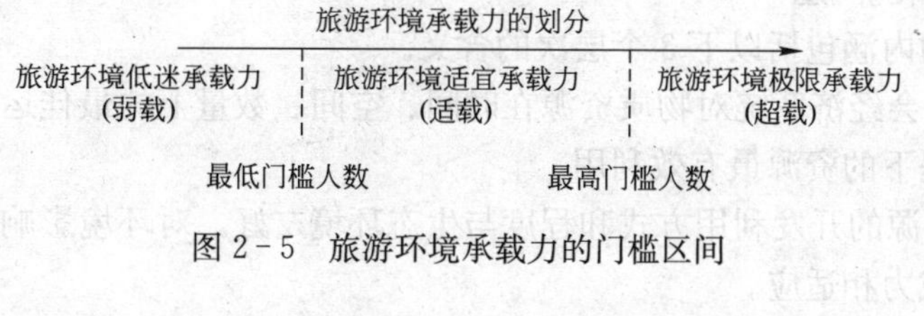

图 2-5　旅游环境承载力的门槛区间

2.7 循环经济理论

2.7.1 循环经济的概念和内涵

1. 循环经济的概念

"循环经济"一词是对物质闭环流动型经济的简称。20 世纪 60 年代美国经济学家鲍尔丁提出的宇宙飞船理论是循环经济思想的早期代表。随着可持续发展理念日益深入人心，人们越来越认识到，当代资源环境问题日益严重的根源是工业化运动以来以高开采、低利用、高排放（两高一低）为特征的线性经济模式。为此，学者们提出人类社会的未来应该建立一种以物质闭环流动为特征的经济模式，即循环经济，从而实现可持续发展所要求的环境与经济双赢，即在资源环境不退化甚至得到改善的情况下，实现促进经济增长的战略目标。

传统经济是一种"资源—产品—污染排放"的单程线性经济。在"资源无价"的错误认识下，人们以越来越高的强度把地球上的物质和能源开采出来，在生产加工和消费过程中又把污染与废物大量地排放到环境中去，对资源的利用大多是粗放的和一次性的。循环经济是对传统经济的革命，其将从根本上消除长期以来环境与发展之间的尖锐冲突，不但要求人们建立新的经济模式，而且要求在从生产到消费的各个领域倡导新的经济规范和行为准则。

循环经济是一种生态型经济，倡导的是人类社会经济与生态环境和谐统一的发展模式，效仿生态系统原理，把社会、经济系统组成一个具有物质多次利用和再生循环的网、链结构，使之形成"资源—产品—再生资源"的闭环反馈流程和具有自适应、自调节功能的，适应生态循环的需要，与生态环境系统的结构和功能相结合的高效生态型社会经济系统。循环经济使物质、能量、信息在时间、空间、数量上得到最佳、合理、持久的运用，实现整个系统低开采、高利用、低排放，把经济活动对环境的影响降低到尽可能小的程度，做到对自然资源的索取控制在自然环境的生产能力之内，实现可持续发展所要求的环境与经济双赢，即在资源不退化甚至改善的情况下促进经济的增长。

2. 循环经济的内涵

循环经济的内涵包括以下 3 个层次的含义。

(1) 实现社会经济系统对物质资源在时间、空间、数量上的最佳运用，即在资源减量化优先为前提下的资源最有效利用。

(2) 环境资源的开发利用方式和程度与生态环境友好，对环境影响尽可能小，至少与生态环境承载力相适应。

(3) 在发展的同时建立和协调与生态环境的互动关系，即人类社会既是环境资源的享有者，又是生态环境的建设者，实现人类与自然的相互促进、共同发展。

2.7.2 循环经济的原则

循环经济以 3R 原则为其经济活动的行为准则，即减量化（Reduce）、再利用（Reuse）和再循环（Recycle）。

1. 减量化原则

减量化原则要求用较少的原料和能源投入来达到既定的生产目的或消费目的，从而在经济活动的源头就注意解决资源浪费和减少污染，如在生产中要求产品小型化、轻型化及包装的简单朴实。

2. 再利用原则

再利用原则要求制造产品和包装容器能够以初始的形式被反复使用，如抵制一次性用品的泛滥，而改用可循环使用制品。另外，再利用原则还要求尽量延长产品的使用期，减缓更新换代频率。

3. 再循环原则

再循环原则要求生产出来的物品在完成其使用功能后能重新变成可利用的资源，而不是不可恢复的垃圾。按照循环经济的思想，废弃制品的处理应该由生产者负责。再循环有两种情况：①原级再循环，即废品被循环生产同类新产品（如再生报纸、再生易拉罐）；②次级再循环，即将废物资源转化成其他产品的原料。

2.7.3 循环经济理论对旅游业的指导作用

循环经济是中国新型工业化的高级形式。发展循环经济提高了资源利用效率，减少了生产过程中资源与能源的消耗，也就从源头上减少了污染的排放，从而提高了经济效益、社会效益和环境效益。同时，发展循环经济对科学技术发展提出了新的方向和强大需求，必将带来新的科技革命，并推动调整旧的产业结构和产业升级，推动企业和社会用创新的体制与机制来追求可持续发展的新模式。对旅游企业来说，应进行绿色管理、环境审计等，应开发生态旅游项目，旅游是休闲消费，循环性社会倡导绿色消费，加强旅游景区的生态保护和管理，以便能持续利用。

在循环经济条件下发展生态旅游能将旅游经济发展、社会进步和环境保护三者有机结合起来。发展循环经济，通过物质流、能量流、信息流等循环传递和多级利用，在旅游企业之间、区域之间形成共生互动的循环产业，从而推动循环型社会和生态旅游的建设。

2.8 景观生态学理论

国际景观生态学会给出的最新景观生态学（Landscape Ecology）定义是：对于不同尺度上景观空间变化的研究，包括景观异质性的生物、地理和社会的原因与系列，这无疑是一门连接自然科学和相关人类科学的交叉学科。景观生态学以空间研究为特色，属于宏观尺度空间研究范畴，其理论核心集中表现为空间异质性和生态整体性两个方面。由前面的分析可知，一方面，从生态旅游定义的空间范围看，生态旅游目的地包括自然保护区、风景名胜区、森林公园等，主要表现为山地、森林、草地、各种水域等景观生态类型，具体的生态旅游目的地就构成景观生态学意义上的“景观”，从而成为景观生态学的研究对象；另一方面，从生态旅游定义的生态内涵来看，生态旅游强调生态旅游目的地的生态保护，强调在生态学思想和原则的指导下进行科学合理的旅游开发。因此，现代地理学与生态学结合产生的、既强调空间研究又考虑生态学思想和原则的景观生态学，与生态旅游的空间范围和生态内涵不谋而合，是生态旅游规划管理的理论基础之一。景观生态学的基本理论可概括如下。

1. 景观结构与功能理论

景观的结构通常用斑块（Patch）、廊道（Corridor）、基质（Matrix）和缘（Edge）描述。斑块原意是指物种聚集地，从生态旅游景观方面，是指自然景观或自然景观为主的地域。廊道是不同于两侧相邻土地的一种线状要素类型。从旅游角度，廊道主要表现为旅游功能区之间的林带、交通线及其两侧带状的树木、草地、河流等自然要素。基质是斑块镶嵌内的背景生态系统，其大小、孔隙率、边界形状和类型等特征是策划旅游地整体形象和划分各种功能区的基础。缘又称边缘带，其作用集中表现为边缘效应。景观的功能是指景观元素间能量、物种及营养成分等的流。景观功能的发挥主要涉及廊道、基质和斑块的功能特征。可以把旅游活动进一步解释为通过特定地点和特定路径的生态流，这种流集中体现于通过游客所带来的客流、物流、货币流、信息流和价值流。我国多数生态旅游目的地在长期的历史发展中形成了丰富的历史文化内涵，使生态旅游景观的功能也表现出一定的人文性。

2. 生态整体性与空间异质性理论

由景观要素有机联系组成的景观含有等级结构，具有独立的功能特性和明显的视觉特征。景观系统的“整体大于部分之和”是生态整体性原理基本思想的直观表述。

景观异质性（Heterogeneity）是指在景观中，对各类景观单元的变化起决定性作用的各种性状的变异程度，一般指空间异质性。异质性同抗干扰能力、系统稳定性和生物多样性密切相关。异质性是景观功能的基础，决定空间格局的多样性。一方面，生态整体性和空间异质性在外部形态结构上，塑造和控制着生态旅游景观的美学特征；另一方面，也在内部功能意义上，对生态旅游目的地的持续发展起着决定性作用，从而为深入理解这种功能作用并采取改善与强化措施提供了理论切入点。生态旅游目的地持续发展的实质就是其地域内的生态整体性的动态维持与空间异质性的不断构建。

3. 景观多样性与稳定性理论

景观多样性主要研究组成景观的斑块在数量、大小、形状和景观的类型、分布及其斑块间的连接性、连通性等结构和功能上的多样性，可分为斑块多样性、类型多样性和格局多样性 3 种类型。一般认为景观的多样性可导致稳定性。旅游生态系统是一种非独立性的景观生态系统。多种生态系统共同构成异质性的景观格局，形成具有不同旅游功能的旅游景观，使旅游景观的稳定性达到一定水平，从而保障景观旅游功能的实现。生态旅游景观的稳定性，不仅反映了自然和人为干扰的程度，而且也成为生态旅游目的地持续发展的必要条件和检验指标之一。

4. 景观变化理论

景观变化是指景观系统在结构和功能方面随时间推移而发生的变化。景观变化是自然干扰和人为干扰相互作用的结果，人为干扰在景观变化中起到越来越重要的作用，而这两种干扰又受制于景观格局。在生态旅游目的地，主要表现为人为干扰的影响。例如，旅游开发者铺设道路、构建建筑物，造成景观破碎化程度的增加，动植物的生境条件发生变化。旅游者的践踏、采集、旅游垃圾堆放等的干扰和胁迫作用，会造成植被稀少，植物多样性减少。大量旅游者会对土壤产生影响，如土壤裸露面积和板结程度增加、水土流失加剧等。当地居民的开垦种植等活动也会带来一定的不良影响。一旦这些干扰的强度超过了旅游景观的承载能力，就会引起生态失调或失衡，甚至造成景观的不可逆变化，将严重地损害生态旅游的发展。

本章小结

可持续发展的关键是正确认识人与自然和“人与人”的关系，要求人类以高度的智力水准与泛爱的责任感，去规范自己的行为，去创造和谐的世界。可持续发展思想认为发展与环境是一个有机整体。可持续发展是指在满足当代人需要的同时，不损害人类后代满足其自身需要的能力。可持续发展理论的基本原则为公平性原则、持续性原则和共同性原则。

旅游业可持续发展是一个转变观念的问题，即摒弃旧的传统发展观，树立可持续旅游发展观并将其落实到对各项实践活动的指导中，生态环境的可持续性包括：社会发展的可持续性、文化发展的可持续性和经济发展的可持续性。旅游业可持续发展应当遵循的原则是资源计划原则、预警原则、临界点原则和污染者付费原则。本章将可持续发展理论、系统科学理论、旅游地生命周期理论、木桶原理和门槛理论运用在旅游环境承载力的管理研究中。

循环经济是一种生态型经济，倡导的是人类社会经济与生态环境和谐统一的发展模式，效仿生态系统原理，把社会、经济系统组成一个具有物质多次利用和再生循环的网、链结构，使之形成“资源—产品—再生资源”的闭环反馈流程和具有自适应、自调节功能的，适应生态循环的需要，与生态环境系统的结构和功能相结合的高效的生态型社会经济系统。循环经济的3R原则是其经济活动的行为准则，即减量化原则、再利用原则和再循环原则。在旅游业中发展循环经济就是指把旅游经济发展、社会进步和环境保护三者有机结合起来。

景观的结构通常用斑块、廊道、基质和缘来描述。景观多样性主要研究组成景观的斑块在数量、大小、形状和景观的类型、分布及其斑块间的连接性、连通性等结构和功能上的多样性。景观变化是自然干扰和人为干扰相互作用的结果，人为干扰在景观变化中起到越来越重要的作用。

练习题

1. 名词解释

可持续发展　公平性　木桶原理　循环经济　景观多样性

2. 思考题

(1) 简述可持续发展的概念及其内涵。
(2) 简述旅游业可持续发展应遵循的原则。
(3) 简述旅游可持续发展的目标。
(4) 简述循环经济中的“3R”原则。
(5) 试运用管理学中的木桶原理阐述旅游环境容量。
(6) 试运用旅游地生命周期理论来探讨环境承载力管理的问题。
(7) 试述循环经济理论对旅游业的指导作用。
(8) 论述系统科学理论在旅游环境承载力管理中的运用。

参考文献

[1] 黄羊山. 旅游规划原理. 南京：东南大学出版社，2004.
[2] 高吉喜. 可持续发展理论探索：生态承载力理论、方法与应用. 北京：中国环境科学出版社，2002.

[3] 李阳成．系统科学与区域经济合作．自然辩证法研究，1998（7）：56－58.
[4] 李悦铮，俞金国．区域旅游市场发展演化机理及开发．北京：旅游教育出版社，2005.
[5] BULTER R W．The concept of a tourism area cycle of evolution，implication for management of resource．Canadian Geographer，1980（24）：5－12.
[6] 刘少湃，吴国清．旅游环境容量的动态分析：生命周期理论与木桶理论的应用．社会科学家，2004（2）：102－104.
[7] 刘忠伟，王仰麟，陈忠晓．景观生态学与生态旅游规划管理．地理研究，2001（5）：206－212.

第3章 旅游资源保护管理体制与政策法规

本章导读

旅游资源保护管理体制与政策法规，旨在规范人们的旅游资源开发行为，强化人们的旅游生态意识，切实做到合理开发、利用旅游资源，美化旅游环境，保护目前和未来旅游发展赖以生存的旅游资源及其生态环境质量，确保旅游资源的永续利用和旅游产业经济高效运转与持续发展。

从世界范围来说，珍贵的旅游资源无论属于哪国，都是人类共同的财富，任何破坏或丢失都会造成世界性的有害影响。国家一级的保护工作往往很不完善，原因在于这项工作需要大量投入，而被列为保护对象的资源所在国却往往不具备充足的经济、科学和技术力量。有鉴于此，整个国际社会有责任通过提供集体性援助，参与保护具有突出的普遍价值的旅游资源与环境。这种援助尽管不能代替有关国家采取的行动，但将成为其有效的补充。

通过本章的学习，不但可以了解纳入世界性保护名单的旅游资源及其保护组织机构，也可以掌握世界遗产的评定标准，了解国外成功的文化遗产保护管理体制，并且探讨了我国现行的旅游资源保护管理体制。

3.1 纳入世界性保护名单的旅游资源及其保护组织机构

纳入世界性保护名单的资源包括世界遗产、人与生物圈成员、绿色环球成员和世界地质公园。

3.1.1 世界遗产公约

联合国教科文组织于1972年10月17日—11月21日在巴黎举行了第十七届会议。这次会议“考虑到有必要通过采用公约形式的新规定，以便为集体保护具有突出的普遍价值的文化和自然遗产建立一个根据现代科学方法制定的永久性的有效制度”，于

1972 年 11 月 16 日通过并公布了《保护世界文化和自然遗产公约》，简称《世界遗产公约》。

该公约对文化和自然遗产的定义、文化和自然遗产的国家保护和国际保护、保护世界文化和自然遗产政府间委员会、保护世界文化和自然遗产基金、国际援助的条件和安排、教育计划等方面的内容作了详细的规定。这些规定要求缔约国均承认："本国领土内的文化和自然遗产的确定、保护、保存、展出和遗传后代，主要是有关国家的责任。该国将为此目的竭尽全力，最大限度地利用本国资源，必要时利用所能获得的国际援助和合作，特别是财政、艺术、科学及技术方面的援助和合作"，并将视各国的具体情况，尽量采取相应的措施进行保护。现已有包括中国在内的 160 个缔约国加入该公约，即承认所有缔约国对保护独特的文化和自然遗产应承担的义务。

世界遗产委员会是保护世界文化和自然遗产的政府间委员会，专门负责《世界遗产公约》的实施，每年召开一次会议，主要决定哪些遗产可以录入《世界遗产名录》，并对已列入名录的世界遗产的保护工作进行监督指导。截至 2008 年底，全世界共有世界遗产 878 处，分布在 145 个国家，其中文化遗产 679 处，自然遗产 174 处，世界文化遗产与自然双重遗产 25 处。

1. 世界遗产的评定

世界遗产的评定标准主要依据《保护世界文化和自然遗产公约》第一、第二条规定。遗产项目要列入《世界遗产名录》，必须经过严格的考核和审批程序。

每年举行一次的世界遗产委员会会议将对申请列入名单的遗产项目进行审批，其主要依据是该委员会此前委托有关专家对各国提名的遗产遗址进行实地考察而提出的评价报告。

对各国提名的遗产遗址的考察，主要由该委员会会同国际古迹遗址理事会（ICOMOS）和世界保护联盟（IUCN）组织专家进行。前者总部设在巴黎，成立于 1965 年，是国际上唯一从事文化遗产保护理论、方法、科学技术的运用与推广的非政府国际机构，有 80 多个国家会员和 4 500 多名个人会员；后者总部设在瑞士日内瓦，成立于 1948 年，原名国际自然及自然资源保护联盟，宗旨是促进和鼓励人类对自然资源的保护与永久利用，成员包括分布在 120 个国家的地方机构、民间团体、科研和保护机构。两者受世界遗产委员会委托，分别对提名列入《世界遗产名录》的文化和自然遗产地进行考察并提交评价报告。

2. 世界遗产的内容

1）自然遗产

（1）自然遗产的定义。《世界文化与自然遗产保护公约》给自然遗产的定义是符合下列规定之一者：①从美学或科学角度看，具有突出、普遍价值的由地质和生物结构或这类结构群组成的自然面貌；②从科学或保护角度看，具有突出、普遍价值的地质和自然地理结构，以及明确划定的濒危动植物物种生态区；③从科学、保护或自然美角度看，具有突出、普遍价值的天然名胜或明确划定的自然地带。

（2）自然遗产的标准。列入《世界遗产名录》的自然遗产项目必须符合下列一项或几项标准并获得批准：①构成代表地球演化史中重要阶段的突出例证；②构成代表进行中的重要地质过程、生物演化过程，以及人类与自然环境相互关系的突出例证；③独特、稀有或绝妙的自然现象、地貌或具有罕见自然美的地带；④尚存的珍稀或濒危动植物种的栖息地。

2）文化遗产

（1）文化遗产的定义。①文物：从历史、艺术或科学角度看，具有突出的普遍价值的建筑物、碑雕和碑画，具有考古性质成分的结构、铭文、洞窟及联合体。②建筑群：从历史、艺术或科学角度看，在建筑式样分布均匀或与环境景色结合方面具有突出的普遍价值的单立或连接的建筑群。③遗址：从历史、审美、人种学或人类学角度看，具有突出的普遍价值的人类工程或自然与人联合工程，以及考古遗址等地方。

（2）文化遗产的标准。凡提名列入《世界遗产名录》的文化遗产项目，必须符合下列一项或几项标准方可获得批准：①代表一种独特的艺术成就，一种创造性的天才杰作；②能在一定时期内或世界某一文化区域内，对建筑艺术、纪念物艺术、城镇规划或景观设计方面的发展产生过重大影响；③能为一种已消逝的文明或文化传统提供一种独特的至少是特殊的见证；④可作为一种建筑或建筑群或景观的杰出范例，展示出人类历史上一个（或几个）重要阶段；⑤可作为传统的人类居住地或使用地的杰出范例，代表一种（或几种）文化，尤其在不可逆转的变化影响下变得易于损坏；⑥与具有特殊普遍意义的事件或现行传统或思想或信仰或文学艺术作品有直接或实质的联系。（只有在某些特殊情况下或该项标准与其他标准一起作用时，此款才能成为列入《世界遗产名录》的理由。）

3）关于文化景观及其他

“文化景观”这一概念是1992年12月在美国圣菲召开的联合国教科文组织世界遗产委员会第16届会议时提出并纳入《世界遗产名录》中的。这样，世界遗产分为自然遗产、文化遗产、自然遗产与文化遗产混合体（即双重遗产，我国的泰山、黄山、峨眉山—乐山大佛属此）和文化景观。文化景观代表《保护世界文化和自然遗产公约》第一条所表述的“自然与人类的共同作品”。一般来说，文化景观具有以下类型。

（1）由人类有意设计和建筑的景观。包括出于美学原因建造的园林和公园景观，它们经常（但并不总是）与宗教或其他纪念性建筑物或建筑群有联系。

（2）有机进化的景观。这类景观产生于最初始的一种社会、经济、行政及宗教需要，并通过与周围自然环境的相联系或相适应而发展到目前的形式。有机进化的景观包括两种类别。①残遗物（或化石）景观，代表一种过去某段时间已经完结的进化过程，无论是突发的或是渐进的。它们之所以具有突出、普遍价值，还在于其显著特点依然体现在实物上。②持续性景观，它在当今与传统生活方式相联系的社会中，保持一种积极的社会作用，而且其自身演变过程仍在进行之中，同时又展示了历史上其演变发展的物证。

(3) 关联性文化景观。这类景观列入《世界遗产名录》，以与自然因素、强烈的宗教、艺术或文化相联系为特征，而不是以文化物证为特征。此外，列入《世界遗产名录》的古迹遗址、自然景观一旦受到某种严重威胁，经过世界遗产委员会调查和审议，可列入《处于危险之中的世界遗产名录》，以待采取紧急抢救措施。

至2009年6月，中国已有38处文化遗址和自然景观列入《世界遗产名录》，其中文化遗产25项，自然遗产8项，文化和自然双重遗产4项，文化景观1项，口述和非物质遗产2处（见表3-1）。

表3-1　中国的世界遗产名录

世界文化遗产	长城（1987年），故宫（1987年），莫高窟（1987年），秦始皇陵及兵马俑坑（1987年），周口店“北京人遗址”（1987年），承德避暑山庄和周围寺庙（1994年），曲阜孔庙、孔林、孔府（1994年），拉萨布达拉宫（大昭寺、罗布林卡）（1994年、2000年、2001年），平遥古城（1997年），苏州古典园林（拙政园、留园、网师园、环秀山庄、退思园、耦园、沧浪亭、狮子园、艺圃）（1997年、2000年），颐和园（1998年），天坛（1999年），大足石刻（1999年），青城山与都江堰（2000年），皖南古村落——西递和宏村（2000年），龙门石窟（2000年），明清皇家陵寝（清东陵、清西陵、明显陵、明十三陵、盛京三陵）（2000年、2003年、2004年），云冈石窟（2001年），中国高句丽王城、王陵及贵族墓葬（2004年），澳门历史城区（2005年），安阳殷墟（2006年），开平碉楼与古村落（2007年），福建土楼（2008年）
世界自然遗产	九寨沟风景名胜区（1992年），黄龙风景名胜区（1992年），武陵源风景名胜区（1992年），三江并流（2003年），大熊猫栖息地（2006年），中国南方喀斯特（2007年），三清山（2008年）
文化与自然双遗产	泰山（1987年），黄山（1990年），峨眉山—乐山大佛（1996年），武夷山（1999年）
文化景观	庐山风景名胜区（1996年），山西五台山（2009年）
人类口述和非物质遗产	昆曲（2001年），古琴（2003年）

资料来源：http：//baike. baidu. com/view/340391. htm＃4.

3.1.2　人与生物圈计划成员

人与生物圈计划是联合国教科文组织在其他组织的配合下，从1971年起实施的一项着重对人和环境关系进行生态学研究的多学科的综合研究计划。这是一项国际性的、政府间合作研究和培训的计划，其宗旨是通过自然科学和社会科学的结合，基础理论和应用技术的结合，科学技术人员、生产管理人员、政治决策者和广大民众的结合，对生物圈不同区域的结构和功能进行系统研究，并预测人类活动引起的生物圈及其资源的变化，以及这种变化对人类本身的影响，为合理利用和保护生物圈的资源，保存遗传基因的多样性，改善人类同环境的关系，提供科学依据和理论基础，以寻找有效地解决人口、资源、环境等问题的途径。

人与生物圈计划受到世界各国的重视，已有100多个国家参加，有的国家已成立了人与生物圈国家委员会。中国于1972年参加该计划并当选为理事国，1978年成立了中华人民共和国人与生物圈国家委员会。我国有10个课题被纳入人与生物圈计划，有26个自然保护区加入了世界生物圈保护区。

生物圈保护区是按照地球上不同生物地理省建立的全球性的自然保护网。世界人与生物圈委员会把全世界分成193个生物地理省（分布在我国范围内的有14个），在这些生物地理省中，选出各种类型的生态系统作为生物圈保护区。生物圈保护区不仅要具有网络的特征，还要把自然保护区与科学研究、环境监测、人才培训、示范作用和当地居民的参加结合起来，其目的是通过保护各种类型生态系统来保存生物遗传的多样性。生物圈保护区具有以下3个特点。首先，它是受保护的典型环境地区，其保护价值需被国内、国际承认，可以提供科学知识、技能及人类对维持其持续发展的价值。其次，各保护区组成一个全球性网络，共享生态系统保护和管理的研究资料。再次，保护区既包括一些受到严格保护的“核心区”，还包括其外围可供研究、环境教育、人才培训等的“缓冲区”，以及最外层面积较大的“过渡区”或“开放区”。开放区可供研究者、经营者和当地人之间密切合作，以确保该区域自然资源的合理开发。

目前，我国加入世界人与生物圈保护网的有26个自然保护区，它们是四川的卧龙、九寨沟、黄龙、亚丁，广东的鼎湖山，吉林的长白山，贵州的梵净山和茂兰，福建的武夷山，湖北的神农架，内蒙古的锡林郭勒草原，新疆的博格达峰，浙江的天目山，江苏的盐城海滨，云南的西双版纳和黑龙江的丰林等。我国还将建立中国生物区保护网络，以吸引更多的自然保护区加入，并逐渐向国际网络输送。

3.1.3 世界地质公园

地质遗迹是在地球形成、演化的漫长历史时期，受各种内、外动力地质作用，形成、发展并遗留下来的自然产物。地质遗迹包括有重大观赏和重要科学研究价值的地质地貌景观、地质剖面和地质构造形式，古人类遗址、古生物化石遗迹，有特殊价值的矿物、岩石及其典型产地，有特殊意义的水体资源和典型的地质灾害遗迹等。地质遗迹不仅是自然资源的重要组成部分，更是珍贵的、不可再生的地质自然遗产。1972年，联合国在瑞典首都斯德哥尔摩召开了“人类环境会议”，会后发布了“人类环境宣言”，由此拉开了世界环境保护的序幕。1997年，联合国大会通过了教科文组织提出的“促使各地具有特殊地质现象的景点形成全球性网络”计划，即从各国（地区）推荐的地质遗产地中遴选出具有代表性、特殊性的地区纳入地质公园，其目的是使这些地区的社会、经济得到永续发展。1999 年 4 月，联合国教科文组织第 156 次常务委员会会议中提出了建立地质公园计划（UNESCO Geoparks），目标是在全球建立 500 个世界地质公园，其中每年拟建 20 个，并确定中国为建立世界地质公园计划试点国家之一。

2004 年 2 月 13 日，在法国巴黎召开的联合国教科文组织会议上，中国的安徽黄山、河南中岳嵩山、云南石林、广东丹霞山、河南云台山、江西庐山、湖南张家界、黑龙江五大连池 8 家国家地质公园被列入世界地质公园网络名录，成为首批世界地质公园。2005 年 2 月 11 日，联合国教科文组织世界地质公园专家评审会在巴黎宣布，我国浙江雁荡山、福建泰宁、内蒙古克什克腾、四川兴文 4 家国家地质公园被评为第二批世界地质公园。至此，我国世界地质公园数量已达 22 处。截至 2009 年 8 月，全球共有 64 处世界地质公园。

3.1.4 绿色环球成员——绿色环球 21 成员

绿色环球 21 是在全球环保先行者、前联合国环境规划署署长毛瑞思·斯特朗先生的建议下，由世界旅行旅游理事会（WTTC）于 1993 年创立，并于 1994 年正式公布的。1999 年绿色环球 21 标准引入后，得到了进一步的发展壮大，并且开始了独立的审评活动。绿色环球 21 可持续旅游标准体系包括旅行旅游企业、社区、生态旅游和设计建设等四大标准和 20 多个旅游部门的达标评估指标体系。目前，绿色环球 21 可持续旅游标准体系得到世界旅游组织、亚太旅游协会、国际航空运输协会、国际旅馆饭店协会、国际导游协会同盟等国际组织的广泛支持。作为一种旅游产业的自律机制，绿色环球 21 是目前全球旅行旅游业公认的可持续旅游标准体系。绿色环球 21 成为全球 100 多个国家 1 500 多家旅游企业的共同选择。成员单位涵盖旅行社、宾馆饭店、度假村、机场、航空公司、风景区、森林公园、自然保护区、观光缆车、会展中心、博物馆、城镇社区、旅游学院和政府旅游行政管理部门等。在中国，也有越来越多的旅游企业认识到保护环境、实施可持续发展的重要性。

近两年来，我国加入绿色环球 21 的企业包括国家级风景区、宾馆饭店、度假村、博物馆等，仅四川省就有九寨沟国家级风景名胜区、黄龙国家级风景名胜区、四川广汉三星堆遗址博物馆和蜀南竹海国家级风景名胜区等 4 家单位通过了绿色环球 21 企业标准的认证。这些企业不仅拥有与生俱来的自然与文化遗产，而且更重要的是，通过当代人的努力，有效地保护和发掘了这些遗产的内在价值，实现了可持续发展，使之能够完整地移交给下一代。这是真正功在当代、利在千秋的丰功伟业，值得引以为豪。这些企业出色的环境和社会形象正吸引着越来越多的国内外游客，他们的努力必将得到丰厚的回报。

3.2 国外文化遗产保护管理体制

3.2.1 美国的文化遗产保护管理体制

美国是首先以国家力量介入自然文化遗产保护和首先提出世界遗产地概念的国家，也是自然文化遗产保护较为成功的国家。1872年，美国国会把位于西北部的黄石地区确定为“为了人们利益和欣赏目的的大众公园或休闲地”。由于没有相应的州政府机构来接收并管理这片区域，所以该区域以国家公园的形式直接由内务部负责管理，成为世界上第一个国家公园。

目前，美国的自然文化遗产体系主要由国家公园（由内务部国家公园管理局管理）、国家森林（由农业部林业局管理）、国家野牛动物保护区（由内务部鱼和野牛动物管理局管理）、国土资源保护区（由内务部土地再生局管理）、州立公园（一般由各州政府的自然资源部管理）和某些博物馆等组成。其中的国家公园体系规模最大，制度最先建立和最完善，且包括了自然资源和文化资源。根据美国1970年通过的《国家公园事业许可经营租约决议法案》：国家公园是不管现在还是未来，由内政部长通过国家公园管理局管理的以建设公园、文物古迹、历史圣地、观光大道、游憩区等为目的的所有陆地和水域。目前，美国国家公园体系包括57个国家公园，327处自然和历史圣地，1.2万个历史遗址和其他建筑，还有8 500座纪念碑和纪念馆，总面积约33.7万平方公里。

美国国家公园体系各成员具有以下特点。①产权皆为国有的自然遗产和自然状态下不可移动的文化遗产。②目前体系内的各个成员，在资源重要性、使命等方面存在一定差异。各成员并非都是堪称国家瑰宝级的自然文化遗产，其中还包括少数国家游憩区等休闲地和城市公园（如首都华盛顿特区的波托马克河国家公园）。③所有成员的管理单位都是非营利机构，皆以提供公益服务为主要使命，均主要靠联邦政府的财政资金维持运行。

事实上，美国国家公园体系的完善也经历了漫长的发展过程，这个过程主要为妥善处理好中央政府与地方政府之间、不同政府部门之间、资源保护与经营开发之间、管理机构和民间组织之间、简单愉悦公众和全方位为公众服务之间等关系的历程。

美国在处理这些关系时逐渐形成一个很清晰的管理思路——可以称之为自然文化遗产管理的“美国模式”：根据资源的公益性质确定资源的功能（使命），然后建立与使命相应的资金机制、管理机制、经营机制、监督机制等，以保证管理手段、管理能力与管理目标相适应。

由于历史原因和国力，美国对比较重要的遗产普遍采用联邦政府垂直管理模式。但总结美国的经验，可以发现美国的垂直管理模式是建立在以下前置条件下的，①明确的使命、完备的法规和足够的财政资金保障。例如，国家公园的主要使命是保护和服务，通过适度的经营谋取经济效益不是目标，而只是配合提高管理效率的一种手段。同时，实现了“一区一法”，做到了依法管理和开发，使垂直管理带来的权力空间得到了有效的约束。另外，公园的运行经费也有足够的财政资金保障（一般占到公园运营资金的70%以上），职工收入与经营效益脱钩，因此杜绝了不当牟利动机。②明确了土地权属。美国各类遗产资源基本上都是政府拥有主要的土地权和产权，因此享有对遗产资源的绝对支配权，能够有效杜绝外来干扰。③良好的公众参与和公众决策机制。美国的各类遗产管理机构都致力于社会捐赠和志愿者参与工作，这两种力量成为目前加强公园管理的主要手段。同时，公园也在制度上预留了公众监督的接口，重大建设项目从规划开始就必须经过公众监督程序，因而较好地避免了决策中的长官意志和国家利益部门化、部门利益个人化。

3.2.2 法国的文化遗产保护管理体制

1. 政府的职能

在法国，文化部是文化遗产保护的最高决策机构。文化部下设文化遗产司，专门负责文化遗产的保护。由于这项工作具有一定的专业性，所以遗产司既有行政管理人员，也有专职科研人员。文化遗产司下设四处、三科，专职负责不同类型的文化遗产保护。这些单位包括文化活动及事务处、遗址处、文化遗产管理处、文化遗产登记管理处、人类学遗产管理科、影像类遗产管理科、推广暨国际事务管理科。这些科室主要负责法国文化遗产保护工作的规划、决策、领导与监督。此外，文化部文化遗产司还负责法国国立古迹建筑博物馆、古迹信托及若干所文化遗产保护研究教学及信息搜集机构的管理。

在法国文化遗产的保护工作中，法国政府十分善于发挥民间文化遗产保护组织的作用。在法国，文化遗产保护工作虽然由文化部牵头，许多重大决定均由文化部拍板决定，但在具体的落实上，则基本上是由文化部所属历史纪念物基金会、文化艺术遗产委员会、考古调查委员会等民间组织完成的。

譬如文化部下属历史纪念物基金会自1914年创建以来，就一直致力于法国文化遗产，特别是建筑遗产的保护事业。其所募集的资金除用于历史纪念建筑物的维修外，还出版了大量与文化遗产有关的书籍、论文集、摄影集，同时举办各种纪念性建筑物的展览展示，以增进民间社会对法国本土文化的了解和重视。在法国文化遗产保护工作中出力最大的民间组织还有文化艺术遗产委员会。这个委员会的最大贡献之一，便是在法国制定第4个经济社会开发计划（1962—1965）时，向法国政府提交了对法国传统文化遗产实施总目调查的提案。通过这个提案的实施，法国不但又发现了一批国宝，许多重要文化遗产、历史遗迹也因在普查中被及时发现而免遭破坏，使法国成为一个对自己文化家底做到心中有数的国家。同时，这次文化遗产大普查也为本土学术研究提供了一大批系统的、数目庞大的遗产资料，为法国学界更好地了解自己的本土文化，给予了相当大的帮助。更为重要的是，通过这次地上文物大普查，还进一步增进了国民的文物意识，为法国文化遗产的保护工作奠定了坚实的群众基础。在地下文物发掘方面，法国成立了作为全国性咨询机构的考古调查委员会。这个委员会在组织考古发掘、协调全国力量、制定长期计划与法规、提出资金申请与负责资金使用等方面发挥着重要作用。此外，考古调查委员会还负责奖励考古作业和学术研究，颁发考古许可证、考证本地区出土文物的年代、提出收藏计划和方案，同时负责保管考古发掘现场的地图，定期出版考古发掘报告等工作。

2. 协会的职能

法国各级协会组织也十分善于在政府的领导下充分发挥自己的能动性。据最新材料显示，目前，法国共有这样的民间组织1.8万多个。这些协会的运营委员多由专家、学者组成，但成员构成绝大多数都是文物爱好者，他们一般都具有一定的专业知识，对于地方文物都有相当的了解。这些民间协会组织的主要职能如下。

1）向政府提出抢救与保护文化遗产的中长期计划

实践证明，凡是法国政府实施的主要保护项目，基本上都是由文化部下属各专业委员会提出，获得通过后由政府安排实施的。在文化遗产保护过程中，这些民间组织大都是以智囊团的身份出现的。例如，20世纪60年代文化遗产总目普查及普查中计算机的使用，科学性、系统性和标准化3项原则的提出等，都是作为智囊团的文化艺术遗产委员会的贡献。

2）负责具体项目的实施

所报计划一旦获得通过，民间协会就会通过自己的自上而下的各级网络协会，组织分工协作。从培训一线调查人员到具体指导一线调查，全部由民间组织的各协会来完成。法国政府也承认，学者代表的民间组织与官方的密切协作，是法国政府文化遗产保护工作顺利进行的关键。当然，为了能更好地协调政府与民间组织的联系，各委员会也有一定比例的政府官员参加，委员会也会根据他们每个人的所长和所负责的工作范围，让他们负责一些具体的工作。各省文化艺术遗产委员会则主要负责本省的普查工作及人员的落实情况。目前，法国1.8万多个这样的民间组织都是根据本地区文化遗产保护工作的不同需要组建起来的民间专业或半专业团体。

3）文物鉴定

在大规模普查工作结束之后，各地社团组织的主要任务是从事文物的鉴定工作。由于他们都是本地人，对当地情况非常了解，更熟悉这些文物的传统使用方法，因此，也就更有资格选定、鉴定和管理。事实证明，他们也确实是这些遗产或遗产价值的真正发现者，他们在遗产的发现、鉴定与保护方面发挥着重要作用。

4）参与立法

民间协会在法国文化遗产保护法的制定过程中也发挥了重要作用。他们影响国家立法的主要途径有：通过自办刊物，发表自己对文化遗产保护法的看法，以持久地影响立法当局；向议员并通过议员传达他们的意见，使他们的想法能够直接影响到立法的决策机构；通过组织各种活动，宣传自己的主张并影响行政当局。

5）宣传教育

除从事具体的普查、保护工作外，宣传教育也是他们的重要工作之一。他们常常根据具体的工作需要，印刷相关宣传资料、论文集、摄影集和内部资料。通过这些宣传，人们掌握了更多的专业知识。除在社会上进行广泛的文化遗产宣传外，他们还将宣传的触角伸向校园，在课堂、遗产地和博物馆之间开展活动，使更多的年轻人了解并热爱自己的文化遗产。

6）节约资金

法国政府发挥民间协会组织作用的另一个好处是可以节约大量资金。在各地的民间协会组织同时还负责筹款的任务，有些协会本身就是基金会。许多企业也很愿意在遗产保护这个问题上慷慨解囊，赞助的种类与方式也日趋多样化。资金的管理、审批权虽然归协会所有，但由于基金管理委员会本身就是由财政部、内务部、文化部、观光厅等政府机关和民间团体及开发商等多方代表组成，这种独特的、民主的管理体制，也比较容易确保基金的正确使用。

7）信息咨询

随着互联网的使用，具有丰富遗产资源的各地民间协会在资料信息库的建设方面均有不俗的表现。这些网站在进行文化遗产的宣传普及之外，还提供专门的信息咨询业务，而且随着时代的发展、媒体的转换，以及咨询范围的不断扩大，这个功能将会变得越来越突出。为进一步发挥民间组织的作用，法国政府与许多协会都签订了协作契约，并给予他们以遗产政策的参与权，同时强调重新定位角色，把某些遗产的认知管理权干脆下放给地方民间组织，使民间组织在文化遗产的保护过程中“责”、“权”、“利”达到了真正的统一。2001年，法国政府将“国家遗产日”的主题定为“遗产与协会”，目的就是进一步加强民间协会参与文化遗产抢救的积极性。

3. 咨询机构的职能

在法国，负责文化遗产保护、开发、运营与咨询业务的组织机构是文化遗产保护委员会。与其他国家相比，法国文化遗产委员会具有明显的法国特色。

（1）与许多国家文化遗产委员会只由专家学者组织而成的专家型文化遗产咨询机构不同，法国文化遗产委员会委员虽然绝大多数成员亦属专家学者，但相关行政部门的公职人员、相关团体的负责人及相关方面的民意代表也都有不同程度的介入。

（2）与许多国家只设立一个文化遗产委员会并在其下设置若干专业委员会不同，法国具有多个性质不同的文化遗产保护委员会。比较著名的全国性文化遗产保护委员会有文化遗产保护最高委员会、文化遗产保护登记管理国家委员会、古迹研究国家高级顾问团等。

4. 科研机构的职能

作为文化遗产保护强国，法国的文化遗产保护工作之所以能够得到国际学界的广泛公认，与其将文化遗产视为一门科学，并以科学的态度加以保护、管理、研究、开发有关。从组织建构上，法国不但有专门负责文化遗产保护工作的政府机构、顾问团体、社会组织，同时还有一套完善的教学体系与科研体系，从而确保了文化遗产保护工作的科学性与持久性。在教学方面，法国成立了专门的文化遗产教学机构：文化遗产保护学院、法国文物保护修复学院，以培养专门的文化遗产保护与管理人才。为解决普通技术人员不足的问题，法国还专门成立了以培养技术员为主的法国文物保护修复学院。因此，在各国文化遗产保护专业人员明显不足的时候，法国的文化遗产队伍建设却显现出勃勃生机。除教学单位外，法国还建立了数以百计的文化遗产研究机构，专门负责文化遗产的调查、研究、教学及资料搜集等方面的工作。

3.2.3 日本的文化遗产保护管理体制

日本作为在文化遗产的保护和利用方面先行一步的国家，长期以来，在其文化遗产行政中积累了很多值得重视的经验。坚持文化遗产乃是全体国民珍贵的文化财产这一基本理念，通过法律非常明确地规范所有与文化遗产有关的当事各方，包括政府、地方公共团体、文化遗产的所有者及管理者，普通国民的相关权利、责任和义务，从而形成了文化遗产保护的“举国体制”，这便是最值得我国借鉴的经验之一。日本文化遗产保护的举国体制具体体现在以下几个方面。

1. 国家在文化遗产的保护和利用方面承担的主要责任和义务

(1) 制定和修订《文化财保护法》。

(2) 负责重要文化遗产的指定和选定，以及对国民身边那些很容易亲近的一般文化遗产的登录工作。

(3) 对于被指定为重要文化遗产的所有者，进行有关管理、维修和公开的指示、命令或劝告。

(4) 限制指定文化遗产的现状变更，限制其出境，并有权命令其恢复原状。

(5) 就指定文化遗产的管理、维修、公开等，对所有者或管理团体等予以必要的补助。

(6) 对致力于文化遗产公有化的地方公共团体予以必要的补助。

(7) 在课税方面，有权设定与指定文化遗产有关的特例优惠措施。

(8) 设置和运营国立博物馆、国立剧场等，旨在公开文化遗产的公共设施，设置和运营文化遗产研究所。

2. 地方公共团体（地方政府）的责任和义务

（1）制定及修订各自地方的《文化遗产保护条例》，并实施必要的保护。

（2）指定和选定本地重要的文化遗产（除国家指定的之外）。

（3）对于指定文化遗产的所有者，就文化遗产的管理、维修、公开等发出指示、劝告，以及限制其现状的变更等。

（4）就指定文化遗产的管理、维修和公开，对其所有者或管理者进行补助。

（5）设置和运营旨在保护和公开文化遗产的地方公立设施，如各自地方的美术馆、博物馆、历史民俗资料馆等。

（6）通过社会教育和学校教育等多种方式，大力推进学习、爱护和传承文化遗产等方面的活动，推进以普通市民为对象的启发和普及活动，推进旨在保护和利用文化遗产的各种地方性活动。

（7）作为国家指定的管理团体，对于由国家指定、选定及登录的文化遗产予以管理和维护，其中包括配合指定等进行基础性的调查、指导组织或培育无形民俗文化遗产的保护团体等。

3. 文化遗产的所有者、占有者等的责任和义务

（1）由国家及地方指定的文化遗产的所有者，应该就所有者的变更、文化遗产的毁损和破坏情况，以及所在地变更等事宜，及时向国家或地方管理机关提出报告。

（2）对文化遗产进行管理和维护。

（3）文化遗产的公开。

（4）在出售或让渡重要文化遗产时，应该首先向国家提出出售申请。至于现状变更，则需要获得文化厅长官的许可。

4. 一般国民的责任和义务

（1）向国家及地方公共团体进行的文化遗产保护活动提供合作。

（2）发现遗址、遗迹时，应该及时向国家或地方有关机关报告。

（3）在众所周知的可能存在埋藏文化遗产的地方发掘或施工时，应该首先向国家或地方政府的有关机关报告。

（4）在以调查埋藏文化遗产为目的进行发掘时，应该向国家或地方有关机关提出报告等。

早在20世纪50年代，日本就推出了文化遗产保护法，把文化遗产分为有形、无形和民俗3类。有形文化遗产包括历史悠久的古城、寺庙、遗址、文物、绘画、典籍等；无形文化遗产包括演剧、音乐、工艺技术等；民俗文化遗产包括各种风俗习惯、民间艺术和各种庆典等。

例如，日本在古建筑的保护方面历经数十年的发展，目前有以下几种保护措施，可以适当地进行借鉴。

（1）将建筑物的原址分为两块地，以20年为一个周期采用同样的材料、技术手段

和形式新建古建筑，如日本的伊势神宫。

(2) 完全采取“修旧如旧”的方针，使建筑物根本找不到修复的痕迹，如奈良的法隆寺、唐招提寺，京都的金阁寺等。

(3) 将日本原有的分布在全国各个地方的有共同时代特征的文物迁于一处统一进行保护，如名古屋市郊的明治村。

(4) 只保留建筑物的外在风貌，外墙加以固定，内在则全面翻新，如京都中京邮局。

(5) 在古建筑外修筑一座新建筑作为外壳加以保护，如宫城县平泉金色堂。

(6) 在修复古建筑时尽量尊重原有的设计规范，但又较之简化，如神户博物馆、长濑产业公司、东京大学工学院等。

(7) 将古建筑的重要部件拆解进行保存，将次要部分拆除，之后进行“嫁接”，如明治时期的横滨大厦。

目前，日本企业利用虚拟现实技术进行文化遗产保护和传播，推进传统文化数字化，时至今日，和中国故宫合作已取得成效。文化遗产是一个民族最悠久的灵魂和最后的防线。日本成功地把经济、科技成果推向世界，又信心十足地传播传统文化，并坚定地步入未来。

3.2.4 旅游警察和生态警察局

国外在对旅游环境进行保护时，还采取了一些特别措施，如设立旅游警察、生态警察局，值得我国学习和借鉴。

1. 旅游警察

旅游警察是一些旅游发达国家为确保旅行安全而建立的专门队伍。泰国政府于1982年应旅游局的要求，批准建立旅游警察队伍，派驻各主要旅游城市，与当地旅游办事处合署办公，主要负责处理外国旅游者钱财被盗、物品丢失、费用处理问题引起的纠纷及人身恐吓等案件。旅游委员会于1988年在旅游局长办公室内成立了游客协助中心，以便与旅游警察及其上级主管部门协调、配合，从而形成了一套独特的旅游警察制度。随着到泰国的外国游客的不断增加，旅行中发生的纠纷和案件逐渐增多，但由于加强了旅游警察的巡逻、检查，首都曼谷的繁华街道和度假胜地帕塔亚的闹市区发生的犯罪案件明显减少。

泰国旅游警察的六大任务是：①应外国旅游者要求，提供有关信息情报；②应外国旅游者要求，担当翻译导游；③当发现外国旅游者将被卷入旅行纠纷时，应加以阻止，以免损害泰国对外旅游形象；④劝告外国旅游者应尊重泰国市民的风俗习惯；⑤对外国旅游者欲购泰国法律禁止销售的佛像、古董及动物毛皮等物品的不当行为，加以劝说；⑥监督和阻止破坏旅游资源的不良行为，必要时应向所管辖的部门报告情况。

2. 生态警察局

在奥地利维也纳有一个特殊警察局，称为“生态警察局”，有警察 50 多人。他们的日常工作是同污染和破坏环境者进行斗争。这些特殊警察巡逻在公园、住宅区、游乐园、工厂、农作区等地方，能准确确定违法构成，制止违法行为。他们乘坐的汽车上装有专门的技术设备，可以很快对土壤、空气、水质和居民点环境进行必要的考察和监测，并能准确确定给自然环境带来的损害程度。

在美国的纽约市有一支特殊的环保警察部队。环保警察除了学习一般的警察课程外，还要学习生态学和环保知识，学会在实验室和犯罪现场作化学分析检测。环保警察也佩带手枪，而且经常要与有害物质打交道。因此，环保警察经常要戴上厚橡皮手套，有时还要头戴呼吸面罩、身穿防化服。

3.3 中国现行的旅游资源保护管理体制

3.3.1 风景名胜区

根据国务院 1985 年发布的《风景名胜区管理暂行条例》的规定：凡具有观赏、文化或科学价值，自然景物、人文景物比较集中，环境优美，具有一定规模和范围，可供人们游览、休息或进行科学、文化活动的地区，应当划为风景名胜区。经全国各地的广泛实施，已总结出一套分级保护措施，即将风景名胜区划分为 3 个级别的保护区和一个防护地带，并制定相应的保护措施。

1. 一级绝对保护区

一级绝对保护区是指景点界线范围内的区域。区内要切实保护景点的原貌、风格和环境，不准建任何生活性大型建筑物，即使是观赏型建筑也要精、美、少，以突出景物和自然美。

2. 二级保护区

二级保护区是指景区界线范围内的区域。区内要保护一切景点和植物，除观赏建筑外，也可适当建设人工与自然融为一体的小型服务设施。

3. 三级环境保护区

三级环境保护区是指景区视线范围内的区域。区内可搞生活设施建筑，但也要保护好视野空间环境，确保景观的完整度。

4. 防护地带

防护地带是为保护景观特色，维护区内生态平衡，在风景区专门辟出大面积区域进行绿化，以保持水土。区内不许兴办污染性的工厂，并且控制农药、化肥的使用，以防止污染；搞好居民点的规划，控制不适宜的建设。

3.3.2 自然保护区

根据《中华人民共和国自然保护区条例》第二条的规定，自然保护区是指对有代表性的自然生态系统、珍稀濒危野生动植物物种的天然集中分布区、有特殊意义的自然遗迹等保护对象所在的陆地、陆地水体或海域，依法划出一定面积予以特殊保护和管理的区域。自然保护区作为自然保护的一种特殊、重要的形式，作为生物多样性保护的一种就地保护形式有其特殊的意义，在保护具有特殊科学文化价值的自然资源中起着其他自然保护形式所起不到的重要作用。自然保护区对于物种基因库的保存、社会经济的繁荣和人类生存发展，以及对科学技术、生产建设、文化教育、养生保健、自然保护等事业的发展具有不可估量的终极意义。中国的自然保护区分为国家级自然保护区和地方级自然保护区。我国现阶段的自然保护区管理实行综合管理和分部门管理相结合的管理体制，即统一监督管理与分类管理并存。

3.3.3 森林公园

1994 年我国林业部颁布的《森林公园管理办法》中对森林公园的定义为：森林公园是指景观优美、自然景观和人文景观集中，具有一定的规模，可供人们游览、休息，或者进行科学及文化、教育活动的场所。通过我国近 20 年来森林公园建设的实践，充分说明森林公园在生物多样性保护、生态环境保护中发挥了重要作用。

我国的森林公园是在林业由计划经济向市场经济改革的背景下出现的一种经营形式，一直是事业型编制、企业化管理的经营模式。这种编制的主要弊端是：①导致资源的过度使用；②导致森林公园资金投入不足。森林公园的经营者可能会将内部资金不是用于积累而是用于职工的分红，也可能将经营费用作为事业费用转嫁给政府，而财政收入的减少使森林公园的基础建设和森林旅游资源的维护资金投入严重不足。

3.3.4 地质公园

地质遗迹是国家的宝贵财富，每个国家公民均有保护的权利与义务，而国土资源部则负责对其实施监督管理。在中国，为配合世界地质公园的建立，国土资源部于 2000 年 8 月成立了国家地质遗迹保护（地质公园）领导小组，以及国家地质遗迹（地质公园）评审委员会，制定了有关申报、评选办法，并设计了形象鲜明、特征突出的徽标图案。中国国家地质公园是以具有国家级特殊地质科学意义、较高的美学观赏价值的地质遗迹为主体，并融合其他自然景观与人文景观而构成的一种独特的自然区域。

地质公园（GeoPark）是以具有特殊地质科学意义、稀有的自然属性、较高的美学观赏价值，具有一定规模和分布范围的地质遗迹景观为主体，并融合其他自然景观与人文景观而构成的一种独特的自然区域。建立地质公园的主要目的有3个：保护地质遗迹、普及地学知识、开展旅游促进地方经济发展。既是为人们提供具有较高科学品位的观光旅游、度假休闲、保健疗养、文化娱乐的场所，又是地质遗迹景观和生态环境的重点保护区，地质科学研究与普及的基地。目前，全球已经建立了54个世界地质公园，其中中国有19个（中国还分4批建立了138个国家地质公园）。地质公园分为4级：县市级地质公园、省地质公园、国家地质公园、世界地质公园。

世界地质公园由联合国教科文组织组织专家实地考察，并经专家组评审通过，经联合国教科文组织批准的地质公园，称世界地质公园（Global GeoPark，GGP）。

中国是积极参与推动联合国教科文组织“地质公园计划”的国家之一，从地质遗迹保护到地质公园建立一直与地质公园计划密切合作，走在了世界前列。联合国教科文组织专家在对我国地质公园进行实地考察后认为，中国对建立地质公园起到开拓性推动作用，这是中国对联合国教科文组织的贡献。

3.3.5 文物保护单位

我国现行的文物行政管理体系，保护工作由文化部门和建设部门两个平行行政体系来共同承担。文化部门主管文物保护，其中中央主管机构为国家文物局，地方主管机构为地方文物、文化管理部门。建设部门主管历史文化保护区、历史文化名城保护及与城市规划相关的建设控制地带的保护管理，中央主管机构为建设部，地方主管部门为地方城建、规划管理部门。除文物保护外，历史文化名城、历史文化保护区等的保护管理工作由建设部门和文化部门共同负责，即在中央由建设部（城市规划司）和国家文物局主管，在地方由地方城建、规划部门和文物、文化部门负责。

我国的文物管理实行集中统一管理的体制，传统的历史文物景区经营模式实行事业化运营。景区文物资源的保护、管理和开发及其经费全部由国家负责，其工作人员属政府或事业制编制。经营主体是景区管理机构，并且隶属于当地政府，以及建设、园林、文物等旅游资源主管部门。景区的所有权与经营权、开发权与保护权可不分离。景区管理机构既是景区所有权代表，又是景区经营主体；既负责景区资源开发，又负责景区资源与环境保护。传统的大型文物类旅游景区，如北京故宫、颐和园等都是这种管理模式。

3.4 旅游资源保护的政策法规

3.4.1 国际公约、条例

虽然现代旅游业的出现只有半个世纪，但对旅游资源及环境的保护，却是世界各国都十分重视的问题。许多国家不仅制定了相应的保护法规，一些世界组织还就世界性的资源及环境保护达成了许多共识，以国际公约或条例的形式来约束缔约国的行为，以保护全人类赖以生存的自然环境和人文资源。目前，我国已成为国际环境保护大家庭中负责任的一员，参与并认真履行的国际公约主要有《保护世界文化和自然遗产公约》、《生物多样性公约》、《可持续旅游发展宪章》、《防治荒漠化国际公约》、《气候变化框架公约》、《湿地公约》、《濒危野生动植物国际贸易公约》、《威尼斯宪章》、《内罗毕建议》等。

1. 自然资源保护公约

1972 年 11 月 16 日，在法国巴黎举行的联合国教科文组织第十七届会议通过了《保护世界文化和自然遗产公约》。考虑到由于政治、经济、文化、科技各方面的差异，国家一级对世界上罕见的、无法替代的又具有普遍价值的文化遗产和自然遗产的保护不够完善，新的威胁不断出现，一些遗产正面临着越来越严重的侵害和破坏，大会认为，国际社会有必要采取共同保护措施，以国际公约的形式制定永久性的有效制度加强保护工作。该条约就文化和自然遗产的定义、文化和自然遗产的国家保护与国际保护、保护组织、保护基金、国际援助等问题作了详细的规定，为集体保护具有突出的普遍价值的文化和自然遗产建立了一个根据现代科学方法制定的永久性的有效制度。迄今为止，世界上共有 147 个国家批准或加入了该公约，成为缔约国。为了有效地实施该公约，联合国教科文组织于 1976 年还成立了一个政府间合作机构——世界遗产委员会，由公约缔约国大会选举产生的 21 个国家组成，其主要任务之一是在缔约国提出申请的基础上，确定各国的文化和自然遗产，并将其列入《世界遗产名录》，使国际社会将其作为人类的共同遗产加以保护。

1975 年，联合国环境规划署和国际自然与自然保护同盟经过讨论，由后者起草了《世界自然资源保护大纲》，其宗旨是保护人类赖以生存的自然环境和自然资源，防止生态系统的失调和野生生物的破坏，为经济发展提供物质基础，为整个人类谋利造福。

1980 年 3 月，中国与世界上 30 多个国家一道，发表了由联合国环境规划署、世界野生生物基金会和国际自然与自然资源保护同盟共同制定的《世界自然保护大纲》。此大纲提出了自然保护的三大目标：保护人类赖以生存和发展的生命支持系统；保证生物资源的永续利用；保存物种的遗传多样性。

1995 年 4 月 24—28 日，联合国教科文组织、环境规划署、世界旅游组织在西班牙召开了“可持续旅游发展世界会议”，包括中国在内的 75 个国家和地区的 600 多位代表出席了会议，会议最后通过了《可持续旅游发展宪章》、《可持续旅游发展行动计划》。此宪章指出：可持续旅游发展的实质，就是要求旅游与自然、文化和人类生存环境成为一体，自然、文化和人类生存环境之间的平衡关系使许多旅游目的地各具特色，旅游发展不能破坏这种脆弱的平衡关系。《可持续旅游发展宪章》和《可持续旅游发展行动计划》为各国可持续旅游发展规划提供了一整套行为规范和具体操作程序。

2. 文化遗产保护公约

除了对自然资源以立法的形式加强保护以外，国际间组织也十分重视对文物古迹及历史文化遗产的保护与立法。

1933 年，国际现代建筑协会制定的第一个获国际公认的城市规划纲领性文件《雅典宪章》，其中一节专门论述“有历史价值的建筑和地区”，指出了保护的意义与基本原则，以及保护好代表一个历史时期的历史遗存在教育后代方面的重要意义。但是，随着第二次世界大战后的经济复兴，城市建设高潮迭起，致使许多文物建筑及其环境受到破坏，城市保护与发展的矛盾越来越突出，问题也越来越复杂。1964 年 5 月，联合国教科文组织在威尼斯召开第二届历史古迹建筑师及技师国际会议，通过了著名的《国际古迹保护与修复宪章》，即通常所称的《威尼斯宪章》。该宪章提出了文物古迹保护的基本概念、基本原则与方法。《威尼斯宪章》的制定是国际历史文化遗产保护发展中的一个重要里程碑。《威尼斯宪章》是关于保护文物建筑的第一个国际宪章，意味着世界范围内的共识已经形成。

1962 年，法国率先颁布了保护历史地段的《马尔罗法令》（又称《历史街区保护法令》）。接着，丹麦、比利时、荷兰、英国等许多欧洲国家纷纷效仿，陆续制定了自己国家历史地段保护法规，掀起了保护区法规建设的高潮。日本 1966 年颁布《古都保存法》，并于 1975 年《文物保护法》修改中增加了“传统建筑群保存地区”的内容。历史地段尤其是历史街区的性质和文物建筑有所不同，保护的原则方法也有相应的变化，意味着历史文化遗产的保护不仅涉及物质实体环境，还进一步包含了其人文环境，使之同城市社会经济生活的关系更加紧密。

1976 年 11 月 26 日，联合国教科文组织大会在肯尼亚内罗毕通过了《关于历史地区的保护及其当代作用的建议》（简称《内罗毕建议》）。文件指出，历史地段的保护包括“史前遗址、历史城镇、老城区、老村庄、老村落及相似的古迹群”的广泛内容；并拓展了“保护”的内涵，即鉴定、防护、保存、修缮、再生，维持历史或传统地区及环境，并使它们重新获得活力。文件还明确指出，在历史街区保护工作的立法及行政，技术、经济和社会等方面应采取的措施，包括对历史街区保护制度的建立，街区包括历史、建筑在内的社会、经济、文化和技术数据与结构，以及与之相关的更广泛的城市或地区联系进行全面的研究。

欧洲有关城市整体保护的概念自 20 世纪 70 年代起逐渐成熟起来。1976 年通过的欧洲议会决议案给予有关城市保护最全面的定义，提出“整体保护”（或“全面保护”）的概念，目的是“保证建筑环境中的遗产不被毁坏，主要的建筑和自然地形能得到很好的维护，同时确保被保护的内容符合社会需要”。

1977 年 12 月，建筑师及城市规划师国际会议发表了《马丘比丘宪章》，提出“考虑再生和更新历史地区的过程中，应把优秀设计质量的当代建筑物包括在内”，同时指出“不仅要保存和维护好城市的历史遗址和古迹，而且还要继承一般的文化传统”，保护的范围进一步扩大。

1987年10月，国际古迹遗址理事会在美国首都华盛顿通过的《保护历史城镇与城区宪章》或称《华盛顿宪章》，则是继《威尼斯宪章》之后历史上第二个国际性法规文件。这一法规文件在总结了20多年来各国环境保护的理论与实践经验基础上，确定了历史地段，以及更大范围的历史城镇、城区的保护意义与作用、保护原则与方法等。在其“序言与定义”中指出：一切城市、社区，无论是长期逐渐发展起来的，还是有意创建的，都是历史上各种各样社会的表现。本宪章涉及的历史地区，无论大小，其中包括城市、城镇及历史中心或居住区，及其自然、人工的环境，除了它们的历史文献作用之外，这些地区体现着传统的城市文化的价值。关于历史地区保护的内容，文件指出以下5点：①地段和街道的格局和空间形式；②建筑物和绿化、旷地的空间关系；③历史建筑的内外面貌，包括体量、形式、风格、材料、色彩及装饰等；④地段与周围环境的关系，包括自然环境和人工环境的关系；⑤地段在历史上的功能作用。

文件提出要保持历史城市的地区活力，适应现代生活的需求，解决保护与现代生活方面等问题，指出：“要寻求促进这一地区私人生活和社会生活的协调方法，并鼓励对这些文化财产的保护，这些文化财产无论其等级多低，均构成人类的记忆”；“‘保护历史城镇与地区’意味着对这种地区的保护、保存、修复、发展，以及和谐地适应现代生活所需采取的各种步骤”；“新的功能和作用应该与历史地区的特征相适应”。

《华盛顿宪章》继《内罗毕建议》、《马丘比丘宪章》之后，再次提到保护与现代生活的矛盾，并明确指出城市的保护必须纳入城市发展政策与规划之中。《华盛顿宪章》作为对《威尼斯宪章》的补充成为世界文化遗产的共同保护准则，同时也标志着城市保护已与城市规划紧密结合。

3.4.2 中国生态环境保护的政策法规

1. 宪法

许多国家都在宪法里对环境保护作出规定，视其为国家和社会环境保护活动的最高准则和法律基础。我国《宪法》第九条第二款：国家保障自然资源的合理利用，保护珍贵的动物和植物，禁止任何组织或个人用任何手段侵占或破坏自然资源。第十条第五款：一切使用土地的组织和个人必须合理利用土地。第二十六条：国家保护和改善生活环境及生态环境，防治污染和其他公害。宪法确认了对环境与资源的保护是国家的基本国策，是国家的基本职责，并为资源与环境的保护提供了立法根据、指导思想和基本原则。

2. 环境保护的基本立法

1979年9月，我国首次颁布了《中华人民共和国环境保护法（试行）》，对保护环境作出全面系统的法律规定。其中第二条规定：本法所称环境，是指影响人类生存和发展的各种天然的及经过人工改造的自然因素的总体，包括大气、水、海洋、土地、矿藏、森林、草原、野生生物、自然遗迹、人文遗迹、自然保护区、风景名胜区、城市和乡村等。这个规定既包括了自然生态旅游资源，也包括了人文社会旅游资源。1989 年 12 月，我国根据具体情况的变化重新颁布了《中华人民共和国环境保护法》，目的是为保护和改善生活环境与生态环境，防治污染和其他公害，保障人体健康，促进社会主义现代化建设的发展。该法是我国实施环境保护的基本法，对环境的概念和保护管理机构、环境监督管理、保护和改善环境、防治环境污染和其他公害等内容作了具体的规定。

3. 旅游环境法和旅游资源法

旅游环境法是调整人们在保护旅游资源及环境、防治旅游环境污染和破坏等活动而产生的各种社会关系的法律规范的总称。这一系列法律、法规，强化了对自然资源的保护，如《中华人民共和国土地管理法》、《中华人民共和国水污染防治法》、《中华人民共和国大气污染防治法》、《中华人民共和国环境噪声污染防治条例》、《中华人民共和国固体废物污染环境防治法》等。

旅游资源法是调整旅游资源开发、利用、保护关系的法律规范的统称，其和旅游环境法的保护范围大致相同，两者构成了旅游环境保护的主要法律体系。旅游资源法包括有关保护土地、矿藏、森林、草原、河流、湖泊、海洋、大气、野生生物、自然保护区、风景游览区、文物古迹等法规。如《中华人民共和国森林法》、《中华人民共和国野生动物保护法》、《中华人民共和国草原法》、《中华人民共和国海洋环境保护法》、《中华人民共和国渔业法》、《中华人民共和国陆生野生动物实施细则》、《中华人民共和国水法》、《中华人民共和国自然保护区条例》、《城市绿化园林管理条例》等。

4. 地方性法规

我国许多地方为保护旅游资源及环境，也颁布了地方旅游法规和专项法规。例如，杭州市先后制定了《杭州西湖风景名胜区保护管理条例》、《西湖水域保护和管理条例》、《杭州西湖环境保护条例》；厦门市制定了《厦门市旅游资源保护和开发管理暂行规定》，并以厦门市人民政府第 23 号令正式出台，该规定共 21 条，其中包括加强对旅游区的环境保护、对项目的环境影响评估和监督、做好生活旅游岸线的建设和管理、加强对人文资源的保护和管理、确保旅游发展用地不被侵占等。

此外，我国参加和批准的国际公约具有同我国法律同等的效力，如《保护世界文化与自然遗产公约》、《濒危野生动植物物种国际贸易公约》、《生物多样性公约》等。

3.4.3 风景名胜保护的政策法规

风景名胜区是以具有科学、美学价值的自然景观为基础，自然与文化融为一体，主要满足人类对大自然精神文化活动需求的地域空间综合体。风景名胜资源包括自然景物和人文景物，是风景名胜区生存的物质基础，既十分珍贵，也十分脆弱，一旦遭受损坏就无法再生。其结果必然导致风景名胜区失去生存和发展的条件，导致衰败和消亡。

1978 年，中共中央发布了 13 号文件，提出要加强名胜古迹和风景区的管理，限期退出被侵占的土地，对破坏文物古迹者要追究责任、严肃处理。同时指出，在重点保护的风景名胜区周围禁止建设新建筑，以保护名胜古迹的原貌。1982 年，国务院审定了第一批 44 处国家级重点风景名胜区，如何加强对风景名胜区的保护和管理，成为急需解决的问题。1985 年 6 月 7 日，国务院发布的《风景名胜区暂行管理条例》则是运用法律手段解决这个问题的尝试。这是我国加强对风景名胜资源保护的各项具体法规，它的发布、实施，有助于风景名胜区的开发、利用、保护和管理，但还需进一步修订和完善，使其成为保护旅游资源及环境的重要法律手段。

3.4.4 文化艺术保护的政策法规

中华人民共和国成立以后，党和政府非常重视文物古迹的保护工作。《中华人民共和国宪法》明确规定，国家保护名胜古迹、珍贵文物和其他重要历史文化遗产。为此，国家又制定和颁布了一系列有关保护各类人文旅游资源的法律、法规和规范性文件。

早在 1950 年 5 月，中央人民政府就颁发了《古迹、珍贵文物、图书及稀有生物保护办法》，要求对文物古迹“妥为保护，严禁破坏、损毁及散失”。1951 年 5 月，又颁布了《关于地方文物古迹的保护管理办法》，成立了从中央到地方的文物保护机构。之后由于措施得力，我国的文物保护工作取得很大成绩。根据解放后文物保护工作的经验教训，国务院于 1961 年 3 月制定了《文物古迹管理暂行条例》，对文物保护管理的权限、范围、机构、办法、出口、奖惩等方面都作出了具体的规定。1982 年 3 月，我国颁布了《中华人民共和国文物保护法》，这是当前文物保护工作中最重要的法律，它对文物资源的发掘、保护和管理作了明确的规定。“保护为主、抢救第一”、“有效保护、合理利用、加强管理”，是贯穿《文物保护法》的基本原则。此外，《中华人民共和国城市规划法》、《关于惩治盗掘古文化遗址古墓犯罪的补充规定》、《治安管理处罚条例》等国家法律中也有许多保护文物、古迹的内容。

3.4.5 其他相关政策法规

除了以上介绍的各类资源保护政策法规外，2003 年 9 月 1 日起正式施行的环境影响评价法也为旅游资源的科学管理提供了必要依据。旅游资源部门对于拟建或再建的每一个开发项目都进行评价，对那些不符合环境标准的项目应坚决予以取缔；在新建旅游区首先规划污水处理厂，做到净化、美化旅游资源环境与开发建设同步进行；并严格控制在自然景区建造人工景点，以保持风景区的自然性；通过限制售票量或设置路障等方式，把景区人数限制在容量之内，防止过多的游客进入而对旅游资源造成的压力，有利于对旅游资源开发进行合理有效的规划与管理。

环境影响评价是正确认识经济社会和资源环境之间相互关系的科学方法，是正确处理经济发展与旅游资源保护关系的积极措施。该制度成为我国环境法的一项基本法律制度，是环境法科技化的一个突出表现，也是保护旅游资源的一个重要制度。

各地方也结合各自特点制定了一些地方性法规。上述各项法律、法规从不同角度规定了旅游资源的开发、利用和保护问题。

本章小结

本章具体阐述了我国已纳入世界性保护名单的旅游资源及其保护机构，如世界遗产公约、人与生物圈计划成员、世界地质公园和绿色环球成员——绿色环球21成员。现在，已有一部分资源纳入世界性的保护名单，并由相应的组织对这项工作进行管理，以确保这部分资源受到共同的重视与保护。

本章还介绍了国外对于自然及文化遗产的保护管理经验，美国的国家公园体系、法国的政府作用和协会的职能、日本的文化财团制度、旅游警察和生态警察局，分门别类地阐述了我国不同类型旅游资源的现行管理体制，如风景名胜区、自然保护区、森林公园、地质公园和文物保护单位，并将现有的各类旅游资源保护法规作了相应的归纳与整理，使学生能够对我国旅游资源的保护和基本立法情况有一个较为全面的了解。

练习题

1. 名词解释

自然遗产　文化遗产　人与生物圈计划　世界地质公园　旅游警察

2. 思考题

(1) 简述世界性的旅游资源保护机构及我国已进入这些机构保护名单的旅游资源。

(2) 简述我国目前的旅游资源保护管理体制。

(3) 简述我国在进行旅游资源保护立法时主要依据的国际公约。

(4) 简要说明我国目前在旅游资源保护方面的立法情况。

(5) 简述泰国旅游警察的任务。

参考文献

［1］徐学书．旅游资源保护与开发．北京：北京大学出版社，2007.

［2］http://www.wchol.com/html/whyc.html.

［3］http://news.xinhuanet.com/ziliao/2004-02/16/content_1315373.htm.

［4］http://d.wanfangdata.com.cn/Periodical_ddjylt200521050.aspx.

［5］http://www.geopark.cn.

［6］http://www.ct.gov/dep/cwp/view.asp.

［7］http://www.unesco.org/whc/sites/88.htm.

［8］顾军．法国文化遗产保护运动的理论与实践．江西社会科学，2005（3）：139-141.

［9］周星，周超．日本文化遗产保护的举国体制．文化遗产，2008（1）：133-143.

［10］夏晓风．日本的世界遗产．科技信息，2007（23）：522-523.

［11］王锦思．日本如何对待遗产．中华遗产，2007（4）：96.

［12］韩霞．我国旅游资源法律保护探析［D］．重庆：重庆大学经管学院，2007.

第 4 章

旅游资源保护的方法

本章导读

解决旅游资源可持续利用问题的一个重要的手段，就是对这些旅游资源进行保护，使其为旅游业的可持续发展提供资源保障。保护的方法一方面要从法律、法规和管理着手；另一方面需要通过科学技术手段进行保护。本章着重讨论旅游资源的保护方法。

通过本章的学习，掌握对自然资源及环境和人文社会资源及环境进行保护的具体措施。将虚拟现实技术应用于文化遗产的保护具有重大的理论价值和实际作用，利用虚拟现实技术可有效提高文物保护的技术水平，有效提高文物修复的精度和预先判断、选取采用的保护手段，同时可缩短修复工期，实现文物存档及永久性保存。

4.1 旅游资源保护的主要措施

4.1.1 旅游资源保护的法律措施

旅游资源保护的法律措施是利用各种涉及旅游资源与环境保护的有关法律、法规，约束旅游开发者和旅游者的行为，以达到对旅游资源进行保护的目的。简单地说，就是利用法律手段对旅游资源进行保护。

旅游资源保护的法律主要是旅游资源法。旅游资源法是调整人们在旅游资源的开发、利用、管理和保护过程中所发生的各种社会关系的法律、法规的总称，是由一系列与保护旅游资源密切相关的法律、法规组成的。旅游资源法一般包括对国家公园（风景名胜区）、文物古迹、自然保护区、海滩旅游地、野生动植物资源、游乐场所、旅游设施等方面进行保护的法律、法规、法令、条例、章程等。

法律手段的基本特点是权威性、强制性、规范性和综合性；基本要求是有法必依、执法必严、违法必究。

法律管理手段是旅游资源保护管理的强制措施。旅游资源的保护必须立法，尤其是对重点旅游区。因为只有将旅游资源保护纳入法律条款，增强旅游资源保护的力度，才能使旅游资源保护落到实处。

1. 世界各国旅游资源保护法简介

以法律保护旅游资源和游览环境是一种有力的措施。一些旅游资源丰富、法制比较健全的国家先后制定了较完备的保护旅游资源的法律、法规。例如，法国的《风景区和文物保护法》，埃及的《关于授予旅游部监督、开发旅游区权利的法律》和《阿拉伯埃及共和国文物保护法》，日本的《旅游基本法》，墨西哥的《墨西哥旅游法》，加拿大的《国家公园法》等。南斯拉夫以法律形式公布在开辟的14个国家公园附近严禁发展污染空气和湖水的工业。另外，还有大量的国际公约，如《保护臭氧层维也纳公约》、《生物多样性公约》、《保护世界文化遗产和自然遗产公约》、《威尼斯宪章》、《濒危野生动物植物物种国际贸易公约》等。世界旅游组织（WTO）、经济合作与开发组织（OECD）等在保护旅游资源方面也做了大量的工作。

2. 我国的旅游资源保护法

我国政府十分重视旅游资源的保护。新中国成立后，国家就制定了一系列相关的政策和法规。从国家根本大法《宪法》到综合性的环境与资源保护基本法，再到各类单项法规、地方法规，以及我国参加的国际公约，共同构成了一个完整的法律保护体系。

4.1.2 旅游资源保护的行政措施

发展旅游业，如果管理得当，会促进旅游资源保护的进展；如果管理不善，会给环境带来灾难性的后果，最终导致旅游业赖以生存和发展的基础被破坏。各级地方政府在发展旅游业和保护旅游资源方面起着不可替代的重要作用。

所谓的行政措施，是指各级政府及有关主管部门根据国家、地方所制定的环境和资源保护方针政策、法律、法规及标准，依靠行政组织，运用行政力量，按照行政方式来管理和保护旅游资源的方法。即依靠各级行政机关或企业行政组织的权威，采取各种行政手段，如下命令、发指示、定指标等办法，对旅游资源实行行政系统管理。

行政措施与法律、法规措施是有区别的。法律、法规措施是由国家立法机关制定的，其特点是具有稳定性、固定性、强制性；而行政措施是由政府或政府的有关主管部门制定的，在不违背原则的前提下，具有一定的灵活性和弹性。

采取行政措施是为了引导和鼓励部门、单位和个人积极参加污染治理与环境保护，监督各部门、单位和个人认真贯彻执行有关环境保护的法律、法规和政策，对环境保护工作提供必要的服务，协调环境资源监督管理部门之间、有关部门与环保部门之间、个人与环保部门之间的环境保护工作和关系，其最终目的还是为了保护旅游资源和环境。

1. 行政命令、决定、通知、通告等

这类行政命令、决定、通知、通告等，基本上是由环境与资源的主管部门及相关部门单独发布或由有关部门联合发布的。涉及全国或区域范围的由中央有关部、局、办单独或联合发布，而涉及省、市、县的则由地方厅局等单独发布或联合发布，地方主管部门也可转发中央一级主管部门的行政命令、决定、通知、通告等。其主要目的是针对旅游业运行过程中出现的环境问题，有针对性地提出若干原则要求和具体对策，为游客和旅游经营者创造良好的旅游环境和经营环境。例如，为了加强我国自然保护区、风景名胜区、文物保护单位、森林公园等特殊区域的环境保护工作，国家环保局、国家旅游局、建设部、林业部、国家文物局联合发出《关于加强旅游区环境保护工作的通知》，对此，浙江省环保局、旅游局、建设厅、林业局、文物局转发了该通知，并根据本省情况，提出了具体实施意见。

2. 政策、倡议、信息等

例如，荷兰首都阿姆斯特丹市政府，实施了一套有效的政策，包括减少汽车停车泊位，禁止汽车在某些街道行使，增加收费停车场及延长停车收费时间。该市新的设想是开办出租自行车业务，将自行车涂上白色，以低廉的价格供市民租用。这些政策的实施，使骑自行车出行成为时尚，极大地改善了城市的环境卫生状况。奥地利的萨尔茨堡是其国际旅游最发达、对外国旅游者最有吸引力的目的地之一。发达的旅游业一度给萨尔茨堡带来严重的环境问题。为了当地旅游业的可持续发展，萨尔茨堡州政府制定了严格限制和控制不利于当地旅游资源保护的旅游行为的政策，如制定了限制性旅游发展原则和“绿色市场营销规划”。其主要内容包括减少使用私人交通工具，控制各类旅游设施的扩建，以及支持和鼓励具有环境意识的行为等。

3. 政府举办有利于旅游资源保护的评选活动

由国家旅游局倡导和组织的创建中国优秀旅游城市的活动，以建设社会主义现代化、国际化城市为目标，努力在我国建成一批特色鲜明、安全卫生、秩序井然、服务周到、受海内外旅游者欢迎的旅游城市，为旅游者创造一个良好的、满意的旅游环境。自1994年正式提出后，1995年重点部署宣传，1996年5月在北京召开了部分旅游城市工作座谈会，把创建活动推向新的阶段。目前，这一工作已在全国100个城市中实质性地开展起来。

1992年7月，澳门地方政府为了改善城市污染状况，举行了大规模的清洁运动，并从8月中旬起，对乱丢垃圾者进行全面检查。政府和民众都积极行动起来，开展了一系列的活动，如大型游艺晚会、城市清洁有奖问答、城市清洁研讨会、图片展览等。

4. 有关部门对旅游市场的集中性专项或综合治理

专项整治是指有关部门对严重影响旅游人文社会环境的问题进行专门的集中整顿治理。而综合治理是指旅游、园林、公安、建设、工商、交通、物价等若干部门密切合作，齐抓共管，重点在宾馆、车站、码头、景点、购物点等处，制止旅游业存在的违法、违章行为，维护旅游市场的正常秩序。这些措施是创建良好旅游环境的基础性工作。

5. 规划

规划是对未来状态长远的、全面的设想或构想，是经济发展和建设中必不可少的重要环节。规划在旅游业的发展中同样扮演着非常重要的角色，科学的规划可以很好地促进旅游资源的开发和保护。国家旅游局发布的《旅游规划通则》，将旅游规划分为两大类，即旅游业发展规划和旅游区规划。

1）旅游业发展规划

旅游业发展规划是根据旅游业的历史、现状和市场要素的变化所制定的目标体系，以及为实现目标体系在特定的发展条件下对旅游发展要素所进行的安排。根据旅游业发展规划的范围和政府管理层次分为全国旅游业发展规划、区域旅游业发展规划和地方旅游业发展规划。地方旅游业发展规划又可分为省级旅游业发展规划、地市州级旅游业发展规划和县级旅游业发展规划等。

2）旅游区规划

旅游区规划是指为了保护、开发、利用和经营管理旅游区，使其发挥多种功能与作用而进行的各项旅游要素的统筹部署和具体安排。旅游区规划的层次分为总体规划、控制性详细规划、修建性详细规划。在《风景名胜区管理暂行条例》第六条中，具体规定了各风景名胜区规划应包括的8项内容，其中第二、四、五、六项直接与保护旅游资源有关。

4.1.3 旅游资源保护的经济措施

要协调经济活动与资源环境保护的关系，必须综合运用多种管理手段，其中经济手段在调整国家利益与集体利益及个人利益、长远利益与眼前利益中起着十分重要的作用。经济活动与环境保护之间的矛盾，除了认识上、科技上的原因，更为主要的是经济利益问题，具体来说，就是有些单位和个人只考虑到自己的内部经济性，而忽视了外部的不良影响。因此，采用经济手段来保护资源与环境是一种非常有效的方法，往往能比采用其他手段取得更好的效果。

旅游资源保护问题是伴随着人们在旅游中产生的经济活动而发生的。因此，从本质上，旅游资源保护问题是一个经济问题。

旅游资源保护的经济措施是指国家或主管部门，运用价格、工资、利润、信贷、利息、税收、奖金、罚款等经济杠杆和价值工具，调整各方面的经济利益关系，把企业的局部利益同社会的整体利益有机地结合起来，制止损害旅游资源的活动，奖励保护旅游资源的活动。

以下将对与旅游资源保护密切相关的一些主要经济措施分别加以介绍。

1. 税收

税收是随着国家的出现而产生的一个财政范畴，是国家为满足社会公共需要，依据其社会管理职能，按照法律规定，参与国民收入分配的一种规范形式。税收具有强制性、无偿性、固定性的特点，是国家为了行使其职能，取得财政收入的一种方式。与旅游资源保护密切相关的具体税收措施如下。

1）征收旅游税

征收旅游税，一方面可以为旅游资源的保护提供稳定而有保障的资金，并由国家和地方政府统一掌握、使用。通过征收旅游税得到的资金，重点投向旅游业发展的薄弱环节，如旅游区点的对外交通系统、污水处理系统等，通过有差别的旅游税税率，鼓励、扶持旅游温冷点地区的发展，调节游客的流向、流量，以减轻旅游热点地区和重点旅游城市的环境压力；另一方面可以通过减免、增加有关部门或企业的税收，限制和禁止某些对旅游资源和环境造成污染与破坏的建设项目，鼓励和支持那些有利于旅游资源保护的建设项目。

2）征收环境资源税

环境资源税以开发、使用、破坏自然资源的行为作为课税对象。其名下有“开采税”、“开发税”、“采伐税”、“土壤保护税”等。其纳税主体是开发和利用土地、森林、草地、水、矿产、地热、海洋等自然资源的社会组织及个人。

2. 生态补偿费

生态补偿费是开发建设活动利用生态环境使生态环境质量降低而应缴纳的一种补偿费，是对生态环境质量降低造成的间接经济损失的一种补偿。自然要素所固有的生态环境价值是生态环境补偿的理论依据，征收生态环境补偿费是对环境破坏导致的生态环境价值损失的一种补偿。对于征收生态补偿费，我国尚处于试点阶段。

3. 征收排污费

排污费是按照国家法律、法规和相关标准，强制排污单位对其已经或仍在继续发生的环境污染损失或危害承担的经济责任，由环境保护行政主管部门代表国家，依法向排放污染物的单位强制收取的费用。排污收费包括排污费（即所有向环境排放污染物者都要缴费）和超标排污费（即对超过国家或地方规定标准排放污染物适当收费，如果未超过规定标准就不征收）。排污收费制度是世界各国通行的做法。1982 年以来，我国先后发布了《征收排污费暂行办法》和《污染源治理专项基金有偿使用暂行办法》。排污收费制度已成为我国环保法规的一项重要制度，对防治环境污染、改善环境质量，节约和综合利用资源、能源起到了重要作用。

我国 2003 年颁布的《排污费征收使用管理条例》已将原来单纯的超标收费改为排污收费和超标收费并行。另外，针对我国现行的排污收费制度，有关专家还提出了一些整改意见，如对排放的所有污染物收费，即实行全方位收费；调整收费标准，使其略高于环保设施折旧费之和，以刺激企业治理污染的积极性，改变目前企业缴费买排污权的现象。

4. 产品收费

产品收费是指根据产品本身的污染特点（主要是指具有潜在的污染危害）而收取一定的费用。通过该项收费使产品成本上升，导致价格上涨，从而抑制有污染产品的生产和消费，同时又可筹集资金，用于资源与环境的保护。

5. 财政补贴

财政补贴是另一个环境保护的重要经济手段，是指政府对旅游业经营单位和个人治理环境污染，以及其他保护旅游资源与环境的活动和行为给予的资金补贴。通常情况下，这种补贴分为直接补贴和间接补贴。

世界上许多国家的政府都对控制污染的活动给予财政补贴。例如，丹麦政府补贴农民，使其停止向水体排放营养物质，极大地遏制了水体的富营养化，政府还对乘公交的市民给予补贴；德国政府对老工厂的设备技术改造给予补贴，对购买环保型产品的消费者给予补贴，如我国海尔家电环保产品在德国出售时购买者就能得到政府的环保补贴；荷兰政府对清洁生产给予大量的资金支持等，对改善环境都取得了显著的效果。

6. 保证金与押金

保证金是指从事某项活动前向主管部门或有关单位按一定的比例交纳一定数额的款项，如果按要求完成，则该款项退还缴费单位，否则予以没收。我国现在已在很多行业实行了保证金制度，如建设项目中的“三同时”保证金、开矿保证金、矿产开采保证金等。押金与保证金性质类似。押金是指对可能造成污染的产品，如香烟、包装袋等加收一份款项，当把这些潜在的污染物送回收集系统避免了污染时，即退还该款项。押金制度是一种保护环境资源和实现可持续发展的可操作性很强的经济措施。目前，尼泊尔、巴基斯坦等国在登山旅游中使用了对游客收取押金以促进其回收垃圾的措施。

7. 物质奖励与罚金

物质奖励是指对环境资源作出成绩和贡献的单位或个人给予物质的奖励。罚金是对污染和破坏环境与资源的单位或个人给予经济制裁。执行物质奖励和罚金制度的目的是对污染者提供一种附加经济刺激，使其遵守法律规定的环境要求，其最终目的和作用都是为了促进资源的保护。

特别需要指出的是，单纯的罚金对很多单位和个人作用不大，所以罚金这种手段往往要和其他一些手段结合使用才能收到更好的效果。在这方面新加坡的经验值得借鉴。

8. 污染总量控制和排污权交易

在计算某功能水域或大气环境功能区的环境容量的基础上，将排污总量指标分配给各个污染源，并发给排污许可证。这是对污染源的排污权进行初始分配，应综合考虑各种因素，尽可能做到合理分配。

在对排污权进行初始分配后，其中某企业（污染源）根据市场需求要扩大规模、增加排污总量，但又没有排污指标；或者某新企业（污染源）要向此功能水域或大气环境功能区排污却没有排污指标时，解决的办法就是向有排放总量富余指标的企业购买排污指标。这就产生了排污交易权。企业依靠技术进步推行清洁生产，不但可使产品的产量增加、产品的品质提高，而且排污量下降，富余的排污总量指标（排污权）可以有偿转让（出售），并可只转让一定期限，到期收回。显然，实行排污权交易可以鼓励企业积极采取措施降低污染物排放总量。

9. 利润留成

利润留成是我国环境管理中常用的鼓励措施之一，是指企业为防治污染、开展综合利用所生产的产品 5 年内不上缴利润，将该款项留给企业继续治理污染、开展综合利用、开发清洁生产工艺等。

10. 其他经济措施

除以上列举的经济手段外，还有向使用者收费、污染赔款、信贷、环保市场交易、责任保险等经济措施。

4.1.4 旅游资源保护的宣传教育措施

旅游资源保护的宣传教育措施是指通过现代化新闻媒介和其他形式，向公众传播有关旅游资源保护的法律知识和科技知识，从而达到教育公众、提高其环境意识，进而使公众自觉地保护旅游资源的目的。这涉及两个方面的内容，即旅游资源宣传和旅游资源教育。旅游资源宣传是手段，旅游资源教育是目的，两者相辅相成，只有紧密结合，才能达到保护旅游资源的目的。旅游资源保护的宣传教育主要通过以下相关措施来施行。

1. 学校教育

人的青少年时期大都在学校里度过，而这一时期是人的人生观、价值观及行为习惯形成的重要时期。在这一时期，对青少年进行保护资源与环境的教育，更容易使一些有关资源保护和环境保护的观念在他们心中扎根，更容易养成一些良好的环境保护习惯。在中小学阶段，可通过数学、物理、化学、历史、地理、生物等课程，让学生掌握有关资源与环境保护的基础常识。在大学甚至更高的阶段，应通过课堂教学和课外活动，强化学生的资源与环境保护意识，尤其是对旅游类和环境保护专业的学生，除了加强资源保护和环境保护意识教育外，更应加强专业素质教育，以便将来更好地发挥他们的专业特长，直接为保护旅游资源和环境服务。

2. 新闻媒介及其他大众传播工具

新闻媒介包括电台、电视台、报纸、杂志、网络等。新闻媒介有很强的舆论监督、教育宣传功能。通过舆论对人们的环境行为和活动进行监督，一方面，表彰那些在环境与资源的保护方面作出贡献的单位与个人；另一方面，对那些破坏生态环境，违反保护资源与环境法律、法规的单位及个人进行披露和批评。而更为重要的是，通过其教育宣传功能，提高公民的环境意识，采用各种各样的宣传教育形式，对公民进行环境与资源保护的教育，宣传国家有关环境资源保护的法律、法规和常识，这是一种非常行之有效的方法。例如，中央电视台曾连续推出“动物世界”、“人与自然”等节目，同时在很多时候也会插播一些环境、资源和文物保护方面的公益广告。这些措施都对环境与资源的保护工作起到了巨大的推动作用。

3. 知识竞赛活动

例如，为纪念“5.22国际生物多样性日”，从2003年5月22日—6月22日，国家环保总局举办了“全国生物多样性知识竞赛”，引起了社会各界的广泛关注和强烈反响，公众参与踊跃，可以说是一次全国生物多样性知识大学习和大普及活动，对于提高公众生物多样性保护意识、发动公众积极参与生物多样性保护工作起到了极大的促进作用。又如，2005年6月1日，为配合“人人参与，创建绿色家园”这一纪念“六·五”世界环境日的主题，由国家环保总局、中华环境保护基金会举办了“2005全国绿色消费知识竞赛”。这次活动以“竞赛”这种群众喜闻乐见的形式，带动了环保知识的学习，达到了树立绿色消费观念的目的。

4. 夏令营（冬令营）

夏令营大多是由某一单位或团体在暑假中组织的、主要由青少年参加的一种集体活动。其主要目的是锻炼青少年的集体主义精神和意志品质，同时增长青少年的科学知识，使他们能健康成长。事实证明，开展夏令营也是向青少年宣传环保知识、提高青少年环境意识的有效手段。夏令营寓教于乐，让青少年在一些游玩、娱乐等活动中，接受环境保护的教育和环境意识的熏陶。例如，2004年8月9—19日，由英国文化协会、英国大使馆文化教育处、英国湿地考察委员会和中国国家环保总局宣教中心共同组织的中英环保夏令营，分别在北京杨镇湿地和广州举办，有100多名中学生参加了夏令营。英国和中国的环境专家参与了学生的“淡水研究”、“这是我的树”和“了解湿地”等活动。50名教师参加了“为了更美好的未来而学习”的培训。通过这次活动，使同学们学到了许多课本上学不到的东西，进一步懂得了人类与环境的辩证关系，增强了环境保护意识。

5. 生态旅游

在环境与资源保护教育中，生态旅游是一种非常重要的方式。与生态旅游直接相关的人员，如游客、旅游区的领导干部、专业技术管理人员、服务接待人员、当地居民等，通过生态旅游的实施，促进各参与方在对自然资源内在核心价值的认识方面形成共识。尤其要给旅游者留下身临其境的参与感和具有启发性的经历，使他们能在大自然的环境中接受环境保护教育，这种形式比在其他环境中更生动、更直接、更有说服力。环境保护教育是开展生态旅游的主要目的之一。

4.2 旅游资源保护的常用技术方法

旅游资源保护的技术方法包括物理方法、化学方法、生物方法和工程方法等，人们利用和发挥它们各自的优势，将它们单一或组合使用达到保护旅游资源的目的。技术方法在对水体、山地、动植物及文物古迹等旅游资源的保护中的应用非常广泛。

早在20世纪80年代初，我国就已经提出：防止环境污染，一靠政策，二靠管理，三靠技术。在环境保护领域，如果没有科学技术的进步，不仅难以实现改善环境质量的目标，就是要做到控制环境污染的泛滥也是很困难的。《中国环境保护21世纪议程》指出：在20世纪和21世纪中期，必须以科技的发展作为环境保护事业的先导。发达国家的经验表明，必须以先进的环境保护技术为基础，通过严格的法律监督，才能达到控制污染、改善环境的目的。

4.2.1 物理方法

旅游资源保护的物理方法是指通过某些设施、设备或方法的物理作用，来达到处理污染物和保护旅游资源的目的。例如，对大气保护治理颗粒污染物常用物理方法。

大气中颗粒污染物与燃料燃烧关系密切。减少固体颗粒污染物的排放方法可以分为两类：①改变燃料的构成，以减少颗粒的生成；②在固体颗粒排放到大气之前，采用控制设备将颗粒污染物除掉。这里着重介绍第二类方法。第二类方法主要是一些物理方法，包括对一些除尘设备的使用，这些除尘设备主要分为以下4种。

(1) 机械除尘器。这是利用机械力（重力、惯性力和离心力）将尘粒从气流中分离出来，达到净化的目的。这类除尘器的优点是结构简单、造价低、维护方便，但除尘效率不很高，往往用作多级除尘系统中的前期处理。这类除尘器比较典型的有重力沉降室和旋风除尘器等。

(2) 过滤式除尘器。此类除尘器是以过滤机理作为除尘的主要机理，包括袋式除尘器和颗粒除尘器等。这里重点介绍袋式除尘器。袋式除尘器是将棉、毛或人造纤维加工成织物作为滤料，制成滤袋对含尘气进行过滤。这种方法除尘效率高、操作简便，适合于含尘浓度低的气体。其缺点是占地多，维修费高，不耐高温、高湿气流。

(3) 湿式除尘器。湿式除尘器是一种采用喷水的方法将尘粒从气体中洗出去的除尘器。这种除尘器种类很多，有喷雾式、填料塔式、离心洗涤器、喷射式洗涤器等。这类除尘器除尘效率较高，但是需要大量用水，还存在二次污染的问题。

(4) 静电除尘器。静电除尘是在高压电场的作用下，通过电晕放电使含尘气流中的尘粒带电，利用电场力使粉尘从气流中分离出来并沉积在电极上的过程。利用静电除尘的设备称为静电除尘器。这类除尘设备的除尘性能好（可捕集微细粉尘和雾状液滴），除尘效率高，气体处理量大，适用范围广，能耗低，运行费用较少。缺点是设备造价偏高，除尘效率受粉尘物理性质影响很大，不适合直接净化高浓度含尘气体，对制造、安装和运行要求比较严格，占地面积较大。

4.2.2 化学方法

旅游资源的化学保护方法是利用化学物质与污染物的化学反应，改变污染物的化学或物理性质，使污染物改变其存在状态，最后使其减少或转变为其他无害物质的一种方法。例如，在人文资源的保护中对壁画的保护使用的就是化学方法。

壁画文物经常出现起甲（壁画的颜色层和白粉层结合力小，或者某种颜料的用胶量不均而造成的龟裂，泛起许多小鳞片的现象）、酥碱（在支撑结构的崖体中，山体水分较多时，由于水的渗透将岩砾中的盐溶解后，通过地层岩石中的孔隙传送而集结于壁画的颜料层，腐蚀壁画内的胶结材料，盐分通过吸水膨胀又使壁画酥松，造成酥碱）等现象。我国从 20 世纪 50 年代起采用天然高分子材料，如胶矾水、动物胶、植物胶，以及合成高分子材料，如环氧树脂、聚乙烯醇、聚醋酸乙烯树脂、聚丙烯树脂等对壁画及其他相关文物进行修理与保护。例如，在敦煌莫高窟采用胡继高经多次试验的合成高分子材料配方：①1％～3％的聚乙烯醇；②1％～1.5％聚醋酸乙烯乳液，或者两种不同浓度的混合液来修复起甲、酥碱壁画，此后这一方法成为我国壁画保护的主要技术。辽宁省博物馆对某些壁画揭取中用含 50％的三甲树脂在丙酮稀释至 9％～10％后贴布，再用环氧树脂和其他合成树脂固定。陕西省博物馆多年来一直采用桃胶揭取壁画，再用丙烯酸树脂和聚醋酸乙烯树脂固定。目前，在壁画文物的起甲、酥碱治理及修复中，天然高分子材料已被广泛采用。

4.2.3 生物方法

旅游资源保护的生物方法是指通过利用植物、动物、微生物本身的特有功能，以达到监测、防治环境和文物的污染与破坏，以及美化、净化、绿化旅游环境和保护对象的作用。例如，在对木质文物的保护和对丝绸文物的保护中常使用生物方法。

1. 对木质文物的保护

爱尔福特的大教堂有一个名叫克拉纳赫的神坛，其名字来源于自己的木质屏风，著名画家鲁卡斯·克拉纳赫在公元 1520 年左右在屏风上绘制了圣卡塔琳娜秘密订婚的油画，现已成为著名历史文物。后来，人们发现这个由椴木制成的屏风受到木蠹虫的侵袭，已经出现了许多虫穴，如果不加以治理，这个著名文物就将毁于一旦。

如何治理虫害成为一个问题。通常人们使用煤气或氮气等气体使蠹虫窒息。但是这种方法：①对人体有害；②成本很高；③不能全部杀死蠹虫。后来，有关方面决定采用生物学家的建议，使用马蜂来消灭蠹虫。马蜂通常将蠹虫的蛹麻醉，然后将自己的卵产在其中，其幼虫也将蠹虫的蛹作为食物，从而就消灭了害虫。人们又用塑料布将克拉纳赫神坛屏风遮住，在其中创造了一个温度（摄氏 20 度）和湿度（55％～60％）都适宜马蜂的环境。然后选定了13处蠹虫虫穴作为观察点，放进马蜂，结果在4周之后，马蜂杀死了49只蠹虫中的48只，剩下的那一只还是因为人们事先没有将虫穴洞口开大，马蜂不能进入虫穴。专家的结论是可以认为马蜂杀虫的效果是100％。初战告捷，专家决定等气候合适时使用塑料布再杀一次，而且专家已经得到来自一些欧洲国家的询问，要求帮助用同样办法杀死木器中的蠹虫。

2. 对丝绸文物的保护

湖北江陵马山墓出土的战国丝织物、湖南长沙马王堆出土的西汉丝织物等，不仅品种齐全，且历千年而色泽鲜艳，都是国人引以为豪的国之瑰宝。但是，这类珍贵文物由于其自身的特性，拉力强度几乎为零。我国科研人员和文物保护工作者经过多年的努力，终于开发出了“无强度丝绸的微生物加固方法”这项技术。这种微生物保护技术的原理是将生物菌渗透到木头、丝绸内部，修复文物本身受损纤维素，或者生成纤维素填充本已疏松的文物内部，从而起到加固定型作用。采用微生物材料进行加固保护湖北江陵出土战国丝绸，不仅色泽不变，而且拉力强度由处理前的零增至每平方厘米52克，可以折叠、卷曲，随意拿取而没有任何损伤。这样，这些珍贵的文物终于可以不再遭受“粉身碎骨”的厄运，能够鲜亮精美如初地展现在世人面前了。

4.2.4 工程方法

旅游资源保护的工程方法是指建造或利用围墙、堤坝、沟渠、桥梁、支柱、护架、护坡等各类建筑物和构筑物，以达到保护旅游资源及环境的目的。

1. 对历史建筑、大型雕塑等的保护

一些文物古迹，特别是历史建筑、大型雕塑等，因自然风化或人为破坏而破损。这时，可以在保持原貌的准则下，采取使用原材料、原构件进行必要的修复加固，甚至在必要的时候用现代构件进行加固，或者将裸露在自然环境下的文物用各种防护盖（如在文物上加罩或加盖建筑物等）予以保护。例如，对乐山大佛的佛脚平台维修保护工程。维修佛脚平台是由于大佛建在强度不高的红砂岩上，佛脚基座又受3条江水的长期冲刷及漂浮物的直接撞击，水下部分淘蚀严重，大佛的稳固性受到威胁。工程开始后，施工人员用钢铆桩对佛脚岩体进行加铆并注入凝固剂，加固有裂缝的岩体，同时修建了防水墙。完工后，大佛佛脚平台已拓宽120平方米，使整个佛脚平台的面积增加到近300平方米。佛脚平台拓展工程有效地保护了大佛基座，防御了江水对岩体的长期淘蚀和冲刷。同时，佛脚平台的拓宽增加了大佛脚下游客的活动范围，保证了旅游的安全。又如，为保护世界第八大奇迹的秦陵兵马俑，在发掘现场修建博物馆对其进行保护；为保护西安华清池温泉，在温泉上建了一座唐式建筑物等。

2. 对古代桥梁的保护

赵州桥是我国造桥史上的代表杰作，由隋代杰出工匠李春和众多石匠共同建造，为著名的华北四宝之一。然而，由于洨河河水污染严重，直接威胁着古桥的安全。为了保护这座著名的古代桥梁，1993 年 10 月，河北省、石家庄市政府，会同环保、水利、交通、文物等部门，在赵县召开现场办公会，确定了一个以赵县政府原方案为框架的治理方案：合理防渗，片石护坡，清淤浚河，污水绕行。具体方案是在距桥 600 米的上游、500 米的下游，各筑一道坡坝，在河岸北侧开挖一条明渠，与现有溢洪道相连，设计过流能力为 8.7 立方米/秒，污水改行原洨河溢洪道。桥下清污后，从上游打的机井取清水注入桥下河道。这项工程共耗资 650 万元，1994 年完工。该方案不仅拓宽和加深了河道，解除了污染危害，还使赵州桥重现 37.02 米跨径的主拱全貌。

3. 德国的施普雷森林

德国的施普雷森林自然保护区是大自然的宝贵遗产，也是人类保护开发的杰作。施普雷森林被划分为 4 部分：纯原始状态的核心区；尚未开发的自然风景缓冲区；已开发利用的旅游度假风景区和从城镇到旅游景区之间的过渡区。并且，根据自然条件、动植物种类特点再划分出许多不同的小区域，分别采取不同的管理措施。保护区在开发管理上强调协调一致。在制定“保护区长远发展基本方案”之前，先由森林、农牧业和动植物等各方面的专业组织与协会分别制定各自的未来发展规划，然后集中到“自然保护管理处”和“自然保护研究所”统一协调，最后形成总体方案。根据这一原则，保护区内的城镇、村庄、房舍、街道等所有人文建筑设施都要由专家精心设计，房舍高低、门窗风格，以及房前屋后及街道两旁种植的花草树木等都要统一规划。

保护区对野生动植物规定了严格的保护措施。例如，保护区内的草地都是严格按计划割剪的，什么时间、用什么工具、留茬高低都有严格规定，为的就是保护那些在草丛里垒窝产卵的鸟类和在草地里生存的各种动物。即使是可食用的鱼类，也是以协会的形式把渔民们组织起来，有计划地捕捞和上市销售。又如，为了保护蝙蝠，保护区工作人员除在森林里为蝙蝠做了许多人工巢外，从 1995 年起还在 24 个村庄里修建了 13 个蝙蝠过冬区并对游人开放。工作人员在“过冬区”里建起隔离墙，安装取暖设备，投撒食物。

根据保护区 1996 年制定的规划方案，在 12 年内将投入 3 600 万马克用于整治河流堤岸、修建闸门，进一步调节和控制河流水位和水流速度，保护水生动植物。每年冬季到来之前，都要给森林里所有的河流注满水，以避免冬季河岸风干、植物枯死。

4. 美国的黑熊通道

美国佛罗里达州生活着大量的黑熊，约有 1 000～1 500 头。在每年的一段时间里，黑熊非常饥饿，经常变换活动地点，在逐渐缩小又被公路网穿插的栖息地之间交叉往来，很容易被汽车撞到，每年都有 40 头黑熊死于交通事故。于是，美国交通部决定在该州46号公路上，铺设一条直径8英尺的水泥预制管作为黑熊的通道。公路两边的防护栏底部呈漏斗状，可使黑熊顺利落入管道。同时，在实验通道里安装摄像机以帮助野生动物专家确定黑熊能否利用安全通道。

4.2.5 其他方法

除以上几种方法外，还有空间技术方法、电子计算机方法、电子方法、医学方法等，都在近年来的旅游资源保护工作中起着重要的作用。下面介绍一种虚拟现实技术在文化遗产保护中的应用。

多年来，自然因素的影响、人为破坏严重、过度旅游，以及文化遗产保护措施不力等多种因素造成了我国世界文化遗产遭受了各种各样的损坏，同时文化旅游资源的保护与合理开发利用之间的矛盾也在不断凸显出来。在世界文化遗产保护形势日益严峻的今天，世界文化遗产信息的数字化日渐成为可行而十分有效的保护方法，其中数字文化遗产已被联合国教科文组织认可为文化遗产保护的技术手段。依托信息技术解决或缓解上述问题已成为当务之急。以虚拟现实技术为纽带，综合计算机图形技术、多媒体技术、传感器技术、人机交互技术、网络技术、立体显示技术和仿真技术等多种技术，通过对文化遗产的高精度测量、三维重建和建立数据库，为文化遗产的保护、研究、修复，以及虚拟旅游提供了一种新的方法和平台，有效缓解文化旅游中文化资源保护与利用的矛盾，增大文化资源受众面，为文化旅游事业发展提供高科技支撑。

将虚拟现实技术应用于文化遗产的保护具有重大的理论价值和实际作用，具体主要体现在3个方面。首先，利用虚拟现实技术可有效提高文物保护的技术水平。其应用可预先展现文物修复后的影像，用于检验修复技术、手段的可行性，考察修复过程中各项环节，修复后耐久性等，有效提高了文物修复的精度和预先判断、选取采用的保护手段，同时可缩短修复工期。其次，虚拟现实技术可实现文物存档及永久性保存。通过影像采集数据，建立起实物三维或模型数据库，用于保存文物原有的各项形式数据和空间关系等重要资源，实现濒危文物资源的科学性、高精度和永久性的保存。

同时，虚拟现实技术可突破时空限制发挥文物的价值。利用其采集的数据信息，可将考古研究数据和文献记载进行汇总，模拟地展示尚未挖掘或已经湮灭了的遗址、遗存；建立网上虚拟博物馆，多方位、多视角地向世界传播中华文化，并且可以将文物制作成大量各种类型的逼真影像，提高文物的展出率和展出效果。

最后，虚拟现实技术可有效地保护非物质文化遗产。资料数据库和数字化的展示平台可以让非物质文化遗产再现风采；利用虚拟现实技术整合整理、展示和传播民间艺术品，可推动民间民族文化的传播与传承；其超越地域和职业限制，实现资源利用的最大化，并可研究开发民间艺术图案辅助设计系统，使传统文化文脉传承具有技术保障。

阅读材料

虚拟现实技术让敦煌艺术“青春永驻”

举世闻名的敦煌莫高窟是中华民族最辉煌和古老的文化遗产之一，它承载着中华民族千年的飞天梦想（见图 4－1）。但是，在自然的侵蚀下，莫高窟的文物正在逐渐失去原有的“风貌”，有的甚至彻底损坏。而现在利用虚拟现实技术就可以让敦煌飞天壁画“青春永驻”。

图 4－1　敦煌莫高窟的飞天壁画

“数字敦煌”工程包括虚拟现实、增强现实和交互现实 3 个部分。“数字敦煌”虚拟现实技术包括虚拟现实的设计策划、组织管理和具体实施，运用测绘遥感新技术，致力于将莫高窟的外形、洞内雕塑等全部文化遗迹，以毫米级精度虚拟在计算机里。数字图像的工作人员说道，敦煌文化艺术是不可再生、不可永生的，自然因素、人为因素在时刻威胁着敦煌文化艺术的安全，“数字敦煌”完成后，将集文化遗产保护、文化教育、文化旅游于一体。他说：“如果哪天它们不幸被彻底损坏了，数字模型还可为文物考古、历史研究提供重要参考，并使游客不进入洞窟现场就能欣赏到精美的壁画、彩塑。”

资料来源：http://www.cgtiger.com/news/667.html.

4.3　非物质文化遗产的保护措施

非物质文化遗产与物质遗产同为人类文明的结晶和共同财富，是人类社会得以延续的文化命脉。而且无形的非物质文化遗产在某些方面往往比有形的物质文化遗产更重要。非物质文化遗产包括了人类的情感，包含难于言传的意义和不可估量的价值，其与人类的生活和整个社会息息相关。一个民族的非物质文化遗产，往往蕴涵着该民族传统文化最深的根源，保留着该民族文化的原生状态和该民族特有的思维方式。因此，对非物质文化遗产的保护显得尤为重要。

4.3.1　我国非物质文化遗产保护现状

我国是一个非物质文化遗产的大国，因此对非物质文化遗产的保护历来非常重视。自 20 世纪 50 年代起，我国就开始组织对部分非物质文化遗产进行调查和研究。

1979年以来，开展了编纂十大文学艺术集成志书的工程，共有5万名经过培训的调查人员参与全面深入的普查。据不完全统计，该工程收集民间歌谣302万首，谚语748万条，民间故事184万篇，民间戏曲剧作350个，剧本1万多个，民间曲艺音乐13万首，民间器乐15万首，民间舞蹈1.71万个，文字资料50亿字。于2004年全部出齐300部450册省级卷，一个系统、规范的民间文学艺术档案正在逐步建立。我国文化部于2003年还正式启动中国民族民间文化遗产保护工程，将通过建立遗产代表作名录、遗产传承人和文化生态保护区等方式，对我国浩如烟海的民族民间文化遗产尤其是濒危遗产展开抢救和保护。例如，专门成立"振兴京剧指导委员会"、"振兴昆曲指导委员会"等组织，重点扶持具有重要价值的民族民间文化遗产，并努力推动这些非物质文化遗产进入联合国教科文组织非物质文化遗产名单的工作。2001年和2003年，通过我国政府的申报，我国的昆曲艺术和古琴艺术分别列入联合国教科文组织非物质文化遗产名单中。2004年12月2日，中国政府正式向联合国教科文组织递交了由中国国家主席胡锦涛签署的《保护非物质文化遗产公约》批准书。此外，全国有322个乡镇被命名为"艺术之乡"，204名传统艺人被命名为"工艺美术大师"，促使鼓励各地加强对民族民间文化的整理、保护和开发。同时，对于濒临失传的民间绝技，国家还给予掌握它的民间艺人以适当的资助，鼓励其带徒传艺。

4.3.2 非物质文化遗产的宏观保护措施

1. 国家保护措施

1）制定整体规划，建立长效机制

非物质文化遗产门类繁多，挖掘抢救是一项庞大的文化系统工程，既要有针对性地做好阶段性和突出性的挖掘抢救工作，更重要的是要采取长期有效的措施，常抓不懈。例如，湖北省宜昌市为建立抢救挖掘的长效机制，2001年提出了抢救保护优秀民间文化遗产、建立宜昌特色文化资源数据库的目标。2002年初，召开了全市抢救保护民间文化资源现场会，并制定下发了抢救保护工作的整体方案和分步实施细则，加强对各县市区和乡镇基层的工作指导。由宣传文化部门牵头，成立了市县两级工作班子，责任到人，层层督办。年内全市投资50余万元用于民间文化资源挖掘抢救，确保了这项工作的稳步推进。

2）广泛布点拉网进行普查

广大农村的辽阔地域是民间文化孕育的主要场所，哪里有人群生息和劳作，哪里就有民间文化的创造和传播。例如，为了抢救《格萨尔》史诗及其说唱艺术，国家民委于20世纪80年代成立了"《格萨尔》整理工作委员会"，下设办公室具体负责组织工作。四川、青海、西藏、内蒙古等省区亦成立了《格萨尔》研究室或办公室，配备了专职的工作队伍，有计划地进行搜集整理抢救《格萨尔》史诗的工作，至 1997 年 7 月《格萨尔》工作总结、表彰大会宣告英雄史诗《格萨尔》的抢救工作基本完成，各省区收集整理到大量珍贵的《格萨尔》唱本、录音资料，发现了大量与格萨尔及其珠姆王妃、30员战将和敌国有关的文物遗址遗迹、传说遗迹，并发现了一批著名的说唱艺人，这些大多不识字的说唱艺人往往可说唱数十部乃至上百部唱本。

3）保护优秀艺人，蓄养传承源头

民间文化大都是由民间艺人口头传授而得以流传扩散的，往往是不立文字、即兴创作的产物。因此，在很大程度上，民间艺人就是民间文化传承的活水源头之所在。抢救民间文化资源的重中之重，就是要保护优秀民间艺人。例如，在新疆回族自治区米泉市，从 2003 年起，米泉市政府每年都从财政中拨出部分专款，每月给有贡献的民间老艺人补助生活费，每逢传统节日，有关领导都带上慰问品登门看望，帮助解决实际困难。同时，加强对后继人才的培养，通过老艺人带、请民间艺人授课、举办专题培训班等形式，逐步形成了一支老、中、青、少结合的回族民间文化艺术人才队伍。

4）建立高级别的政府职能机构

建立政府职能机构的目的是以之统管非物质文化遗产保护、振兴的全局，改变政出多门、间有畸轻畸重或疏漏的现状。

5）完善法制建设

从速完成单一的保护立法，及早将非物质文化遗产的保护、振兴纳入制度化的轨道。

6）逐年加大财政投入

逐年加大财政投入用以保护非物质文化遗产，经过一段时间达到与非物质文化遗产大国地位相称的应有份额。

7）加强理论研究，健全学术建制

明确非物质文化遗产保护的主体，以及政府、社区、艺人、专家的角色定位与作用。建立和充实必要的专职研究机构和梯队，为非物质文化遗产的保护、振兴提供可靠的业务保障。

8）加强申遗工作

加强向有关国际组织（如联合国教科文组织）、我国文化部申报非物质文化遗产的工作，以此促进非物质文化遗产保护工作的深入进行。

9）加强宣传教育

唤起全社会对非物质文化遗产保护工作的关注和重视，使保护非物质文化遗产这项工作拥有广泛的社会基础和群众基础。

2. 民间保护措施

除了国家对非物质文化遗产采取各种保护措施外，在人民群众中间，也出现了大量自发保护非物质文化遗产的社团行为和个人行为。这些民间社团和个人行为是对国家保护措施的重要补充。在当前，民间保护尚未形成全国性声势，仅以一些热爱者的个人行为为主。例如，享誉国内外的杰出音乐艺术家王洛宾，倾注毕生精力搜集整理和创作了1 000多首脍炙人口、广为流传的优秀民族音乐作品，取得了卓越的艺术成就，不少作品已成为我国民族艺术宝库中的经典之作，为丰富和发展中华民族的文化艺术作出了重要贡献。又如，西藏的雪康·索朗达吉，为弘扬藏族文化，多年来，翻过茫茫雪山，走过藏北草原，到处寻找民间艺人收集民间音乐，编撰了《西藏音乐史》等近10本关于西藏音乐文化的书籍。再如，湖北的郑邦清从20世纪60年代起，开始有意识地收集整理民间故事、山歌，并把范围逐步扩大到对风俗和建东花鼓戏的挖掘，2003年退休后把自己的成果整理成《秭归风物传说》并公开出版发行，2005年又出版了与儿子合著的《二峡秭归风俗》一书，让秭归民间文艺走向了世界。

本章小结

本章详细地介绍了我国实施旅游资源保护的基本情况和所采取的主要措施，包括旅游资源保护的法律措施、旅游资源保护的行政措施、旅游资源保护的经济措施和旅游资源保护的宣传教育措施。

针对自然旅游资源和人文旅游资源分别介绍了旅游资源保护的常用技术方法，主要有物理方法、化学方法、生物方法和工程方法。在此基础上，上升到旅游地及其文化传统的宏观保护措施，可以帮助学生全面地了解我国旅游资源保护现状及其保护方法，并针对所在地深入思考可行的资源保护措施。其中，虚拟数字技术为文化遗产的保护、研究、修复，以及虚拟旅游提供了一种新的方法和平台，有效缓解了文化旅游中文化资源保护与利用的矛盾，增大了文化资源受众面，为文化旅游事业发展提供了高科技支撑。

非物质文化遗产的宏观保护措施包括国家保护措施和民间保护措施。国家保护的具体措施有：制定整体规划，建立长效机制，广泛布点拉网进行普查；保护优秀艺人，蓄养传承源头；建立高级别的政府职能机构；完善法制建设；逐年加大财政投入；加强理论研究，健全学术建制；加强申遗工作和宣传教育。

练习题

1. 名词解释

旅游区规划　生态补偿费　保证金与押金　物理方法　化学方法　生物方法　工程方法

2. 思考题

(1) 简述旅游资源保护的物理方法。

(2) 简述旅游资源保护的化学方法。

(3) 简述旅游资源保护的生物方法。

(4) 简述虚拟现实技术应用于文化遗产保护的意义。

(5) 简述我国非物质文化遗产保护现状。

(6) 论述我国对旅游资源进行保护采取的主要措施。

(7) 论述我国非物质文化遗产保护的措施。

参考文献

[1] 徐学书. 旅游资源保护与开发. 北京：北京大学出版社，2007.

[2] 张建萍. 旅游环境保护学. 北京：旅游教育出版社，2005.

[3] HERREMANS M. Cases in sustainable tourism：an experiential approach to making decisions，Implementing ecosystem management：Mount Assiniboine Lodge，Mount Assiniboine Provincial Park，British Columbia，by Fergus T. Maclaren. New York：The Haworth Hospitality Press，2006.

[4] 庄国泰，王学军. 中国生态环境补偿费的理论与实践. 中国环境科学，1995 (6)：414-418.

[5] 中国盐湖城. 青海格尔木市门户网站，http://www.gem.gov.cn/News/Show.asp?id=24759.

[6] 李德仁. 虚拟现实技术在文化遗产保护中的应用. 云南师范大学学报：哲学社会科学版，2008 (4)：1-7.

[7] http://www.cgtiger.com/news/667.html.

第 5 章

旅游环境承载力管理

本章导读

旅游环境承载力的长期饱和与超载，势必会对旅游业造成致命的影响。控制旅游者规模，将其限制在旅游环境承载力的合理范围内，不仅是旅游业发展客观规律的基本要求，也是旅游者利益和旅游业长期效益的根本保障。由于旅游饱和与超载常常导致严重的环境后果，对旅游业本身也产生很大的消极影响，因而解决旅游饱和与超载问题就成为旅游管理和规划中的重要工作。通常，人们通过在旅游管理和规划中对旅游地实施环境容量控制来解决旅游饱和与超载问题。通过本章的学习，力求使学生了解旅游环境容量控制的主要分析理论和方法，如 LAC 理论、生态足迹法等。

5.1 旅游环境承载力概述

5.1.1 旅游环境承载力的概念

世界旅游组织 1997 年对环境承载力的定义是：在对自然、经济和社会文化环境没有造成破坏，以及没有降低游客满意度的前提下，允许在同一时间游客访问某一旅游目的地的最多人数。

5.1.2 旅游环境承载力的构成体系

1. 自然环境承载量

自然环境承载量由生态环境承载量和自然资源承载量两部分组成。前者是指旅游地区域内的水质、大气质量等对旅游活动及其相关经济活动的承受能力；土壤、地质、植被、野生动物、湿地等生态特征对旅游及其相关经济活动的承受能力；地震、飓风、泥石流等自然灾害对旅游及其相关活动的限制。后者是指水资源、土地资源对旅游及相关活动的承受能力；自然景观资源敏感性和自然能源对旅游及其相关活动的承受能力。

2. 经济发展承载量

经济发展承载量是指在一定时间、一定区域的范围内，经济发展程度所决定的能够接纳的旅游活动量，这是影响旅游地综合承载能力的旅游经济条件。其中，主要包括以下5个方面的因素：设施（基础设施和旅游专用设施）容量；投资和接受投资的能力；当地产业中与旅游相关的产业所能满足旅游需要的程度，以及区域外调入的可能性和可行性；旅游业与其他产业的比较利益；区域所能投入旅游业的人力资源的供给情况。

3. 心理承载量

心理承载量是指旅游目的地居民从心理感知上所能接受的旅游者数量和游客所能忍受的拥挤程度，即包括旅游地居民的心理承载量和旅游者的心理承载量两个部分。旅游地居民的心理承载量是指旅游接待地区的人口构成、宗教信仰、民情风俗、生活方式和社会开化程度所决定的当地居民可以承受的旅游者数量。旅游者的心理承载量是从旅游者的角度出发来考虑旅游的环境承载量，又称为旅游感知承载量，是指旅游者在某一旅游地进行旅游消费活动时，在其不感觉到吵闹、拥挤、视线阻挡等不降低旅游活动质量的条件下，旅游地所能容纳的游客最大数量。旅游感知容量受到旅游者的学历、年龄、价值观念、旅游活动类型、旅游地的自然和经济条件等因素的影响。

4. 旅游资源空间承载量

旅游资源空间承载量是指在保证旅游资源质量和旅游者旅游质量的前提下，一定时间内旅游资源所能容纳的最大游客数量。旅游资源的空间承载量主要与旅游地类型密切相关。另外，值得注意的是，旅游环境承载力的大小，遵循木桶原理中短板效应的最低因子定律，在可持续发展的前提下，风景区在某一时间内，其自然环境、人工环境和社会环境所能承受的旅游及其相关活动在规模、强度、速度上，各极限值中的最小值即为该风景区在该时间内的环境承载量，即决定旅游环境承载量的不是其中的承载力最大因子，而是其中的“瓶颈”因子，环境承载力大小是以此因子决定的。同时，由于旅游经济活动对环境带来的各种负荷，基本上是由接待游客和游览活动造成的，而且游客人数的多寡直接影响旅游环境的经济产出，即旅游收入。因此，可以用旅游区所容纳的游客数量作为旅游区的环境承载力值，其一方面可以表示旅游区有多大的总承受力；另一方面又可以表明旅游经济允许发展的规模。

5.1.3 旅游环境承载力的特点

旅游环境承载力是衡量旅游地自然、经济和社会环境是否和谐有效的一个非常重要的指标，通过对其特点的分析，可以帮助人们建立起旅游环境系统的各种总量关系，从而对旅游业的发展实施有效的监控，合理确定旅游业的发展目标，避免旅游业发展过程中出现旅游需求与供给失衡现象，指导旅游业走向协调、有效、持续的发展之路。

1. 综合性和复杂性

旅游环境系统是一个由自然、经济和社会等要素构成的多层次结构的复合系统，无论是定性阐述还是定量分析，都必然涉及多方面的因素。由旅游环境系统决定的旅游环境承载力是一个综合度量，其大小与旅游活动的目的、层次、内容及旅游者类型等因素密切相关，对其进行分析和测量需要综合运用多学科、多领域的理论、方法和手段。

旅游活动本身就是一种复杂的社会经济现象，旅游者离开居住地寻找旅游目的地或在旅游地从事旅游活动，随之产生对旅游地的自然环境及经济、社会等多方面的影响，形成许多复杂的相互关系和各种变量，表现出旅游环境承载力的复杂性。

2. 客观性和可量性

在一定时期内，某一旅游地的环境系统在结构、功能、信息等方面具有相对稳定性，即不发生质的变化。在某种状态或条件下，无论是旅游环境系统的自我调节功能、资源的供给能力，还是旅游环境的容纳能力都是相对稳定的，其所承受的旅游活动作用的阈值能够稳定在一定范围内。因此，在一定时期旅游环境承载力的大小是客观存在的。

旅游环境系统由自然、经济、社会等若干子系统构成，每个子系统的承载力都可通过相应的指标来反映。加之旅游环境承载力的客观存在和研究方法、手段的不断丰富，使旅游环境承载力无论是单项指标还是综合指标，都可以通过数据调查、定量分析或数学模型进行测量。

3. 易变性和可控性

旅游活动对旅游环境系统的影响和作用，会引起旅游环境承载力发生增减变化。旅游环境承载力的易变性反映在测评指标上，一个是指标体系的改变，另一个是指标数值大小的变化。不同旅游地，其旅游环境承载力的指标体系存在较大差异，即使是同一旅游地，在不同时期或季节，其旅游环境承载力也存在一定差异。因此，必须根据旅游地的性质建立旅游环境承载力指标体系，对其测评也应考虑时间或季节因素的影响。

旅游环境承载力是可控的，只是可控的程度有一定的限度。无论什么原因引起旅游环境承载力的变化，只要充分掌握了其运动规律和系统特征，人类是可以根据一定的目标和需要，对旅游环境系统进行适度改造，使其达到能基本满足旅游活动所需要的承载力。因此，对旅游环境系统的改造要尊重客观性，要根据旅游地的性质和旅游活动类型开发利用旅游资源。

4. 反馈性和实用性

旅游活动与旅游环境系统之间存在正、负反馈作用。旅游业的特点决定了良好的旅游环境系统对旅游活动呈现出正反馈，能增加旅游环境承载力，增强旅游地对旅游者的容纳能力；而一旦旅游活动强度过度或旅游者、旅游经营管理者、当地居民的行为态度不当，会造成旅游环境系统恶化，供给容量下降，对旅游活动呈现出负反馈，最终导致旅游环境承载力降低，减少对旅游者及其活动的容纳能力。旅游环境承载力是制定旅游发展规划和环境保护措施的重要依据，只有根据旅游地的社会经济背景和旅游资源特点，科学测评旅游环境承载力，才能确保旅游发展规划和环境保护措施的科学有效，为旅游环境承载力提供操作性较强的管理方法，提高其规划指导作用和实际应用价值。

5.1.4 决定和影响旅游环境承载力的因素

旅游环境系统多因素、多层次等特性，导致旅游环境承载力受许多因素的影响。决定和影响旅游环境承载力的因素不仅包括旅游地的自然环境条件，如生态环境、旅游资源状况等，也包括旅游地的经济结构背景，如基础设施、旅游服务设施等，还包括旅游地和旅游者的社会文化环境，如旅游地管理者的管理水平、当地居民的心理感知、旅游者的审美体验等。

1. 自然环境条件

自然环境条件主要是指旅游地的地质地貌、气候、水文、土壤、植被等自然环境要素，其对旅游资源质量、旅游开发设计和旅游活动的承受能力有直接影响。地质地貌等生态环境条件是形成自然景观的内动力和自然景观美的重要保障，同时也决定了旅游资源的类型。气候是开展旅游活动的必要条件，主要影响旅游的适游期和季节性。不同气候条件下旅游者数量差异较大，旅游地能够承受的旅游活动强度和类型也有所不同。水文环境主要影响旅游活动的内容，是旅游地自然景观的活跃因子。因此，旅游地开展旅游活动的强度，必须以土壤、植被不被破坏为限，不能影响旅游地的生物多样性。

2. 经济结构背景

经济结构背景主要是指旅游地的经济环境状况，包括投资、劳动力、物产和物资供应、基础设施及旅游服务设施等条件。这是旅游开发和管理的基础条件与根本保障，决定旅游活动的收益和成本。一般旅游地经济越发达，就越能为当地旅游业发展提供丰富的资金、人力、物力和信息等资源，使旅游地的环境系统对旅游活动带来的影响具有较强的恢复能力和适应能力。成熟、完善的经济结构能较好地应对旅游环境的各种变化，从而提高旅游地对旅游活动的承受能力，有助于实现旅游活动收益的最大化和成本的最低化。

3. 社会文化环境

社会文化环境主要是指旅游地对发展旅游业的政策法律的完善程度，旅游地对旅游业的管理水平，旅游地的文化传统、风俗习惯，当地居民对旅游业的态度，旅游者的特征及旅游活动的类型等。政策法律越完善，对旅游业的支持保障力度就越大，旅游地发展旅游业的软环境就会越好，就会有更多的旅游者愿意前往该旅游地旅游。政策法律的实施效果最终通过旅游地管理者的管理水平体现出来。当地居民对旅游者的到来及其旅游行为的容忍程度，决定了旅游地能够承受旅游活动规模的大小。

5.2 旅游环境承载力的功能和意义

5.2.1 旅游环境承载力的功能

旅游环境承载力的功能表现在其是一个衡量旅游效益是否和谐的重要工具。旅游效益是旅游经济效益、社会效益和环境效益的统称。作为描述旅游地自然、经济和社会环境承受旅游活动强度的阈值，旅游环境承载力既然是旅游规划、开发与管理的主要依据和判断旅游业可持续发展与否的重要指标，自然也成为衡量旅游经济效益、社会效益和环境效益是否和谐统一的重要工具。旅游环境承载力的功能可表现为其与旅游经济效益、社会效益和环境效益三者之间存在着的密切的动态联系。

1. 旅游环境承载力与旅游经济效益

旅游经济效益是指旅游地在开展旅游活动中，对旅游产品的投入与产出的比较，即生产旅游产品的费用与经营旅游产品所获得收入的比较。旅游经济效益的取得主要来自旅游者在食、住、行、游、购、娱等方面的消费，如旅游地的门票收入、住宿收入、旅游物品销售收入、导游服务收入等。通常情况下，旅游经济效益随旅游地接待旅游者人数的增加而提高，其数学表达式为：旅游经济效益＝旅游者人数×人均旅游消费。

并且，旅游者人数正比于旅游环境承载力，即旅游环境承载力越大，旅游地能够接待的旅游者人数越多；反之，能够接待的旅游者人数越少。所以，旅游经济效益与旅游环境承载力成正比。

2. 旅游环境承载力与旅游社会效益

旅游社会效益是指旅游者及其活动对旅游地文化、宗教、道德、治安等诸方面的综合影响。旅游业不仅给旅游地带来促进居民就业、增加居民收入、提高旅游地经济发展水平等积极影响，也不可避免地给旅游地带来不良社会风气、环境破坏、交通拥挤等负面影响，使当地居民和旅游者双方产生心理压力。当旅游者人数及其旅游活动量低于旅游环境的承受能力时，旅游社会效益一般随旅游者人数的增加而提高；当超过旅游环境的承受能力时，社会效益随旅游者人数的增加而急剧下降。

3. 旅游环境承载力与旅游环境效益

旅游环境效益是指旅游者及其活动对旅游地生态环境的影响。旅游者的到来会造成旅游地水资源污染、土壤变质、野生动植物生存环境破坏、空气质量下降等负面影响，当旅游者人数增多时，对环境的负面影响也随之增大。因此，旅游环境效益随旅游者人数的增加而减少；当旅游者人数及其旅游活动量的增加超过旅游环境承载力范围时，旅游环境将严重衰退，环境效益会急剧下降。

4. 旅游环境承载力与旅游效益

在界定旅游环境承载力的概念、确定旅游开发强度时，必须兼顾旅游效益即经济、社会和环境三大效益的平衡。经济效益受制于社会效益和环境效益，社会效益和环境效益相辅相成，如果旅游者人数及其旅游活动量低于旅游环境的承受能力，虽然环境得到了保护，但经济效益和社会效益没有发挥出来，整体旅游效益不佳；当旅游者人数及其旅游活动量超过旅游环境的承受能力，尽管经济效益还呈现上升态势，但社会效益趋于下降，环境效益急剧恶化，整体旅游效益水平仍不高。所以，旅游者人数及其旅游活动量只有处于最适合旅游环境的承载水平时，经济效益、社会效益和环境效益才会处于最和谐状态。

5.2.2 旅游环境承载力测评和管理的意义

旅游环境承载力是旅游开发规划与管理的重要工具，是衡量旅游经济效益、社会效益和环境效益是否和谐统一的重要指标。开展旅游环境承载力的动态测评与管理，对保护旅游资源和生态环境、促进旅游业的可持续发展具有重要的意义。

1. 有助于丰富和完善旅游学的学科体系

旅游业对经济、社会、环境的深刻影响，使旅游学研究具有特别重要的意义。但旅游学是一个相对年轻的学科和研究领域，目前还缺乏一定层面的理论支撑，没有形成一个较为完整的学科体系。旅游环境承载力是旅游学的重要组成部分，对其进行测评和管理将进一步促进多学科的交叉融合，有助于丰富和完善旅游学的学科体系。

2. 为旅游资源开发和生态环境保护提供科学依据

旅游环境承载力动态测评及管理的目的是为了保持和提高旅游环境系统的质量与旅游者的感知质量，维持旅游者与当地居民之间利益的均衡，合理规划和开发旅游资源。通过对旅游环境承载力的动态测评，可以把握旅游环境系统各构成要素对旅游活动的承受能力，确定旅游环境系统的薄弱环节和“瓶颈”所在，了解旅游地自然环境与经济环境、社会环境之间的关系，使旅游资源的开发强度和旅游业的发展规模控制在合理范围内。

3. 有助于促进旅游业的可持续发展

旅游业可否持续发展的重要标志是旅游地的自然、经济、社会环境是否协调一致，旅游者是否得到高质量的旅游感受，旅游地居民是否从发展旅游业中获得较大利益等。旅游环境承载力动态测评及管理强调根据旅游地自身的特点和供需双方的实际状况，考虑时间或季节性变化对旅游环境承载力的影响，有助于旅游地把握影响旅游环境承载力的限制性因子，合理利用、科学保护旅游资源与生态环境，也有助于旅游地制定切实可行的旅游环境承载力调控管理措施，为拓展旅游环境承载力提供突破点，促进旅游业的可持续发展。

5.2.3 旅游环境承载力测评指标体系的构建原则

旅游环境承载力的特点决定了其测评指标体系是一个综合性的动态指标体系，其构建必须遵循一定的原则。

1. 科学性原则

旅游环境承载力测评指标的选取必须能科学、客观地反映旅游环境系统的特征，体现自然、经济、社会等各子系统的相互协调关系，使建立的测评指标体系和旅游环境系统保持动态一致。

2. 代表性原则

旅游环境系统是一个由自然、经济、社会等多个子系统构成的复合系统，各子系统的构成因子在内涵和范畴上既相互关联，又存在较大差异。在选取测评指标时，应尽可能使指标能真实反映某一研究对象的客观属性。

3. 实用性原则

在设计旅游环境承载力测评指标体系时，一方面要考虑理论上的完备性、科学性，尽可能地构建能客观反映研究对象特征的指标体系；另一方面也必须考虑资料的可取性和可操作性。

4. 因地制宜原则

旅游地不同，其社会经济背景、旅游资源类型、旅游环境承载力管理目标等也不尽相同，反映在其旅游环境系统上也不相同。不同旅游地环境系统的这种差异决定了其旅游环境承载力测评指标体系的不同，在建立旅游环境承载力测评指标体系时，需要考虑旅游地环境系统的实际状况。

5. 因时制宜原则

旅游环境系统具有动态、易变的特征，其自然、经济和社会环境等子系统的内部结构和要素的强弱，随着时间或季节的变化不断发展变化。因此，作为反映旅游环境系统特征的旅游环境承载力测评指标体系，也必须体现时间或季节因素的影响，因时制宜地反映旅游环境系统的这种动态变动的特征。

5.3 旅游环境容量的分析方法

5.3.1 旅游环境容量的测量依据——基本空间标准

旅游环境容量的测量应有一个基本的空间标准，即单位利用者，通常以人或人群为单位，也可以是旅游者使用的载体（如轿车、船等）所需占用的空间规模或设施量，这是旅游环境容量测量的基点，也称为单位规模指标。

1. 基本空间标准计量指标

对于不同的旅游容量而言，表示基本空间标准的计量指标也不相同。对旅游资源容量的计量，通常用人均占有面积数（平方米/人）表示；在测量设施容量时，多用设施比率（设施量宜旅游人数）；在测量生态容量时，一般采用一定空间规模上的生态环境能吸收和净化的旅游污染物的数量（污物量与净化规模）。

2. 有关基本空间标准数据的获得

基本空间标准数据的获得，大多是长期经验积累和专项研究的结果。在旅游规划中，基本空间标准是规划时直接应用的一项重要指标。测定旅游资源容量、旅游心理容量和旅游设施容量的基本空间标准，初始阶段需要对旅游者进行直接的调查，如搜集不同旅游者对于同一利用场所的拥挤与否和满意程度的反映，即可得到这一场所的基本空间标准，然后将调查结果运用到同类型旅游场所的规划与管理中。具体调查方法可视环境与具体条件而定，有问卷调查、统计法、比较分析和航空摄影分析等方法。

美国拱门国家公园以众多岩石风化形成的奇异石拱而闻名于世，是地球上天然拱石最集中的地方。其中最有名、最高大的石拱Delicate Arch（精致拱石），不仅是拱门国家公园的地标，也是西部奇特自然风光的地标之一（见图5-1）。如果使用拍照法，根据观察和访问，旅游者表示他们在某一景点所遇到的人数对他们的旅游体验的质量至关重要。从16张Delicate Arch景点拍的照片可以看出，以30 PAOT（同一时间内的人数）作为质量标准（见图5-2）和图（5-3）。

图5-1 Delicate Arch（精致拱石）

资料来源：http://www.huaren.us/dispbbs.asp?boardid=328&Id=205787.

图 5－2　拍照比较法：Delicate Arch 景点

资料来源：Robert Manning，2005.

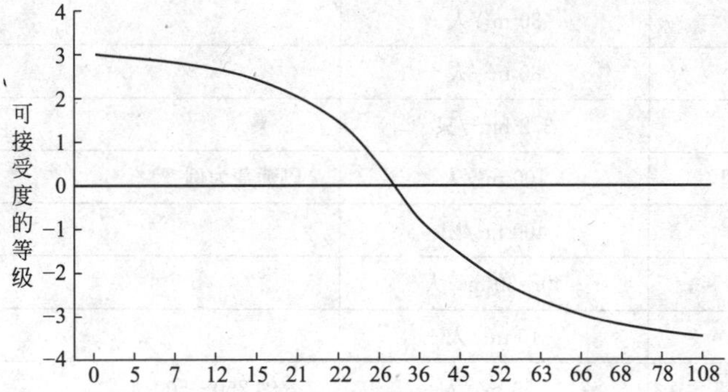

图 5－3　某一时刻点的游客

资料来源：Robert Manning，2005.

3. 基本空间标准事例

对于一个旅游场所而言，其所要接纳的旅游活动的性质和类型，是决定基本空间标准的关键因素。不同的场所有不同的空间标准，室内标准与室外标准不同，自然风景区与人文名胜地的标准也不一样。此外，影响基本空间标准的因素还有各国、各地区的旅游资源条件、旅游环境和旅游客源结构、居民生活方式等。我国经过多年实践得到一些具体数据，如我国古典园林游览的基本空间标准以每人10平方米左右为宜；商业型旅游胜地的观赏点，人均占有面积应该达到每人8平方米；风景旅游城市中的自然风景公园应该达到每人60平方米。表5－1列举的是日本旅游场所旅游承载量的基本空间标准。

表5－1　日本旅游场所旅游承载量的基本空间标准

场所	基本空间标准	备　注
动物园	25 m^2/人	上野动物园
植物园	300 m^2/人	神代植物园
高尔夫球场	0.2～0.3 hm^2/只	9～18洞，日利用者228人（18洞）
滑雪场	200 m^2/人	滑降斜面最大的日高峰率为75%～80%
溜冰场	5 m^2/人	都市型的室内溜冰场
码头小型游艇 码头汽艇	2.5～3.0 hm^2/只 8 hm^2/只	25 m^2/艘 100 m^2/艘
海水浴场	20 m^2/人	沙滩
划船池	250 m^2/只	上野公园划船场2 hm^2/80艘
野外比赛池	25 m^2/人	
射箭场	230 m^2/人	富士自然修养林
骑自行车	30 m^2/人	
钓鱼场	80 m^2/人	
狩猎场	3.2 hm^2/只	
旅游牧场、果园	100 m^2/人	以葡萄为例
徒步旅行	400 m^2/团	
郊游乐园	40～50 m^2/人	
游园地	10 m^2/人	
露营场/一般露营 汽车露营	150 m^2/人 650 m^2/辆	容纳250～500人 容纳250～500人

4. 基本空间标准的测定

在测定旅游容量的实际工作中，不同的旅游容量有不同的量度方式。有的量取极限（最大）容纳能力，有的量则取合理容量。每个旅游基本容量的原有含义都是指旅游活动的最大承受能力，但在实际旅游规划和管理中，则主要寻求旅游合理容量，而对于经济发展容量一般只关心设施容量。至于旅游资源的合理容量值，则应与感知容量值一起考虑。容量计算中所取的时间单元，可以是某一时点可容纳能力（时点容量），如日容量、周容量、月容量、季容量、年容量等。

5.3.2 旅游感知容量的测定

仅就资源本身的容纳能力而言，极限值的取得较为简单，以资源的空间规模除以每人最低空间标准，即可得到资源的极限时点容量，再根据人均每次利用时间和资源每日的开放时间，就可得出资源的极限日容量。

旅游者的心理容量一般要比旅游资源极限容量低得多，这有其深刻的环境心理原因。根据环境心理学原理，个人在从事某项活动时，对环绕在身体周围的空间有一定要求，任何外人进入该空间都会使人感到受侵犯、压抑、拥挤，导致情绪不快、不安，这种空间称为个人空间。个人空间的大小受3个方面因素的影响：活动性质和活动场所的特性；年龄、性别、种族、社会经济地位与文化背景等个人因素；人与人之间的熟悉和喜欢程度、团体的组成与地位等人际因素。活动的性质对个人空间值影响最大，通过对参与不同活动的旅游者进行环境基本要求比较，可看出这种影响（见表5－2）。个人空间值就是规划和管理中所用的基本空间标准。旅游资源合理容量的观念也主要是考虑旅游者的满足程度，即旅游者平均满足程度最大时，旅游场所容纳旅游活动的能力被视为旅游资源的合理容量值。

表5－2 旅游者对环境的基本要求

旅游者类型	基本要求
荒野爱好者	不希望有商业性设施，寻求自然随意的环境，看到的人要少；期望宁静、清新、与世隔绝的气氛
运动爱好者	希望有起码的设施，追求自然气氛，期望有好的运动条件和较宁静的环境
野营者	一般以家庭或亲朋为活动团体，寻求自然气氛，要求较大的活动空间；愿意看到周围有一些同类型的旅游者；希望有起码的设施
海浴者	一般呈小集体活动，希望看到较多的同类旅游者，追求略为热闹的气氛；要求设施完备
自然风景观赏者	希望充分体验自然美景，不愿意赏景人很多而破坏宁静气氛（此类旅游需求量大）

影响旅游者个人空间的因素复杂多样，大多数情况下难以有一个使所有旅游者都满足的个人空间值（基本空间标准）。因此，旅游者平均满足程度达到最大的个人空间值，就被作为旅游资源合理容量或旅游感知容量计算时的基本空间标准。

5.4 旅游环境承载力测算——以武夷山世界遗产地为例

武夷山旅游环境承载力指标体系如图5－4所示。

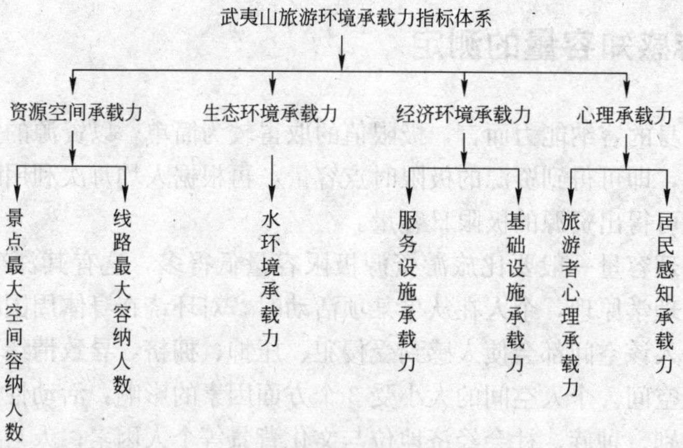

图 5－4　武夷山旅游环境承载力指标体系

5.4.1　资源空间承载力测算

旅游者对旅游资源的欣赏，具有时间上和空间上的占有需求，从而形成某一时间段上的游客数量。资源空间承载力是一个复合概念，包括旅游资源的空间限制和旅游者感知承载力的容量。以下采用传统的面积容量法、线路容量法公式加以测算。武夷山风景区包括九曲溪、天游—云窝、武夷宫、溪南、山北等主景区，其中天游—云窝、九曲溪为武夷山精华景点。下面分别测算几个景区的资源空间承载力。

1. 九曲溪景区

武夷山世界遗产地的精华景点，九曲溪分为九曲溪沿岸景点和九曲溪水上游览。旅游旺季时，九曲溪景点游客如织，且停留时间较长，各景点的资源空间承载力测算如下。

九曲溪沿岸景区面积 $S=8.5\ \text{km}^2$，合理密度 $d=3\ 000\ \text{m}^2$/人，根据 $D_m=S/d$，则瞬时承载力为 2 830 人，每位游客停留 4 小时，以旺季、淡季开放时间为 10 小时、8 小时计算，根据 $D_a=D_m\times(T/t)$，则日承载量为 7 075 人次和 5 660 人次。

九曲溪水上线路是武夷山风景区的精品线路，这条游览线路的长度是从九曲码头到一曲码头，大约 8 000 米，每天开放约 8 小时，每筏漂流一次约为 2 小时，若两张竹筏并行，每筏前后的安全距离是 50 米，每双排筏乘坐游客 6 人，则日承载量为 3 840 人。因此，九曲溪景区的合理日承载力为 10 915 人次和 9 500 人次。

2. 天游—云窝景区

天游—云窝景区面积 $S=8.7\ \text{km}^2$，合理密度 $d=4\ 000\ \text{m}^2$/人，每位游客停留 4 小时，以旺季、淡季开放时间 10 小时、8 小时计算，则天游—云窝景区的合理日承载力为 5 250 人次和 4 300 人次。

3. 武夷宫景区

武夷宫景区面积 $S=3.8\ km^2$，合理密度 $d=3\ 000\ m^2$/人，每位游客停留 4 小时，以旺季、淡季开放时间 10 小时、8 小时计算，则武夷宫景区的合理日承载力为 3 175 人次和 2 540 人次。

4. 一线天景区

一线天景区面积 $S=17\ km^2$，合理密度 $d=3\ 000\ m^2$/人，每位游客停留 3 小时，以旺季、淡季开放时间 10 小时、8 小时计算，则一线天景区的合理日承载力为 18 810 人次和 14 820 人次。

5.4.2 生态环境承载力测算

生态环境承载力包括水质、大气、土壤、植被、野生动物对旅游及其相关活动的承受能力，以及崩塌、滑坡等自然因素的承受能力。生态环境承载力的大小取决于旅游地自然生态环境净化和吸收污染物的能力，以及一定时间内每位游客所产生的污染物数量。在绝大多数景区，旅游污染物的产出量大于生态环境自然的净化和吸收能力，所以都需要对污染物进行人工处理，使相应的旅游景区接待能力得到扩大。

九曲溪是武夷山世界遗产地精华景区，水环境的保护和监测至关重要。据监测，九曲溪的地表水质较好，水中污染物的监测值低于标准 GB 3838—2002《地表水环境质量标准》Ⅱ类水的环境质量标准。根据在景区的 13 个污水排放口监测，标准采用 GB 8978—1996《污水综合排放标准》一类，景区内最大污水排放量 COD_{Cr}- =7 726 t，有关资料表明，沿岸居民每人每天实际向九曲溪排放 COD_{Cr}- =149 g，则九曲溪沿岸水环境的生态环境承载力为 14 213 人次/日，表明的是九曲溪沿岸常住居民和游客的数量。

星村镇是武夷山的旅游大镇，处在九曲溪上游，大部分村民世代居住在九曲溪两旁，特别是在镇中心所在地的九曲溪畔。近年来，由于人口不断增多，他们的生产、生活、经营不仅严重污染水源，而且开山种茶造成水土流失严重。为确保九曲溪的水质不受污染，采用“复合垂直人工湿地污水处理”专利技术，建成 1 座日处理生活污水 2 500 吨的污水处理厂。从而保证星村镇区污水排放达到国家标准。新建了 1 座区外垃圾中转站、6 座环保公厕、20 个垃圾池。根据以上分析，目前武夷山风景区水环境的生态环境日承载力明显大于 14 213 人次/日。

5.4.3 经济环境承载力测算

经济环境承载力是由服务设施承载力和基础设施承载力决定的，其中服务设施承载力的主要因子是交通设施承载力。武夷山新建了南星、高渡、高桂等3条环景公路，改扩建了2条景区道路，新建了1个景区主入口和2个次入口，现共有60台旅游车辆为豪华大巴和考斯特轿车，尾气排放全部达到Ⅱ级标准，每天按时发车，在景区内实行循环运行，完全可以满足游客的需求。由于游客进入景区的时间比较集中，所以会出现暂时拥挤的现象。

基础设施承载力由供电设施承载力和住宿设施承载力为主要因子决定。1986年，从武夷山市五里变电站至武夷山溪东度假区架设了1万伏电力专用线；1995年，在武夷山溪东度假区兴建了一座35 kV变电站，目前完全可以满足景区的供电需求。武夷山溪东度假区现有宾馆酒店75家，其中2星级以上宾馆酒店10家，拥有床位8 000多张，年接待游客100多万人次。因此，武夷山溪东度假区每日接待住宿游客的能力为8 000多人次。

5.4.4 心理承载力测算

心理承载力由居民感知承载力、旅游者心理承载力两个主要因子决定。其中，居民感知承载力测算如下。自武夷山申报世界遗产成功后，武夷山世界遗产地便不断投入资金加强对世界遗产的保护，景区关闭了两个伐木场，投入资金300万元变“砍树人”成“植树人”，并且每年投入在两个伐木场的保护资金都在160万元以上。为了进一步加强武夷山遗产地景观区的综合管理，依法实施外迁安置，景区投资1.6亿元，搬迁居住在景区核心区域九曲溪周边的500多户居民到山下的新村，外迁1 100余户，人口达4 000多人。另外，景区的发展直接带动了景区周边乡镇村旅游相关产业的发展和当地人口就业，在景区内从事花轿服务、卫生保洁、竹筏服务、绿地管护等从业人员1 193人。2004年至今，景区直接投入扶持景区周边乡镇村基础设施建设和乡村旅游发展的资金就达1 000多万元，对武夷山居民的小样本调查显示，居民感知承载力很高。

根据环境心理学的原理，旅游者从事旅游活动时，对围绕在每个人身边的空间都有一定的要求，武夷山风景区是以自然风景为主的旅游景区，因此在计算旅游者心理承载力时只需考虑旅游空间承载力，即武夷山风景区旅游心理承载力等同于武夷山风景区资源空间承载力。对于武夷山风景区来说，天游—云窝、九曲溪是武夷山的精华线路，根据实地考察和景区管理人员对上述景区的监控数据表明，游览率达到96%，则武夷山风景区旅游者心理承载力为10 915人次/日和9 500人次/日。

5.4.5 旅游环境承载力综合值测算

根据公式测算，武夷山风景区旅游环境承载力综合值为：

旅游旺季 TEBC＝8 000 人次/日

旅游淡季 TEBC＝8 000 人次/日

极限承载力＝9 600 人次/日

年承载力综合值＝旅游旺季承载力×开放天数＋旅游淡季承载力×开放天数
＝480 万人次

根据最小限制因子规律的瓶颈制约分量，由以上模型分析可知，生态环境承载力对整个旅游环境承载力不起制约作用，而空间承载力是旅游环境承载力的主体，服务设施承载力凸现制约作用，旅游心理承载力近似等于资源空间承载力，所以武夷山风景区的旅游环境承载力综合值由服务设施承载力决定。管理部门从现有的规划建设可以看到，已经开发建设溪东度假区，而武夷山市也是游客集散地之一。目前，武夷山市现有宾馆酒店 238 家，总床位 2.34 万张；旅行社 61 家，年接待 1 万人以上的旅行社达到 23 家。这对景区扩大旅游环境承载力，实现景区旅游可持续发展起到了积极的作用。

5.4.6　武夷山风景区旅游环境承载力的利用现状分析

1. 旅游环境承载力利用现状的时间分析

1）年平均承载率

2001 年、2002 年、2004 年、2005 年、2006 年、2007 年武夷山风景区的接待人数分别为 72 万、77 万、334 万、374 万、443 万、301 万，武夷山风景区共接待游客量为 1 601 万人，平均年接待量为 267 万人。按照以上计算的年承载力 480 万人次可知，历年风景区的平均旅游环境承载率大约为 55.6%，则旅游环境承载力年均利用水平为弱载。然而，2006 年的接待人数表明，近年来旅游人数增长的趋势很明显，所以提高武夷山风景区的旅游环境承载力是一个迫在眉睫的问题。

2）日平均承载率

根据 2007 年武夷山风景区日接待人数的统计，在旅游旺季日平均接待游客量约为 1 万人次，旅游淡季日平均接待游客量约为 6 133 人次，取计算的旅游环境承载力综合值 8 000 人次/日，则旅游旺季和淡季平均日承载率分别为 125%和 77%，则在旅游旺季景区超载，在旅游淡季景区适载。2007 年 5 月 2 日天游—云窝景区共接待游客13 868 人次，超过天游—云窝景区的旅游环境承载力的 3 倍。

2. 旅游环境承载力利用现状的空间分析

武夷山风景区各景点的空间利用状况呈现明显的规律：旅游旺季九曲溪、天游—云窝景区人满为患，处于超载状态；一线天、桃园洞、大王峰、大红袍景点等长期处于弱载状态，但是旅游人数呈现增加的趋势；虎啸岩的游客数量处于下降趋势，与景区实施新票制有关，更多的游客选择游览精华景区。

5.4.7 武夷山风景区旅游环境承载力的调控措施

武夷山风景区旅游环境承载力存在两种情况：旅游旺季高峰期核心景点超载，而周边景点未饱和，景区的剩余承载力可以满足超载景点的剩余游客量；旅游淡季景区适载。

1. 宏观调控

宏观调控依赖于景区管理部门对旅游环境承载力的调控。作为世界遗产地的武夷山风景区，政府应给予大力支持，尤其是加大对武夷山世界遗产地的九曲溪上游生态保护区、城村闽越王城保护区的开发力度，以减轻武夷山风景区旅游高峰期的超载压力；旅游淡季适载，可以加大对外宣传力度，挖掘景区潜在的旅游资源，开辟景区内专向旅游项目。武夷山地区气温偏高，全年适宜游览，海拔高度适中，文化景观丰富，在原有旅游特色的基础上，加强整体规划，力求增大景区层次与景点数量，提高景点丰度，延长游客游览时间，相应地扩大旅游购物、食宿的消费量，从而获得较高的经济效益。

2. 微观调控

微观调控是主要针对景区内部的调控。充分利用景区的旅游信息系统，及时了解各景点客流量的分布，随时向售票处、旅游管理局、旅游接待基地发送信息；扩大、增减新的游览线路使游客自己实现分流，增加对新开发景点的吸引力，如适当的下调门票，加大对新景区的宣传力度。

5.5 可接受的改变极限——LAC 理论

5.5.1 LAC 理论的含义及产生背景

可接受的改变极限（Limits of Acceptable Change）是由一位名叫佛里赛（Frissell）的学生提出来的。佛里赛认为，如果允许一个地区开展旅游活动，则资源状况下降是不可避免的，也是必须接受的。关键是要为可容忍的环境改变设定一个极限，当一个地区的资源状况达到预先设定的极限值时，必须采取措施，以阻止进一步的环境变化。

如果将环境容量简单地理解成数字问题或数学计算的话，在实践中往往得到失败的结果。因为环境容量作为一个数字来说变量太多，很难得到一个准确的答案。至少有以下 4 个原因使确定环境容量的数据变得很困难。

(1) 环境容量体系很复杂。环境容量可分为多个子容量，每一个子容量都包括很多变量，这几乎不可能计算出一个准确甚至较为准确的环境容量数据。

(2) 游客的旅游目的不同，而不同的游客体验需求会产生不同的环境容量数字。

(3) 只要有使用，环境就会产生变化，困难在于人们很难确定“多大的变化是太大的变化（How Much is Too Much)”。

(4) 应用游客人数作为环境容量的唯一指标是有问题的，因为即使是在游客人数相同的情况下，不同的游客行为、小组规模、游客素质、资源状况、时间和空间等因素对资源的影响也会有很大的区别。

例如，为了保护两片面积同为1 000平方米的、同样草种的草地，规定每小时每片草地的环境容量是100人。第一片草地进入的是100名躺在草地上读书的人；第二片草地进入的是100名扭秧歌的人，一小时后可以看到对草地的不同影响结果。这是不同的行为类别对环境容量的影响。同理，两片同样为1 000平方米的草地，一片为耐践踏的野牛草，另一片为娇嫩的百慕大草，同样规定每小时每片草地的环境容量是100人，假定两片草地进去的全是100名扭秧歌的人，他们的行为方式也完全相同，一小时后两片草地的保护状况还是会有很大的不同。这是资源敏感度对环境容量的影响。进一步假设，两片同样为野牛草的1 000平方米草地，使用者还是各100名扭秧歌的人，第一片草地上的人以100人为一个大组，集中在100平方米的场地内活动；第二片草地上的100人，分成10个小组，每小组10人进行活动，每组占用100平方米的空间活动，一小时后这两片草地受到的破坏还是不同。这是空间分布对环境容量的影响。再来假设，还是两片草地，同样为野牛草，使用者还是那些扭秧歌的人，同样规定环境容量为1小时100人，两边草地上的人都是100人一个大组，第一片草地上的人玩了20分钟就出来了；第二片草地上的人整整玩了1小时，同样的环境容量下，对草地的破坏还是不同。这是时间因素对环境容量的影响。最后一个假设，所有其他因素全部相同，两片草地分别由不同的管理者管理，第一片草地的管理者认真而严格，只允许穿软底鞋的人进入；第二片草地上的管理者不认真，皮鞋、钉鞋，什么样的鞋都让进去，一小时后两片草地遭破坏的情况还是会有很大不同。这是管理水平对资源状况的影响。由此可见，仅仅将环境容量作为一个数据控制，并不能达到有效保护资源的目的。

国外的学者们开始反思，研究解决环境容量问题（实际上也就是资源保护与旅游开发利用之间的矛盾）的新思路。LAC理论就是在这种背景下产生的。史迪科1980年提出了解决环境容量问题的3个原则：首要关注点应放在控制环境影响方面，而不是控制游客数量方面；应该淡化对游客数量的管理，只有在非直接（管理游客）的方法行不通时，再来控制游客数量；准确的监测指标数据是必需的，这样可以避免规划的偶然性和假定性。史迪科的贡献在于他将人们从“计算”环境容量的泥潭中拉了出来，重新审视环境容量这个概念所要解决的问题。环境容量作为一个概念是一个很伟大的发现，因为它提出了“极限”这一概念，即任何一个环境都存在一个承载力的极限，这一极限并不仅是指游客数量的极限，更是指环境受到影响的极限。LAC理论就是在对环境承载力概念的继承和对环境容量模型方法的革命性批判中产生的。

5.5.2 LAC理论的9个步骤

1. 确定规划地区的课题与关注点

确定规划地区的课题与关注点包括确定规划中应该解决哪些管理问题，确定哪些是公众关注的管理问题，确定规划在区域层次和国家层次扮演的角色。这一步骤的目的是使规划者更深刻地认识规划地区的资源，从而对如何管理好这些资源得出一个总体概念，并将规划重点放到主要的管理课题上。对于鲍勃马苏荒野地来说，这样的课题还包括游憩运动用品商店的位置、人马驿道的管理、濒危物种的管理，以及有限体验机会的提供等。

2. 界定并描述旅游机会种类

每一个规划地区内部的不同区域，都存在着不同的生物物理特征、不同的利用程度、不同的旅游和其他人类活动的痕迹，以及不同的游客体验需求。上述各个方面的多样性，要求管理也应根据不同区域的资源特征、现状和游客体验需求而有所变化。机会种类用来描述规划范围内的不同区域所要维持的不同资源状况、社会状况和管理状况。旅游机会的提供必须与规划地区的总体身份相协调，如果一个规划地区是国家公园，则所有的旅游机会必须与国家公园的目标相一致。旅游机会的界定并不能成为破坏国家公园资源的借口。

3. 选择有关资源状况和社会状况的监测指标

指标是用于确定每一个机会类别其资源和社会状况是否合适，或者可接受的量化因素，但在实践中不可能测量每一个资源或社会特征的所有指标。指标是LAC框架中极为重要的一环，单一指标不足以描绘某一特定区域的资源和社会状况，应该用一组指标来对相应的地区进行监测。

4. 调查现有资源状况和社会状况

现状调查是规划中的一项费时工作，LAC框架中的现状调查，主要是对步骤3所选择的监测指标的调查，当然也包括其他一些物质规划必要因素的调查，如桥梁、观景点等。调查的数据将被标示在地图上，这样资源的状况和各指标所处的空间位置就会一目了然。现状调查也能为规划者和管理者制定指标的标准提供依据。

5. 确定每一旅游机会类别的资源状况标准和社会状况标准

标准是指管理者“可以接受的”每一旅游机会类别的每一项指标的极限值。如果指标为某一宿营地裸露地面的百分数，则40%可能是这一指标的标准；如果指标是每一个旅游团，每天碰到的其他旅行团的数目，则10个旅行团可能是该指标的标准。符合这一标准，则表示这一地区的资源状况和社会状况（主要是游客体验状况）是可以接受的，是“健康的”。一旦超过这一标准，则应启动相应的措施，使指标重新回到标准以内。步骤4是确定标准的重要基础，因为标准必须是现实和可实现的，同时应该好于现实状况，这种比较必须通过步骤4来实现。此外标准在恢复某一地区的过程中也会扮演十分重要的角色。

6. 制定旅游机会类别替选方案

一个国家公园或保护区，可以采取不同的空间分布而都不违背国家公园或保护区的性质。第 6 个步骤就是规划者和管理者根据步骤 1 所确定的课题、关注点和步骤 4 所确定的现状信息，探索旅游机会类别的不同空间分布。不同的方案满足不同的课题、关注点和价值观。

7. 为每一个替选方案制定管理行动计划

由步骤 6 确定替选方案，只是制定最佳方案的第一步。管理者和规划者应该知道从现实状况到理想状况的差距有多大，还需知道必须采取什么样的管理行动才能达到理想状态。从某一种角度来说，在步骤 7 中，应该为每一个替选方案进行代价分析。例如，某一替选方案可能会建议设立大规模的植被恢复区，但其代价是不可承受的资金压力，在这种情况下，该方案就不可能成为最佳方案。

8. 评价替选方案并选出一个最佳方案

经过以上 7 个步骤后，规划者和管理者就可以评价各个方案的代价和优势，管理机构可以根据评价的结果选出一个最佳方案。评价应该尽可能多地考虑各种因素，其中第 1 个步骤所确定的课题、关注点和第 7 个步骤的行动代价，是必须考虑的因素。评价除了能为管理机构的决策提供依据外，也可以为公众的有效参与创造有利条件。

9. 实施行动计划并监测资源状况和社会状况

一旦最佳方案选定，则管理行动计划开始启动，监测计划也必须提到议事日程上来。监测主要是对步骤 3 中确定的指标进行监测，以确定其是否符合步骤 5 所制定的标准。如果资源状况和社会状况没有得到改进，甚至是在恶化，则应采取进一步的或新的管理行动，以制止这种不良的趋势。

LAC 理论的诞生，带来了国家公园与保护区规划和管理方面革命性的变革，美国国家公园管理局根据 LAC 理论的基本框架，制定了“游客体验与资源保护”技术方法（Visitor Experience and Resource Protection，VERP），加拿大国家公园局制定了“游客活动管理规划”方法（Visitor Activity Management Plan，VAMP）、美国国家公园保护协会制定了“游客影响管理”的方法（Visitor Impact Management，VIM），澳大利亚制定了“旅游管理最佳模型”（Tourism Optimization Management Model）。这些技术方法和模型在上述国家的规划与管理实践中，尤其是在解决资源保护和旅游利用之间的矛盾上取得了很大的成功。

因为监测指标和标准是 LAC 理论的核心内容，如果要使风景名胜区的资源保护和游客体验都处于一个较高的水平，最直接和最有效的方法是制定监测指标与标准。因此，就资源保护和游客体验两个方面制定了两类指标。可能的资源状况指标包括空气中被选化学成分浓度、空气湿度、道路两侧土壤状况、优势动植物营养水平等，而可能的游客体验目标包括游客拥挤度、游客满意度等。一旦被选定的指标超过了规划中确定的标准，则表示该地区的环境承载力（或环境容量）超出了可以接受的水平，必须采取规划中明确的行动计划以使监测指标恢复到标准之内。由于每个风景名胜区的资源特征不同，需要保护的资源和价值也各有不同，因此其指标和标准也有所不同。可以预料，一旦 LAC 理论在我国得到广泛应用，将会在世界遗产、风景名胜区、森林公园等的规划和管理中带来革命性变革。

5.6 生态足迹的方法

5.6.1 生态足迹分析的基本概念

生态足迹法（Ecological Footprint Analysis）是加拿大生态学家 William Ree 等在 1992 年提出并在 1996 年由其学生 Wackermagel 完善的一种衡量可持续发展程度的方法。生态足迹是指能够提供或消纳废物，具有一定生产能力的生物生产性土地面积。该方法从需求的角度计算人对自然的需求量，即生态足迹；从供给的角度计算自然提供给人的生态承载力，通过生态供需平衡的比较，判断该区域的发展是否处于生态承载力范围内，是一种度量可持续发展程度的生物物理方法。

5.6.2 生态足迹的组成

“生态生产性土地”是生态足迹分析法为各类自然资本提供的统一度量基础。生态生产也称生物生产，是指生态系统中的生物从外界环境中吸收生命过程所必需的物质和能量转化为新的物质，从而实现物质和能量的积累。生态生产是自然资本产生自然收入的原因。自然资本产生自然收入的能力由生态生产力（Ecological Productivity）衡量。生态生产力越大，说明某种自然资本的生命支持能力越强。由于自然资本总是与一定的地球表面相联系，因此生态足迹分析用生态生产性土地的概念来代表自然资本。所谓生态生产性土地（Ecologically Productive Area）是指具有生态生产能力的土地或水体。这种替换的一个可能好处是极大地简化了对自然资本的统计，并且各类土地之间比各种繁杂的自然资本项目之间更容易建立等价关系，从而方便自然资本总量的计算。事实上，生态足迹分析法的所有指标都是基于生态生产性土地这一概念而定义的。根据生产力大小的差异，地球表面的生态生产性土地可分为以下六大类。

1. 化石能源地（Fossil Energy Land）

生态足迹分析法强调资源的再生性。从理论上，为了保证自然资本总量不减少，应该储备一定量的土地来补偿因化石能源的消耗而损失的自然资本的量。但实际情况是并没有作这样的保留。所以，从这个角度看，人类现在是在直接消费着资本。

2. 可耕地（Arable Land）

从生态分析看，可耕地是所有生态生产性土地中生产力最大的一类，其所能集聚的生物量是最多的。根据联合国粮农组织（FAO）的报告，目前世界上几乎所有最好的可耕地，大约13.5亿公顷，都已处于耕种的状态，并且每年其中大约100万公顷的土地又因土质严重恶化而遭废耕。这意味着，今天世界上平均每个人所能得到的可耕地面积已不足0.25公顷了。

3. 牧草地（Pasture）

牧草地是适用于发展畜牧业的土地。全球目前大约有33.5亿公顷的牧草地，折合人均约0.6公顷。绝大多数牧草地在生产力上远不及可耕地，不仅是因为其积累生物量的潜力不如可耕地，也因为由植物能量转化到动物能量过程存在着著名的1/10率，从而使实际上可为人所用的生化能量减少了。

4. 森林（Forest）

森林是指可产出木材产品的人造林或天然林。当然，森林还具有其他许多功能，如防风固沙、涵养水源、改善气候、保护物种多样性等。全球现有森林约34.4亿公顷，相当于人均0.6公顷的面积。目前，除了少数偏远的、难以进入的密林地区外，大多数森林的生态生产力并不高。此外，牧草地的扩充已经成为森林面积减少的主要原因之一。

5. 建成地（Built-up Areas）

建成地包括各类人居设施及道路所占用的土地。建成地的世界人均拥有量现已接近0.03公顷。由于人类的大部分建成地位于地球最肥沃的土地上，建成地对可耕地的减少负有不可推卸的责任。

6. 海洋（Sea）

海洋覆盖了地球上366亿公顷的面积，相当于人均6公顷。但是，海洋里95%的生态生产量归功于这6公顷中的大约0.5公顷，这是海洋所能给予人类最慷慨的量了。由于人们喜欢吃的鱼在食物链中排位较高，人类实际能从海洋中获取的食物是比较有限的。具体来说，这0.5公顷大约每年能提供18公斤鱼，而其中仅有12公斤能最后落实在人们的饭桌上，其所能保证的仅是人类卡路里摄入量的1.5%。

5.6.3 生态足迹计量分析方法

生态足迹计量分析的重点是生态足迹计算。按照数据的获取方式，计算一个地区的生态足迹通常有两种方法：第一种方法是自下而上法，即通过发放调查问卷、查阅统计资料等方式先获得人均的各种消费数据；第二种方法是自上而下法，根据地区性或全国性的统计资料查取地区各消费项目的有关总量数据，再结合人口数得到人均的消费量值。无论哪种方法，生态足迹的计算都遵循以下5个步骤和具体方法。

(1) 计算各主要消费项目的人均年消费量值。

(2) 计算为了生产各种消费项目人均占用的生态生产性土地面积。

(3) 计算生态足迹。

(4) 计算生态容量。

(5) 计算生态盈余（或赤字）和全球生态盈余（或赤字）。

生态足迹的意义是探讨人类持续依赖自然，以及要怎么做才能保障地球的承受力，进而支持人类未来的生存。

5.6.4 生态足迹评价方法在旅游企业中的应用

将把生态足迹评价方法从国家、地区引入对旅游企业的评价，这里涉及的旅游企业包括景区、景点，以及饭店、酒店。旅游地区与企业的生态足迹计算根据旅游消费的特点，将旅游活动的资源消耗及对环境的影响，按照旅游活动的 6 要素（食、住、行、游、购、娱）划分为 6 类、6 个子系统。

1. 餐饮子系统

餐饮子系统包括游客在旅游区停留期间所消耗的粮食、肉类、蔬菜、水果等生物资源，以及提供餐饮服务的能源所对应的化石能源土地面积，其所对应的生物生产性土地包括耕地、草地、水域、林地等。旅游餐饮生态足迹计算模型为：

$$\mathrm{TEF}_{\mathrm{food}} = \sum S + \sum (N \times D \times C_i / P_i) + \sum (N \times D \times E_j / r_j)$$

式中：S 为各类社会餐饮设施的建成地面积；N 为旅游者人次数；D 为旅游者平均旅游天数；C_i 为游客人均第 i 种食物的日消费量；P_i 为与第 i 种食物相对应的生物生产性土地的年平均生产力；E_j 为游客人均第 j 种能源的日消耗量；r_j 为世界上第 j 种能源的单位化石燃料生产土地面积的平均发热量。

2. 住宿子系统

住宿子系统分为游客在旅游区住宿期间所占用的宾馆、客栈、餐馆等建筑用地面积和住宿期间所消耗的能源，主要包括供热、制冷、空调、照明、电视、上网、洗涤等能源消耗。住宿子系统所对应的生物生产性土地包括水域、化石燃料土地、建筑用地等。旅游住宿生态足迹计算模型为：

$$\mathrm{TEF}_{\mathrm{accommodation}} = \sum (N_i \times S_i) + \sum (365 \times N_i \times K_i \times C_i / r)$$

式中：N_i 为第 i 种住宿设施拥有的床位数；S_i 为第 i 种住宿设施每个床位的建成地面积；K_i 为第 i 种住宿设施的年平均客房出租率；C_i 为第 i 种住宿设施每个床位的能源消耗量；r 为世界上单位化石燃料生产土地面积的平均发热量。

3. 交通子系统

交通子系统包括游客从常住地到旅游目的地往返，以及在各旅游目的地内旅行所需的能源消耗与旅游交通设施的占用，所对应的生物生产性土地包括化石燃料土地和建筑用地等。旅游交通生态足迹计算模型为：

$$\mathrm{TEF}_{\mathrm{transport}} = \sum (S_i \times R_i) + \sum (N_j \times D_j \times C_j / r)$$

式中：S_i 为第 i 种交通设施的面积；R_i 为第 i 种交通设施的游客使用率；N_j 为选择第 j 种交通工具的游客数；D_j 为选择第 j 种交通工具游客的平均旅行距离；C_j 为第 j 种交通工具的人均单位距离能源消耗量；r 为世界上单位化石燃料生产土地面积的平均发热量。

4. 游览子系统

游览子系统包括游客在旅游区停留期间主要游览的旅游景区（点）的面积及能源消耗，测算包括各类景区（点）内的游览步道、公路、观景空间的建成地的面积总和，而非景区（点）的实际占地面积，所对应的生物生产性土地包括耕地、草地、水域、林地和建筑用地等。旅游游览生态足迹模型为：

$$\mathrm{TEF}_{\mathrm{visiting}} = \sum P_i + \sum H_i + \sum V_i$$

式中：P_i 为第 i 个旅游景区（点）游览步道的建成地面积；H_i 为第 i 个旅游景区（点）内公路的建成地面积；V_i 为第 i 个旅游景区（点）观景空间的建成地面积。

5. 购物子系统

购物子系统包括游客在旅游区停留期间购买旅游商品对应的生物资源、工业产品、能源等消耗，所对应的生物生产性土地包括耕地、草地、水域、林地和化石燃料用地等。旅游购物生态足迹计算模型为：

$$\mathrm{TEF}_{\mathrm{shopping}} = \sum S_i + \sum [(R_j / P_j) / g_j]$$

式中：S_i 为第 i 类旅游商品生产与销售设施的建成地面积；R_j 为游客购买的第 j 类旅游商品的消费支出；P_j 为第 j 类旅游商品的当地平均销售价格；g_j 为第 j 类单位旅游商品相对应的当地生物生产性土地的年平均生产力。

6. 娱乐子系统

娱乐子系统包括为游客提供休闲娱乐设施的建成地及其能源消耗，所对应的生物生产性土地包括建筑用地、草地、水域、林地和化石燃料用地等。旅游娱乐生态足迹的计算模型为：

$$\mathrm{TEF}_{\mathrm{entertainment}} = \sum S_i$$

式中：S_i 为第 i 类游客户外休闲娱乐设施的建成地面积。

风景区生态足迹的计算要考虑本地常住人口和外来旅游者两个重要方面。生态足迹由“区域本底生态足迹”和旅游生态足迹两部分叠加而成，计算模型也相应地分为两部分。

旅游生态足迹计算账户如表 5－3 所示。

表 5-3　旅游生态足迹计算账户

旅游生态足迹账户	构 成 因 子
食	食物消耗、能源消耗和餐饮设施建成地面积等
住	能源消耗、旅馆设施设备及客房用品消耗、住宿设施建成地面积等
行	交通工具的能源消耗及交通设施建成地面积等
游	游览过程中能源、物质消耗及观光游览地建成地面积等
购	旅游商品制作中物质、能源消耗及旅游购物场所建成地面积等
娱	娱乐活动过程中能源、物质消耗及娱乐设施的建成地面积等

饭店生态足迹计算公式为：

$$\mathrm{TEF}=a_1\sum(N_i\times S_i)+a_2\sum(365\times N_i\times K_i\times C_i/r)$$

式中：a_1、a_2 分别为住宿设施建成地的均衡因子、化石能源地的均衡因子；N_i 为第 i 种住宿设施拥有的床位数；S_i 为第 i 种住宿设施每个床位的建成地面积；K_i 为第 i 种住宿设施在所研究的时间段内的平均客房出租率；C_i 为第 i 种住宿设施每个床位的能源消耗量；r 为世界上单位化石燃料生产土地面积的平均发热量。

生态足迹模型进一步与旅游住宿设施的经济效益结合，用来表征单位生态资源所产出的经济价值：$\mathrm{ITEF}=I_i/\mathrm{TEF}$。

其中，I_i 为第 i 种住宿设施的年客房收入；ITEF 为旅游生态足迹收入。

ITEF 的数值反映饭店客房的生态经济效益，数值越大，表明其单位生物生产面积产出的收入越高，也即生态经济综合效益越高。

本章小结

环境承载力是在对自然、经济和社会文化环境没有造成破坏，以及没有降低游客满意度的前提下，允许在同一时间游客访问某一旅游目的地的最多人数。旅游环境承载力由自然环境承载量、经济发展承载量、心理承载量和旅游资源空间承载量构成。旅游环境承载力的特点是综合性和复杂性、客观性和可量性、易变性和可控性、反馈性和实用性。旅游环境系统多因素、多层次等特性，导致旅游环境承载力受许多因素的影响。决定和影响旅游环境承载力的因素包括自然环境条件，指旅游地的地质地貌、气候、水文、土壤、植被等自然环境要素；经济结构背景，指旅游地的经济环境状况，包括投资、劳动力、物产和物资供应、基础设施及旅游服务设施等条件；社会文化环境，指旅游地对发展旅游业的政策法律的完善程度，旅游地对旅游业的管理水平，旅游地的文化传统、风俗习惯，当地居民对旅游业的态度，旅游者的特征及旅游活动的类型等。

旅游环境承载力的功能表现在是衡量旅游效益是否和谐的一个重要工具，主要体现在旅游环境承载力与旅游经济效益、旅游环境承载力与旅游社会效益、旅游环境承载力与旅游环境效益，以及旅游环境承载力与旅游效益之间存在的密切动态联系。开展旅游环境承载力的动态测评和管理，有助于丰富和完善旅游学的学科体系，为旅游资源开发和生态环境保护提供科学依据，有助于促进旅游业的可持续发展，对保护旅游资源和生态环境、促进旅游业的可持续发展具有重要的意义。此外，旅游环境承载力测评指标体系是一个综合性的动态指标体系，其构建必须遵循一定的原则，具体有科学性原则、代表性原则、实用性原则、因地制宜原则和因时制宜原则。

以武夷山世界遗产地为例，对旅游承载力进行测算，通过对武夷山风景区旅游环境承载力的利用现状进行分析，提出旅游环境承载力的调控措施。

可接受的改变极限是指要为可容忍的环境改变设定一个极限，当一个地区的资源状况达到预先设定的极限值时，必须采取措施，以阻止进一步的环境变化。

生态足迹法是一种衡量可持续发展程度的方法，从需求的角度计算人对自然的需求量，从供给的角度计算自然提供给人的生态承载力，通过生态供需平衡的比较，判断该区域的发展是否处于生态承载力范围内，是一种度量可持续发展程度的生物物理方法。生态足迹法计算各主要消费项目的人均年消费量值；计算为了生产各种消费项目人均占用的生态生产性土地面积；计算生态足迹；计算生态容量；计算生态盈余（或赤字）和全球生态盈余（或赤字），并将生态足迹评价方法应用在旅游企业中。

练习题

1. 名词解释

旅游环境承载力　自然环境承载量　经济发展承载量　心理承载量　旅游资源空间承载量　生态环境承载力　LAC 理论　生态足迹法

2. 思考题

（1）简述旅游环境承载力的构成体系。

（2）简述旅游环境承载力的特点。

（3）简述决定和影响旅游环境承载力的因素。

（4）简述影响环境容量数据测定的因素。

（5）简述 LAC 理论的步骤。

(6) 简述根据生产力大小差异划分的生态生产性土地的类别。

(7) 简述旅游环境承载力测评指标体系的构建原则。

(8) 论述旅游环境承载力的功能和意义。

参考文献

[1] http://www.biodiversity.ru/coastlearn/tourism-eng/con_capacity.html.

[2] 郭静. 旅游环境承载力及其调控研究：以南京钟山风景名胜区为例. 硕士生论文，2004 (5)：9-12.

[3] 徐晓音. 风景名胜区旅游环境容量测算方法探讨. 华中师范大学学报：自然科学版，1999 (3)：455-459.

[4] 舒晶. 旅游环境承载力及测度. 北京第二外国语学院学报，2001 (3)：14-18.

[5] 梁萌. 黑龙滩水库风景区旅游环境容量的探讨. 四川环境，1997 (2)：52-55.

[6] 徐学书. 旅游资源保护与方法. 北京：北京大学出版社，2007.

[7] 杨锐. 从游客环境容量到 LAC 理论：环境容量概念的新发展. 旅游学刊，2003 (5)：62-65.

[8] 钱丽萍，罗明，朱生东，等. 武夷山世界遗产地旅游环境承载力研究. 环境科学与管理，2009 (7)：187-191.

[9] 郑耀星，储德平. 区域旅游规划. 北京：高等教育出版社，2004.

[10] RYAN C. Taking tourism to the limits：Issues，concepts and managerial perspectives. Netherlands：Elsevier，2005.

[11] 王丽. 生态足迹法评价生态环境承载力的应用案例. 环境与可持续发展，2009 (2)：58-60.

[12] 杨开忠，杨咏，陈洁. 生态足迹分析理论与方法. 地球科学进展，2000 (12)：630-636.

[13] 杜旭东，赵俊远. 基于旅游生态足迹的民族地区旅游持续发展研究：以甘南藏族自治州为例. 西华大学学报：哲学社会科学版，2008 (2)：52-56.

[14] 舒肖明. 浙江省旅游星级饭店生态足迹计算与分析. 商场现代化，2008 (7)：320-321.

第 6 章

环境影响评价

本章导读

环境影响评价是指对规划和建设项目实施后可能造成的环境影响进行分析、预测和评估，提出预防或减轻不良环境影响的对策和措施，进行跟踪监测的方法与制度。在环境保护工作中，对污染进行治理只是一种“亡羊补牢”的行为，真正的保护应该是预防。环境影响评价就是一种较为有效的预防手段。

通过本章的学习，力图使学生了解我国的环境影响评价制度和《环境影响评价法》；掌握环境影响的基本概念和基本内容，以及景区的环境影响评价的基本情况。通过案例分析，意识到景点拍摄活动必须要进行环境影响评价，以及完善法规、加强执法的必要性，通过圆明园听证会的阅读材料，了解公众在环境影响评价过程中的作用。

6.1 环境影响评价概述

6.1.1 环境影响评价的概念

环境影响评价是指对规划和建设项目实施后可能造成的环境影响进行分析、预测和评估，提出预防或减轻不良环境影响的对策和措施，进行跟踪监测的方法与制度。环境影响评价主要包括以下 5 个方面。

(1) 评价的对象是拟定中的政府有关经济发展规划和建设单位的建设项目。

(2) 评价单位要分析、预测和评估评价对象在实施后可能造成的环境影响。

(3) 评价单位通过分析、预测和评估，提出具体而明确的预防或减轻不良环境影响的对策和措施。

(4) 环保部门根据国家有关规定对环境影响评价文件进行审查并作出审批意见。

(5) 环保部门对规划和建设项目实施后的环境影响，进行跟踪监测和管理。

6.1.2 环境影响评价的具体内容

1. 规划环境影响评价的内容

(1) 实施该规划对环境可能造成的影响分析、预测和评价。

(2) 预防或减轻不良环境影响的对策和措施。

(3) 环境影响评价的结论。

2. 建设项目环境影响评价的内容

(1) 建设项目概况。

(2) 建设项目周围环境现状。

(3) 建设项目对环境可能造成影响的分析、预测和评估。

(4) 建设项目环境保护措施及其技术、经济论证。

(5) 建设项目对环境影响的经济损益分析。

(6) 对建设项目实施环境监测的建议。

(7) 环境影响评价的结论。

6.1.3 环境影响评价的作用

(1)“预防为主、防治结合”，既防止新污染源产生，又促进老污染源治理。

(2) 促进产业合理布局和企业优化选址。

(3) 指导建设项目环保设计，强化环境管理。

(4) 促进产业技术改造和清洁生产。

(5) 实现经济、社会和环境保护的协调发展。

环境影响评价对于旅游的可持续发展也具有积极的作用，如 2007 年世界银行资助了贵州省旅游开发的战略环境影响评价。

6.2 我国的环境影响评价制度和《环境影响评价法》

第九届全国人大把《中华人民共和国环境影响评价法》(以下简称《环境影响评价法》) 列入了立法计划，从 1998 年开始，经过反复调研、论证，经过 4 年的努力，2002 年 10 月 28 日通过，2003 年 9 月 1 日起正式施行。这部法律力求从决策的源头防治环境污染和生态破坏，从项目评价进入到战略评价，标志着我国环境与资源立法进入了一个崭新的阶段。这部法律的出台，使我国的环保法律体系更趋完善。环境影响评价法的制定和实施，必将对我国的国民经济和社会的健康发展、对可持续发展战略的全面实施，发挥非常重要的作用。

该法律的第一条明确了立法的宗旨：为了实施可持续发展战略，预防因规划和建设项目实施后对环境造成不良影响，促进经济、社会和环境的协调发展。

6.2.1 整部法律具有的特点

1. 强制性规定环境影响评价

在环境保护法相关规定的基础上，对环境影响评价进行了详细的强制性规定。例如，第七条明确规定：未编写有关环境影响的篇章或说明的规划草案，审批机关不予审批。第十六条对可能造成重大环境影响、轻度环境影响、环境影响很小的，分别要求编制环境影响报告书、进行全面评价，编制环境影响报告表、进行专项分析或专项评价，填报环境影响登记表。这些强制性规定从源头上预防可能产生重大环境影响的规划及建设项目的出台和开工。

2. 保护公众的环保知情权和参与权

环境影响涉及千家万户，环保决策的透明、环保信息的公开尤其重要。环境保护法第六条规定：一切单位和个人都有保护环境的义务，并有权对污染和破坏环境的单位和个人进行检举和控告。《环境影响评价法》第十一条规定，专项规划的编制机关对可能造成不良环境影响并直接涉及公众环境权益的规划，除国家规定需要保密的情形，“应当在该规划草案报送审批前，举行论证会、听证会，或者采取其他形式，征求有关单位、专家和公众对环境影响报告书草案的意见。”对建设项目的环境影响，该法律也在第二十一条作了类似的规定。

3. 跟踪评价

明确战略环境影响评价不仅仅是在规划和项目建设之前，还要进行规划的跟踪评价，发现有明显不良环境影响的，及时提出改进措施，从而动态地掌握规划实施和项目建成后的环境影响，确保环境质量。

4. 充分考虑公正性

在程序设计上充分考虑了环境影响评价的公正性，如《环境影响评价法》第十九条规定：为建设项目环境影响评价提供技术服务的机构，不得与负责审批建设项目环境影响评价文件的环境保护行政主管部门或其他有关审批部门存在任何利益关系。该法律还规定：预审、审核、审批建设项目环境影响评价文件，不得收取任何费用。为审批过程中可能出现的不正之风预设了预防措施。

5. 明确法律责任

对法律责任的规定相当明确，如对规划编制机关违法的主管人员、直接责任人，规定了由上级机关或监察机关给予行政处分；对建设单位的违法行为，规定了行政主管部门责令停工、罚款，给予主管人员、责任人行政处分等处罚措施；对环境影响评价提供技术服务的机构弄虚作假的，可罚款甚至吊销资质证书。

6.2.2 《环境影响评价法》对环境影响评价制度的发展

1. 环境影响评价从制度上升为法律

环境影响评价的内容更加充实，形式更加固定，强制力、执行力明显增强。作为环境影响评价制度基本法律依据的《建设项目环境管理条例》中，涉及环境影响评价的只有1章共10条，而《环境影响评价法》共5章38条。例如，“法律责任”在《建设项目环境管理条例》中只有一句话的规定，而在《环境影响评价法》中却以专章规定。法律位阶上的提升，是对环境影响评价制度的一大发展。

2. 规划成为环境影响评价的内容

《环境影响评价法》第二条规定：本法所称环境影响评价，是指对规划和建设项目实施后可能造成的环境影响进行分析、预测和评估。很显然，规划也成为了环境影响评价的内容，而环境影响评价制度中的环境影响评价仅为建设项目的环境影响评价，是通过评价某个建设项目建成投产所带来的环境影响，来反映有关项目建设的政策，反馈环境保护的要求与建议。

实践证明，仅对建设项目进行环境影响评价是不够的。这样的环境影响评价对区域环境及其功能缺乏整体认识。有些部门认为，其所编制的规划，已经考虑了环境影响，在规划中有专门的环保内容，并规定了相应措施，所以没有必要再进行环境影响评价了。但是，实践中却常常出现由于规划不当而造成的生态环境问题。所以，将规划纳入环境影响评价的范围十分必要。从《环境影响评价法》的第七条、第八条的规定中可以发现，土地利用的有关规划，区域、海域、流域的建设，开发利用规划，工业、农业、畜牧业、林业、能源、水利、交通、城市建设、旅游、自然资源开发等国民经济的主要规划都包括了进去。如果这个法律能得到切实的实施，环境问题会从源头上得以治理。通过对规划的环境影响评价，使区域内资源的开发利用及各项污染物排放量有了一个限度，从而使规划区的环境污染程度控制在一定目标和标准以内。这无疑对环境影响评价制度单纯强调建设项目的环境影响评价是一大发展。

3. 督促环保措施落实的跟踪评价

《环境影响评价法》第十五条规定：对环境有重大影响的规划实施后，编制机关应当及时组织环境影响的跟踪评价，并将评价的结果报告申报机关。《环境影响评价法》第二十七条、第二十八条也分别规定了由建设单位进行“后评价”和由环境保护行政主管部门对建设项目投入生产或使用后产生的环境影响进行“跟踪检查”。跟踪评价、后评价和跟踪检查是环境影响评价制度中没有规定的。“实践是检验真理的唯一标准”，这一准则在我国环境影响评价工作中同样适用。这些回顾性的评价是对原评价的验证与补充，其作用是提高环境影响评价水平，实事求是地看待前面的工作；督促环保措施落到实处；还可以对于前面工作的不足予以补充，增加新对策。这3条规定让有关部门从编制规划建设项目起到工程实施后，都要对自己的行为负责，把环境保护作为自己管理工作的一部分，而不是作为应付环境监督管理的事情。这种规定是有其积极意义的。

6.2.3　环境影响评价法对旅游建设项目的规定

根据《国务院关于投资体制改革的决定》，结合建设项目环境保护工作实际，对建设项目环境评价分级审批的相关规定如下。

(1) 建设对环境有影响的项目，无论投资主体、资金来源、项目性质和投资规模，应当依照《环境影响评价法》和《建设项目环境保护管理条例》的规定，进行环境影响评价，向有审批权的环境保护行政主管部门报批环境影响评价文件。

(2) 实行审批制的建设项目，建设单位应当在报送可行性研究报告前完成环境影响评价文件报批手续；实行核准制的建设项目，建设单位应当在提交项目申请报告前完成环境影响评价文件报批手续；实行备案制的建设项目，建设单位应当在办理备案手续后和项目开工前完成环境影响评价文件报批手续。

(3) 由国务院投资主管部门核准或审批的建设项目，或者由国务院投资主管部门核报国务院核准或审批的建设项目，其环境影响评价文件原则上由国家环境保护总局审批。

对环境可能造成重大影响并列入本通知附录的建设项目，其环境影响评价文件由国家环境保护总局审批。其中在社会事业方面包括：国家重点风景名胜区、国家自然保护区、国家重点文物保护单位区域内总投资 5 000 万元及以上旅游开发和资源保护设施；世界自然、文化遗产保护区内总投资 3 000 万元及以上项目；大型主题公园。

6.3　景区环境影响评价

6.3.1　景区环境影响评价的概念

景区环境影响评价是评价景区开发资源对整个景区生态系统结构和功能的影响，以及评价开发资源本身的影响；回答开发规模和适度利用的“量”，寻找出合理开发利用的生态阈值，使开发强度不超过资源增长的速度，保证资源数量不低于生物繁衍生息所需的种群规模。

6.3.2　景区环境影响评价

1. 景区环境影响评价的内容

景区的开发活动是在一定的地域范围内有计划进行的一系列开发建设活动，因此景区环境影响评价的目的是通过对景区开发活动的环境影响评价，完善景区开发活动规划，保证景区开发的可持续发展。

景区环境影响评价的基本内容包括景区水环境影响评价、景区空气环境影响评价、景区土壤环境影响评价、景区动植物环境影响评价、景区景观环境影响评价等。

2. 景区环境影响评价的指标体系

景区环境影响评价的指标体系主要是可更新资源开发的环境影响评价指标体系，主要包括结构指标和功能指标。

结构指标包括：环境要素质量、水平衡、土壤物理性质、土壤矿物养分、土壤有机质、地下水埋藏、有效土层深度、土地利用类型。

功能指标包括：生产企业废水排放达标率、农林牧副产品污染超标率、土地污染程度、水质超标程度、土地退化面积变化率、系统抗灾能力、作物平均产量、森林覆盖率等。

为了确切地估算和评价可更新自然资源开发利用对生态环境的影响，还必须考虑自然资源系统的能量转化和物质循环，维持和创造优化的人类生存生态环境，以及优质高产的生产率，使自然资源的开发对环境的不利影响尽可能地缩小到最低程度。

3. 景区环境影响评价的原则

景区环境影响评价是景区规划的重要组成部分，着重研究环境质量现状、确定景区环境要素的容量，以及预测开发活动的影响。因此，这是一项科学性、综合性、预测性、规划性和实用性很强的工作。在实际工作中应遵循以下原则。

1）生态学原则

遵循生态经济学原理，按自然优先原则，顺应自然变化规律和进程实施人类活动，有计划地进行生态建设。重点是确定最大和最小的开发阈值，力求解决开发建设带来的环境问题。

2）同一性原则

将景区环境影响评价纳入景区环境规划中，并在制定环境规划的同时开展相应的环境影响评价工作。

3）整体性原则

景区评价涉及协调和解决开发建设活动中产生的各种环境问题，包括所有产生污染和生态破坏的各部门和建设单位，应全面评价各项目的开发行为及各项目间的相互影响。因此，必须以整体观点认识和解决环境影响问题。不但要提出各建设项目的环境保护措施，还要提出景区开发集中控制的对策基础。

4）综合性原则

在景区环境影响评价工作中不仅要考虑社会环境，还要考虑生态和自然环境，以及生活质量影响。因此，环境影响评价分析中必须强调采用综合的方法，以得到正确的评价结论。

5）实用性原则

景区环境影响评价的实用性体现在制定优化方案和污染防治对策方面，应该是技术上可行、经济上合理、效果上可靠，能为有关部门所采纳。

6）战略性原则

景区环境影响评价应从战略层次评价景区开发活动与其所在区域发展规划的一致性、内部功能布局的合理性，并从总量控制的思想上提出项目进入景区的原则、污染物排放总量和削减方案。

7）可持续性原则

景区环境影响评价应通过对景区开发活动及其环境影响的分析与评价，建立一种具有可持续改进功能的环境管理体制，以确保景区开发的可持续性。

6.4 景区环境影响评价的具体操作

6.4.1 景区空气影响评价

1. 评价指标的筛选

在进行环境空气影响评价时，要根据建设项目的特点和评价区污染状况来筛选评价因子。一般选择建设项目排放量较大的特征污染物作为主要评价因子，同时应考虑已造成评价区内严重污染的污染物。评价因子一般选择3～5个，对排放污染物种类较多的项目，其评价因子可适当增加。

2. 评价的标准

在《环境空气质量标准》(GB 3095—1996）中，环境空气质量划分为3类功能区。

一类区：主要适用于自然保护区、风景名胜区和其他需要特殊保护的地区。

二类区：主要适用于城镇规划确定的居住区、商业交通居民混合区、文化区、一般工业区和农村地区。

三类区：主要适用于特定工业区。

3. 评价的方法

环境空气质量现状评价是运用空气质量指数对大气污染程度进行描述，分析空气环境质量随着时空变化而发生的变化，探讨其原因，并根据空气污染的生物监测和空气污染环境卫生学监测进行空气污染的分级。最后，分析说明空气污染的原因、主要空气污染因子、重污染发生的条件、空气污染对人和动植物的影响等。

目前，空气环境质量现状评价方法主要有空气质量评价指数法和空气质量评价生物法。

6.4.2 景区水体影响评价

1. 评价的目的

景区水体影响评价是项目环境评价的重要专题，其主要目的是从环境保护的目标出发，采用适当的评价方法，对评价项目所排放的废水及污染物对景区水环境可能造成的影响程度和范围进行预测与评价，从而规定防治措施，将污染降低到应有的水平，为项目决策、环保工程设计及环境管理提供科学依据。

景区水体质量评价一般指现状评价，是水质现状调查的一项重要内容，通过对结果的统计、对比、分析和评价，说明景区水体水质的污染程度。这也是环境影响预测和评价不可缺少的基础资料。

2. 评价的要求

(1) 从保护景区水环境的角度回答评价项目的适宜度。

(2) 对可进行建设的项目，针对工程可行性研究中提出的保护水环境的对策和措施进行可行性分析，并提出建议。

(3) 为整个工程的环境影响评价提供水环境信息和意见。

3. 评价的程序

景区水体影响评价的工作程序如图 6-1 所示。

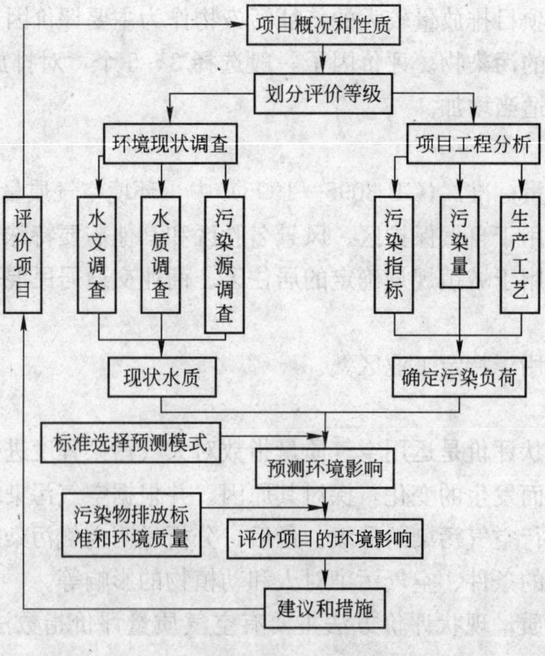

图 6-1 景区水体影响评价工作程序

4. 评价依据

环境水体质量评价的基本依据是地面水环境质量的各种标准、有关法规和当地的环保要求，以及待评价项目的要求。

1）水环境质量标准

根据评价水域水环境功能及水域特性选择相应的评价标准，主要有：地面水环境质量标准（GB 3838）；海水水质标准（GB 3097）；渔业水质标准（GB 11607）；农田灌溉水质标准（GB 5084）；污水综合排放标准（GB 8978）；生活饮用水质量标准（GB 5749）；地方有关水环境标准。

2）有关法规

水体环境质量评价依据的有关法规主要有：《中华人民共和国环境保护法》；《建设项目环境保护管理条例》；《中华人民共和国海洋环境保护法》；《中华人民共和国水污染防治法》；《中华人民共和国水法》；《中华人民共和国渔业法》，以及地方有关水环境及建设项目环境保护法规。

6.4.3 景区植被影响评价

1. 评价目的

许多景区内森林茂密，植被覆盖率高。在旅游开发的过程中，虽然十分注意对林木的保护和保留，但仍对部分林木造成了一定的机械伤害，留下了不可愈合的伤痕。另外，游客在游览过程中对游道两边林木的刻画伤害较为严重。有的景区旅游接待区位于深山狭谷中，生活区产生的大量有害废气因长期在狭谷内聚积而对接待区的林木产生了较为严重的危害。

2. 景区植被影响评价的内容

1）对植物分布的影响评价

现存植物中有无被灭绝的植物种类，影响的程度如何；珍稀种类和群落中有无被灭绝的，其改变程度如何；防护林、住宅林等具有历史性的、地方景观的植被消灭与否，以及其改变的程度；果树、野菜、野草等与当地居民生活密切相关的植被消灭与否，以及其改变的程度。

2）绿色植物量的变化

植物包括根、茎、叶、花、果实、种子六大器官，能够起作用的主要是叶与茎，其中又以叶为重。从植物的生理代谢看，植物的光合作用、呼吸作用、水分代谢、物质代谢、能量代谢等过程大都是通过植物叶片进行的，叶片的多少及其生长状况直接影响植物的新陈代谢。因此，绿色植物量的变化决定于植物叶面积的大小和指数的变化。

3）生长发育环境变化

生长发育环境变化主要是指在生长环境现状调查中，已经查过的地形、土壤、气候等环境因子的变化和变化程度。

4）景区植被因建设项目产生的变化

景区植被因建设项目产生的变化是指一些风景名胜区追求眼前经济利益，忽视资源保护，超强度开发，造成植被景观资源的严重破坏。建设单位有法不依，主管部门执法不严、违法不究，疏于管理，甚至违规越权审批，致使违规开发建设行为泛滥。核心景区内 20 世纪 90 年代形成建设高潮，一些单位违反规划，擅自改变用地性质，违规建设宾馆、招待所，严重破坏了植被景观。从目前调查的情况看，不仅拆除违法、违规建筑要付出巨大经济代价，而一些自然植被景观资源已无法恢复，损失不可估量。

6.4.4 景区土壤影响评价

1. 评价项目环境可行性的确定

根据土壤环境影响重大性的分析，指出工程在建设过程和投产后可能遭受污染或破坏的土壤面积与经济损失状况。通过费用—效益分析和环境整体性考虑，判断土壤环境影响的可接受性，由此确定项目的环境可行性。

2. 提出拟建工程应采用的控制土壤污染源的措施

1）源头及终端控制

工业建设项目应首先通过清洁生产或废物最少化措施减少或消除“三废”的排放量，同时在生产中不用或少用在土壤中易累积的化学原料；其次是采取排污管终端治理方法，控制废水和废水中污染物的浓度，保证不造成土壤的重金属和持久性的危险有机化学品（如多环芳烃、有机氯、多氯联苯等）的累积。

2）加强危险性废物的管理

危险性废物堆放场和城市垃圾等固体废物填埋场应有严格的隔水层设计，确保工程质量，使渗漏液影响减至最小。同时，做好渗漏液收集和处理工程，防止土壤和地下水受到污染。

3）制定监测方案

提出受污染影响土壤的监测方案，作为受拟建工程影响的土壤环境管理的依据。

3. 提出防止和控制土壤侵蚀的对策

对于在施工期植被破坏，造成裸土的地块应及时覆盖砂、石和种植速生草种，并进行经常性管理，以减少土壤侵蚀；对于农副业建设项目，应通过休耕、轮作，减少土壤侵蚀；对于牧区建设，应降低过度放牧，保持草场的可持续利用；在施工中开挖出的弃土应堆置于安全场地，以防止侵蚀和流失；如果弃土中含有污染物，应防止流失、污染下层土壤和附近河流。在工程完工后，这些弃土应尽可能返回原地，加强土壤与作物或植物的监测和管理，加快周围地区森林和植被的生长。

4. 方案选址

任何开发行动或拟建项目必须有多个选址方案，应从整体布局上进行比较，从中选择对土壤环境的负面影响较小的方案。

5. 土壤环境影响预测

土壤环境影响预测的主要任务是根据评价项目所在区域的土壤环境现状，拟建项目可能造成的土壤侵蚀、退化，以及因排放的污染物在土壤中迁移与积累，应用预测模型计算土壤的侵蚀量，以及主要污染物在土壤中的累积或残留数量，预测未来的土壤环境质量状况和变化趋势。

6.4.5 景区野生动物影响评价

1. 景区野生动物的基本评价

1）动物组成种类

按照动物分类单元，列出当地动物名录，标出优势种、常见种、稀有种。如果是鸟类应列出迁徙型（留鸟、候鸟、旅鸟）。

2）动物区系划分

以动物地理学为依据，写出当地动物地理区划及动物区系。

3）主要保护动物的保护级别

以野生动物保护法和当地省份野生动物保护管理暂行条例来确定该区域内野生动物的保护级别。

4）动物的分布特征

野生动物在生物群落中，彼此的联系是多样的。通常，野生动物的多样性越大，彼此的联系也就越广泛，生物群落也就越稳定。

5）经济价值评估

首先对一个地区的动物资源划分产量等级和数量等级，在此基础上进行全面评价和分析。

2. 景区野生动物的具体评价

1）对野生动物习性改变的评价

野生动物的习性往往由于人的出现而急剧变化。野生动物习性的改变可能是当生境略有变化时，习性就会消失，而习惯于生境经常变化的动物则会很快适应。景区野生动物的生境往往与可能获取的食物情况有密切关系。野营地剩余的垃圾和枯枝落叶吸引熊、鹿、鸟类、啮齿类和昆虫，改变它们的摄食习性。美国国家公园的偏僻宿营地和岸边野营地经常受到臭鼬鼠、花栗鼠和其他鼠类的干扰，因为它们逐渐完全依赖于人的食物。

2）生境的变化

尽管每种动物受旅游活动的直接影响，更多的动物必然受生境变化的间接影响。在野营地，因砍伐灌木而减少了鸟类和小哺乳动物的食物及遮荫来源。在改善和扩大旅游用地时砍除大量的浅水植被成为淡水鱼产卵减少的原因。增加旅游使用强度似乎可能由于植被地面植物区系和土壤结构逐渐简单，因而大大影响了微生境。特别是与土壤和地面植物有关的无脊椎动物比脊椎动物受践踏的影响更大。

3）动物迁移和繁殖能力的变化

野生动物在受到严重反复干扰影响或生境变化时，会迁离原来的栖息地，到一个新的地方去生活。例如，山羊和巨角山羊在受到人的侵害时，可能会被迫集中到更贫瘠的遥远小地方。一般来说，迁移的新环境往往比原来的地方质量更低、竞争因素更多。因此，迁移对野生动物来说是比旅游干扰或生境变化更加恶劣的变化。

4）动物种群的数量组成及结构的变化

旅游活动对野生动物影响的最终结果是导致种群数量、组成和结构的变化。猎杀与动物繁殖能力的下降都会导致野生动物数量的减少。部分野生动物种群数量的变化可引起整个食物链上生物种类、数量和结构的变化，进一步导致整个生态系统的平衡被破坏和演替的重新开始。

3. 评价的指标

1）物种数

物种数即物种的数量。多数人认为，物种的数量应该尽量多。物种数也就是丰富度，也称为多样性。物种的丰富度是一个很有用的指标，常用来比较两个地区环境的优劣，比较管理措施前后的效果，以及反映动物物种数的历史变化。

2）多度

多度是指某种动物或植物的个体数量，是物种普遍度和稀有度，或者说是优势度和均匀度的度量指标，是揭示野生动物组织结构和物种区域分布规律的重要手段。如果说多样性指数是群落结构数量化表征，则多度格局分析就是对群落性质的进一步阐释，两者相辅相成。实际上，多度不仅是确定物种保护等级的基本依据，在生物多样性保护和管理中具有重要意义，而且对于认识一个群落来说，多度格局比多样性指数更有效。

3）性比

野生动物种群的性比是个重要的参数，应仔细观察并统计种群的性比。尤其是雌体在种群中所占比率的变化决定种群的繁殖能力。在一般情况下，随着雄体被猎取，雌性个体的比率增加。如果食物很丰富，每个雌体产下的幼体较多，种群的数量增长较快。因此，可以用种群中雌体的比率，分析种群的发展趋势。

4）年龄比

确定动物的年龄是野生动物研究的一项重要工作。鉴定年龄的技术多种多样，包括测量动物的体型、重量、毛色、体型类型、羽毛类型、羽毛长度、软骨的发育、骨长、眼球晶状体的重量及繁殖状态。各种鉴定技术适合鉴定不同年龄的动物。

种群的年龄分布也是一个重要参数，尤其雌体的年龄对种群的增长起主要作用。雌体的幼体数量多，种群会迅速增长。如果其比率很低，则意味着未来种群数量会下降。

6.4.6 景区景观影响评价

景观影响评价是从景观美学角度出发，比较和评价开发前后同一地区的两种景观的美学特性。通过区域开发规划的景观影响评价，可以帮助开发者避免破坏有价值的自然和人文景观，并为创造新的人文景观提供参考意见。

对景观进行评价通常从景观的独特性、多样性、功效性、宜人性和美学价值等方面着手，或者从景观的资源性、美学质量、未被破坏性、空间统一性、保护价值、社会认同等方面进行考虑。一般视觉景观的评价对象主要有景观视觉环境阈值、景观视觉环境生态质量、景观视觉环境的景色质量和景观视觉环境敏感性等。

1. 评价的目的

景观评价是根据特定的程序，按照景观生态学的有关原理，对景观的现状及可能利用的方案、生态功能进行综合评价的过程。

景观评价是对景观状况及景观质量的评定。通过景观评价可以对景观状况、景观系统不同局部的敏感性、干扰水平及其干扰状况等级、抗性阈值及其等级分布、生产力水平格局等进行全面了解，使景区景观规划有据可依、有法可循，同时也是景区科学管理的必要基础。

2. 评价的原则

景观评价的原则是在评价过程中确定评价目标、分析评价资料、统计评价数据、制定评价技术路线、选择评价指标、建立评价模型、评估评价结果与结果应用的依据和行动理念。根据景观科学的理论体系、应用价值和研究方法，综合考虑景观的复杂性、价值的多重性和景观的特殊性，评价原则主要有以下几点。

1）景观生态原则

景观是“自然—人文—生态”复合形成的景观综合体，是复杂的地域生态系统。景观生态是景观综合体的基本特征，是保证景观环境高质量存在的基本条件，也是景观评价、景观规划设计的基本原则。

2）景观美学原则

景观是众多景观要素组成的景观客体。人既是景观的组成部分，同时也是景观感受的主体。在特定的美学价值观支配下，人从景观环境中在获得特定的自然或人文美感受的基础上形成美学价值判断。

3）景观资源化原则

景观是资源体系中的重要组成部分之一。城市人口的增加和现代产业的发展，城市化程度逐步提高，景区越来越成为具有特定观光、休闲、娱乐功能的场所，也成为旅游业发展的资源基础，其中不少是不可再生资源。

4）景观价值原则

景观是具有多重价值属性的景观综合体。景观价值主要包括以下几点。

（1）效用价值。效用价值是能够在满足人类多种需求的同时，使景观消费者获得同其他产品形式不同但本质相同的满足感。景观消费感受多表现为精神与安全上的体验。

（2）功能价值。对生态环境、自然和文化遗产、生物多样性的保护是景观功能价值的主要体现。

（3）美学价值。美是人类景观的一种特征，诗歌、小说和艺术作品等都是景观美学的反映，是人类文化获得不断发展的源动力。

（4）娱乐功能。优美的景观资源不仅提供娱乐产品，同时提供广阔的娱乐空间。

（5）生态价值。景观系统本质上是一个生物系统，是一种通过种种生态流（物质、能量、有机体、信息流等）而彼此紧密联系在一起的若干生态系统构成的复杂系统，是一种依靠不间断负熵流维持其功能与结构特征的开放式非平衡系统。

5）自然与文化遗产原则

景观是人类的自然或文化遗产，现存的景观尽管类型不同，但都是在过去时间尺度内形成、发展、演变而来的，是原有自然环境和人文环境的写照。因此，景观遗产成为评价或认识景观，进行景区景观规划设计的重要原则。

3. 评价的指标

景观影响评价的指标是以建设项目与风景资源背景之间景观相融性来衡量的指标。景观分类与规划分类一致。景观相融性指标有形态、线形、色彩和质感等。

（1）特级保护区。在特级保护区内，建设项目至少要与风景资源背景之间相协调，能增景最好。

（2）一级保护区。在一级保护区内，建设项目与风景资源背景之间相融性一般即可考虑，如能协调更好。

（3）二级保护区。在二级保护区内，建设项目与风景资源背景之间相融性一般即可，如能协调更好。

（4）基础保护区。在基础保护区内，建设项目与风景资源背景之间不协调也可考虑，相融性一般或协调更好。其中开发建设项目建筑物的几何要素本身的形状、相互间组合关系及所处的位置为形态指标；不同角度和距离对建筑物在风景中的和谐性要求为线形指标；建筑物色彩的基本相貌和明暗程度为色彩指标；建筑物表面粗细、匀滑、光泽等引起的视觉反应为质感指标。

4. 评价的方法

景观影响评价的方法很多，总体上可以分为计值评价法和优先序评价法。

1）计值评价法

当把某一具体景观的质量用某种明显（或不明显）的比较标准来判断时，所做的是计值评价。在计值评价法中，审美标准的选择应根据开发区的景观特点而定。在景观影响评价中，使用“协调性”、“多样性”和“生动性”的审美标准来评价某一区域开发后的景观，并分别对比3个标准计算区域开发后的景观评分，便构成不同条件（或标准）下的计值评价。其中，“协调性”用于反映或体现景观不同部分的连贯与和谐程度；“多样性”是景观中物体与物体相互关系的丰富多彩的表现，这种多样性不只简单反映数量上的多样，而且要求多样之间的有序；“生动性”是反映此一景观与其他景观的差别或其具有的独特景观效果与特征。

2）优先序评价法

优先序评价法完全反映个人对具体景观的主观赞赏（或不悦）。采用优先序进行景观影响评价时，一般邀请受影响的居民代表根据提供的模拟形象（照片、透视图、实物模型等）判断、比较和评价开发前后的景观变化。研究表明，专家、学生、工人等不同职业人群对景观评价具有较强的一致性，但不同文化和社会因素，如不同民族则对景观评价的结果有较大差异。另外，对一般开发区而言，受影响的居民主要是开发区及其周围评价区的居民，而对一个风景旅游开发区，受影响的人群可能是一个地区、一个国家或整个世界。

3）各自的适用范围

依靠受影响居民判断的优先序评价法和依靠专家利用审美标准进行景观评价的方法各有其适用范围。当受影响人群已确定，且范围不太大时，如主要在开发区及周围的居民，特别涉及少数民族时，采用优先序评价法比较适合；当受影响人群不明确，或者受影响人群范围太大，如影响整个国家甚至整个世界时，也许采用依靠专家计值评价法更为适合。

采用计值评价与优先序评价的显著不同是计值评价依靠专家根据审美标准进行评价。例如，在《沿海城市建设评价指标体系研究》中对沿海城市景观建设评价中采用“城市总体布局的景观效果”、“城市建设与自然环境的结合”、“城市建设与原有风貌的利用和保护”、“城市景观建设的特色”等评价指标，对沿海主要城市的城市建设景观进行评价。

6.4.7 景区环境容量评价

1. 景区环境容量的概念和类型

一般所指的景区环境容量是在景区环境质量不超出环境目标值的前提下，景区环境能够允许的最大污染物排放量。景区环境容量是确定污染物排放总量指标的依据，而污染物排放总量决定了对景区环境的影响程度，只有排放总量小于环境容量，才能保证景区环境目标的实现。

景区环境容量反映的是在环境质量标准的约束下，景区所能容纳污染物的总量，它是一个变量。按照环境要素，景区环境容量可以分为大气环境容量、水环境容量（河流、湖泊、海域环境容量)、土壤环境容量等。

2. 评价的目的和指标

1) 评价的目的

环境容量是景区规划设计与管理中的重要问题，是维护旅游地生态系统平衡的重要保障，是人们正确处理风景区旅游活动与生态环境保护关系的重要科学依据。许多已建成的景区由于环境容量确定不当，或者因规划的容量分布不合理等原因，已造成风景资源下降、管理跟不上等一系列问题。通过景区环境容量评价指导当地行政部门制定旅游政策，加强旅游地开发和经营管理，采取一定的经济手段，如提高门票的价格、住宿费用等，尽量避免游客在旅游高峰期到来后，在此地集中起来，对资源造成破坏，实现旅游地旅游业的可持续发展。

2) 评价的指标

景区环境容量评价由以下 5 类指标组成。

(1) 反映旅游环境空间容量的指标。该指标包括旅游户外游览空间的面积、游览线路的长度和瓶颈景点面积(游览设施)等可接纳的最大游客量——极限容量指标。

(2) 反映旅游者心理容量的指标。该指标是旅游地游客心理感应良好时的游客数量，其测算的指标属于旅游地户外游览空间、游线长度和瓶颈景点等游览设施的最佳游客容量。

(3) 反映旅游环境经济容量的指标。

① 在计划投资回收期内和规划目标年应达到的最低经济收益或实现目标利润下，必须接纳的游客数量。

② 供水、供电、交通运输，以及宾馆、饭店、游乐场等接待设施的最大游客数量。

前一指标可作为当前反映旅游环境经济容量的主要指标，后者作为参考指标。

(4) 反映旅游环境生态容量的指标。该指标主要包括垃圾处理设施、废水净化能力和处理设施可接纳的最大游客容量，以及某些景区(如自然保护区森林公园、生态脆弱的边远山区)的土地人口承载力。土地人口承载力用于反映这类地区的土地利用强度。承载的居民人数超过某种限度，则景区的生态环境就会遭受破坏，超过适宜限度越大，土地利用的强度越大，则旅游地生态环境遭受的破坏也越大。

(5) 反映当地居民心理容量指标。包括居民对旅游开发后的拥挤程度、使用当地设施的方便程度、文化生活、生活质量、犯罪率等方面的评价。

3. 评价的方法

景区环境容量评价的方法可以概括为“全方位立体研究法”，主要包括“横向研究”与“纵向研究”。

1) 横向研究

横向研究是指从旅游环境承载力的系统中，按照游览环境承载力、生活环境承载力、旅游用地承载力和自然环境纳污力这 4 个层面展开，分别研究各单项承载力在景区的分布。

(1) 旅游环境承载力。旅游环境承载力主要研究游览景区对旅游者的实际承受能力与核定承受能力之间的比例关系。从旅游供给的角度分析游览路线和景区布局的合理程度；从旅游需求方面研究客流时空分布规律及其影响因素；从可持续发展的角度合理确定不同时间、不同空间的理想负荷（合理流量）。通过大量的统计、计算与分析，建立不同时段的客流空间分布模型，确定单位长度（面积）指标分级，采用“卡口容量法”、“路线容量法”、“面积容量法”等对各景区的日游览承载能力进行估算，根据各景区实际负荷“客流量”与理想负荷（游览承载力）之比，计算游览环境承载率。

(2) 生活环境承载力。生活环境承载力主要研究各景区的供水能力和住宿能力，内容包括旅游地水资源概况，现有供水设施的可供水量、供水人数、供水时间、供水标准和水量的供需平衡，以及各景区的住宿接待规模、客流住宿分布规律。不同床位利用率的接待容量估算。

(3) 旅游用地承载力。旅游用地承载力主要研究风景区内的土地利用状况、旅游用地种类与结构，对各景区游憩用地、旅游接待服务设施用地、旅游管理用地进行分析与评价。

(4) 自然环境纳污力。自然环境纳污力主要研究水体纳污能力和旅游垃圾处理能力，内容包括景区内不同使用功能的水体应分别执行的不同水质标准和水体保护要求、水环境的主要污染源、各景区的生活排污量、水环境容量、水体保护措施，以及旅游垃圾处理阶段、旅游垃圾处理方法、垃圾产量时空分布和垃圾处理能力等。

2) 纵向研究

纵向研究是指从旅游景区入手，着重研究每个景区内各层面上单项承载力的分布。对各景区不同时间（年平均、高峰月平均、高峰日）的游览承载力，不同保证率（丰水年、平水年、枯水年）下的供水能力，不同季节（淡季、旺季、年平均）的住宿接待能力，不同种类（游憩用地、旅游接待服务设施用地、旅游管理用地）的旅游用地承载能力，以及水体纳污能力和旅游垃圾处理能力等进行分析与综合评价。通过适当选取一定数量的评价指标，采用合适的定量评价方法，建立景区综合承载力定量评估模型，表征景区综合承载力的有利程度，为促进景区旅游可持续发展，实现环境效益、经济效益与社会效益的统一奠定基础。

6.5 张家界国家森林公园空气质量影响评价

6.5.1 空气质量影响评价

1. 大气质量指数日变化

从统计数据看，公园接待区锣鼓塔的大气质量指数在一天中的任何时候都高于对照区黄石寨，对照区黄石寨的大气质量在一天中的大部分时间都处于清洁水平。从日变化幅度来看，接待区的日变化明显，而对照区的日变化不明显。

2. 大气质量指数月变化

从月变化来看，接待区各月大气质量指数均远大于对照区。对照区黄石寨各月大气质量指数都较小，而 7 月份的大气质量指数为 0.6，表明在旅游旺季期间，核心景区的大气也受到了轻度污染。

3. 大气质量指数年变化

数据表明，随着旅游业的发展，公园接待区的大气质量呈逐渐恶化的趋势。对于对照区黄石寨而言，其年大气质量指数大多在 0.5 以下，只有 1997 年的大气质量指数达到 0.6，属于轻度污染。

6.5.2 水体质量影响评价

对于风景名胜区而言，进行水质影响评价时，不仅要考虑水体化学成分的改变，而且还应考虑对水体美学及人体健康的影响。张家界国家森林公园内水体的主要污染源为旅游接待区所产生的生活污水，其主要成分为饭渣、汤汁、油污、粪尿排泄物等。这些物质进入水体后发生生物降解，消耗水中的氧气，同时产生一些小分子有机物质及其他物质，公园水体排入物主要影响水体中的氧气、有机物及细菌等指标的含量。为此，根据已有的监测数据，选取 BOD_5、DO、NO_3^- - N、NO_2^- - N、悬浮物（SS）、高锰酸盐指数（MnO_4^-）及大肠杆菌等 7 个指标作为影响公园内水体质量的因子。

1. 水质指标超标情况分析

对于公园水系而言，各水质指标中出现超标现象的为 DO、SS、高锰酸盐指数和大肠杆菌，而其他 3 项指标均未出现超标现象。表明排入公园水体的有机废物的耗氧量相当大，同时非生物降解成分占了一定的比例。此外，公园的粪便处理效果差，大肠杆菌超标严重，对旅游者健康威胁较大。

2. 分担率分析

分担率可用于进行水体污染的因子分析，某评价因子的分担率越高，表明该因子对水体质量改变所起的作用就越大；反之，则越小。公园各地段水体水质指标中，以 DO、高锰酸盐指数和大肠杆菌的分担率较高，而其他 4 项指标的分担率相对较低。表明造成公园水体质量下降的主要污染物为耗氧性多的有机物，同时公园水体的粪便污染也较严重。因此，如何减少公园水体耗氧污染物的排放量，同时加强粪便的处理是提高公园水体质量的主要方面。

3. 结果分析

在过去 15 年中，金鞭溪锣鼓塔段和金鞭岩段的水体质量等级发生了明显的改变。1984 年，锣鼓塔段的水质仍为国家一级，但到 1986 年，其水质已降为国家二级。

1984—1988 年，金鞭岩段的水质为国家一级，但到 1993 年以后，该段的水质均为国家二级。虽然紫草潭和对照区沙刀沟的水质在 15 年间均保持在国家一级水质标准范围内，但两者的水质仍有一些差别。通过对两者 GC 值的比较，可以发现，沙刀沟的水质要比紫草潭的水质好。

1986 年和 1988 年，金鞭岩段的水质好于锣鼓塔的水质，主要原因是当年公园的废水直接从锣鼓塔段排入金鞭溪。其污染物浓度显然要高于 2 000 多米之外的金鞭岩段水体的污染物浓度。由以上分析可知，排入公园水系的废物主要对金鞭溪中、上游的水质造成了一定的影响，导致该段水体质量的下降，而对金鞭溪下游的水质影响不大。

6.5.3 植被影响评价

1. 对杉木生长的影响

公园建成后，大量游客的涌入导致接待区生活用煤量的大量增加，从而造成了较为严重的空气污染，致使公园接待区后山腰的杉木林遭受了较为严重的污染，叶片大量脱落及叶中叶绿素的减少致使杉木光合作用速率降低，自然生长减慢。由此可以推知，旅游开发利用对公园接待区杉木的生长产生较为明显的影响。

2. 对植物叶中氟化物及 SO_2 含量的影响

随着时间的推移，公园内杉木、枫杨和柳杉 3 种林木的叶中氟化物含量都增加了。表明旅游开发利用对公园植物叶中化合物含量的影响在逐渐加深，叶片中的大气污染物含量存在较为明显的累积现象。此外，不同植物叶片中的 SO_2 含量不相同，说明不同植物对 SO_2 的吸收和累积能力不一样，这可为公园接待区树种改造及社区绿化树种的选择提供参考。

3. 对林木的伤害

1）伤痕特征分析

游客一般都选择那些容易被人看见的地方进行刻画。从方位上的表现看，刻画主要发生在林木与游道正对的方向；从伤痕等级看，以中度伤害的比例最高，轻度伤害的比例最低；从林木受伤的时间看，大部分受伤林木的主体伤痕年龄都在 15 年左右，其次为 10 年，而最近 5 年则少有伤害发生。一方面，可能与游道两边可供刻画的林木资源随着时间的推移逐渐减少有关；另一方面，可能也与近年来游客的素质提高有关。

2）受伤程度与林木因子相关性分析

根据调查发现，公园各游览区游道两边受伤林木所受到的伤害程度与其树皮粗糙度和与游道的距离两个因子显著相关，而与林木的胸径及刻画的方位无关。林木的这种受伤特点为进行森林风景区开发建设及林木的保护提供了有益的启示：在森林风景区的建设过程中，靠近游道两边的地方应尽量多保留那些树皮比较粗糙的树种，这样可以避免外界的刻伤；在老景区的树种改造过程中，在游道两边宜多种植那些观赏性较强的粗皮树种，而少种植那些树皮比较光滑的树种。

4.“伴人植物”的产生

游客在旅游地各景区流动的同时，部分草本植物的种子常粘在游客衣裤上，然后散落到其他景区或地段，并在那里繁殖壮大，这种植物被称为“伴人植物”。在对张家界国家森林公园各景区植被进行野外勘察的过程中发现，公园各景区都存在“伴人植物”现象，其主要植物种为龙虾花、铜锤草、车前草、早禾熟和土麦冬等。这些植物主要分布在距游道外缘 5 米以内，超过 5 米则少有分布。

不同景区及不同海拔高度上的“伴人植物”在种类、种数、覆盖率等方面也存在差异。金鞭溪和黄石寨分布的种类较多，上述 5 种“伴人植物”基本上都有分布。从覆盖率来看，以金鞭溪为最高，部分地段占了整个地被物覆盖的三分之一以上，黄石寨景区的“伴人植物”覆盖率为 20%左右，其他景区则多在 10%左右。表明“伴人植物”的覆盖率受到游客数量的影响，游客越多，覆盖率就越大；反之，就越小。

“伴人植物”的侵入和扩张，改变了景区原有植物的组成和结构，有可能对景区的生态平衡构成威胁。因此，必须加强各景区的生物多样性监控。

6.5.4 土壤影响评价

1. 对公园土壤含水率的影响

张家界国家森林公园境内土壤主要为轻沙质中厚层黄壤。游客的踩踏使土壤紧实，土壤含水量减少。据统计，对于所有景区而言，距游道 1～2 米范围内土壤的含水率都明显低于 2 米以外土壤的含水率，而 3 米小样区土壤含水率与对照区土壤含水率非常接近。

2. 对公园土壤硬度的影响

游客踩踏使张家界国家森林公园游道两边 2 米（平均）范围内的土壤硬度明显增大。其主要原因是金鞭溪景区土壤的含水率比黄石寨景区土壤的含水率高，导致土壤颗粒间黏结力减小，土壤刚性减弱，硬度下降。

3. 对公园土壤容重的影响

一般土壤受踩踏后，其容重因紧实度增大所导致的增大量超过因含水率降低所导致的减少量，这样变化的结果是土壤容重从总体上看是增大的。对于所有景区而言，其 1 米小样区和 2 米小样区的容重均比对照区的容重大，表明游客踩踏使各景区游道外沿土壤容重增大。各景区 3 米小样区的土壤容重为 1.21 g/cm^3，正好与对照区的土壤平均容重相等。

公园各景区游道外土壤所受到的影响程度不一样。公园中黄石寨和金鞭溪的土壤受旅游开发利用的影响较大，而沙刀沟和袁家界的土壤受旅游开发利用的影响较小。因此，在进行公园土壤管理时，应加强对黄石寨景区和金鞭溪景区游道外土壤的保护，以减小旅游开发利用对公园土壤的影响。

6.5.5 野生动物影响评价

1. 对公园野生动物生活习性的影响

经过对公园境内的野生动物进行野外观察，结果发现公园内的猕猴、赤腹松鼠的取食习性发生了较大的改变。

一些猕猴已对游客投食产生了高度的依赖性，每天一大早就到山脚下来等食。有时由于猴群数量多，猕猴间为争食而互相打斗致伤的事件时有发生。更为严重的是，部分体格高大健壮的猕猴从游客手中抢夺食物，导致游客受到惊吓，部分游客的手脚被抓伤，衣服也被抓破，影响了游兴。与此同时，这群猕猴本身也变得懒散、笨拙和贪婪，少有完全野生状态下的矫健、灵活和和睦。为了减少猕猴伤人事件，同时增强猕猴的野外生存能力，必须逐步禁止游客向猕猴投食。

改变取食习性的另一种动物为赤腹松鼠。在旅游开发以前，一些松树的果实是赤腹松鼠的主食。在公园进行旅游开发以后，许多松鼠都经常偷食垃圾桶内的果皮等食物。目前，关于赤腹松鼠改吃垃圾食物对其本身的影响效应还不十分清楚。但若长此以往，可能会影响松树的天然更新范围，因为许多松树天然更新范围的扩大都与松鼠搬运松子有关。旅游地松鼠改吃垃圾食物后，减少了取食松子的数量，有可能导致松树更新范围的缩小，从而影响松树的天然更新。

2. 对公园野生动物种群数量和结构的影响

随着时代的变迁，张家界国家森林公园境内野生动物的感知率都存在不同程度的下降，表明公园内野生动物的数量在减少。而到20世纪90年代后期，野生动物的感知系数分别下降到0.35、0.16和0.07，表明公园境内的野生动物已相当稀少，人们已很难看见野生动物的踪迹。因此，可以认为公园境内的野生动物已受到了极为严重的影响。

对于不同种类的野生动物而言，其受到的影响程度也不一样。鸟类各种间受到的影响程度比较接近，差异比较小，在受调查的10种鸟中还无一种消亡。兽类各种间受影响程度差异较大，在受调查的16种野兽中，有8种已在公园中消失。爬行类动物受到的影响最为严重，在受调查的7种爬行类动物中，已有5种从公园中消失。

由上述分析可知，公园内的野生动物已受到严重的影响。许多动物，尤其是珍稀动物都已从公园内消失，即使是一些比较常见的动物也很难在公园中看见。因此，必须寻求有效途径，加强公园境内野生动物的保护工作，以保持和增强公园旅游资源对游客的吸引力，这样才有利于公园旅游业的健康发展。

6.5.6 景观影响评价

张家界国家森林公园自1982年建成之后，开始了大规模的开发建设过程，修建了大量的宾馆、酒楼等接待设施，以及商店、医院、学校等公共设施。同时，各景区也进行了大量的建设，修建了总长达53公里的游道，另外还修建了多处人工景观。这些人工设施的建成大大改变了公园原有的自然景观，特别是公园生活接待区锣鼓塔如今已变成一个拥有数千常住人口的小城镇。原有的原始、古朴的自然景象已荡然无存。

1. 公园内的主要建筑设施与周围环境的协调性和生动性

在食宿设施、商店、摊位、观赏亭、榭、道路、游道、绿化带及其他公用设施等9类评价项目中，以观赏亭、榭得分最高，商店和摊位得分较低，表明公园内的休息亭、榭在造型及与周围环境的协调性等方面匹配性强，对景观的干扰小，而各种商店及摊位在装潢、布局等方面与周围环境协调性差。因此，应加强对各种商店及摊位的管理和整治。

2. 公园内主要建筑设施的多样性和生动性

对于不同景区而言，以琵琶溪和沙刀沟的景观评价较好，腰子寨、袁家界和接待区的影响评价较差。琵琶溪和沙刀沟的景观保护较好，其主要原因是游客较少，游客对植被的伤害较小。腰子寨为公园内开发最早的景区，由于受开发之初经费严重不足的限制，腰子寨的游道质量较差，在6个景区中为最差。接待区锣鼓塔存在快速城市化趋势，各种现代建筑设施越来越多，那种原始、古朴的气息则已基本丧失殆尽。世界自然与文化遗产的官员在张家界进行复查考察时，对公园接待区发生的这种变化深表忧虑，希望公园能在保持其原有的古朴气息方面作出实效。

为了保护公园的自然景观，恢复公园原有的美丽，今后应禁止在公园内新建接待设施。同时，将现有的接待设施中对环境影响较大的应予撤除或进行美化改造，以增强其与环境的协调性。

6.5.7 环境影响综合评价

随着公园旅游业的迅速发展，大量游客的涌入已使公园的环境质量发生了一系列的改变，公园内局部地段和区域的植被、空气和水体都遭受了不同程度的污染与破坏。

1. 在大气评价方面

公园内的主要污染物为生活用煤所释放的SO_2、NO_x和飘尘。因此，公园大气污染治理的主要措施是改变燃料结构，少烧煤、多用电和油；改烧低硫煤等。

2. 在水体评价方面

游客和接待设施的快速增长导致公园污水排放量大量增加，1999年的污水排放量是1981年的45倍，公园水体污染物主要为生活接待区产生的人体排泄物、食物残渣及油污等。对于水体污染的主要治理措施是禁止各排放单位将剩菜剩饭及汤汁直接排入金鞭溪；粪便等排泄物必须经各单位的三级化粪池处理后集中到大化粪池或氧化塘统一处理；尽快修建污水处理站来处理公园的所有污水。

3. 在植被评价方面

大气污染导致了公园林木叶中氟化物及 SO_2 的含量大大增加，并发生累积，公园游道两边林木刻画严重，各景区都出现了不同程度的“伴人植物”现象。因此，对于植被保护需改变燃料结构、更新游道边缘树种、加强生物多样性变化研究和游客环境保护教育。

4. 在土壤评价方面

游客越出游道观光对游道外缘土壤的硬度、水分含量和容重产生了较大的影响。因此，土壤保护的主要对策为设置护栏、铺设植草砖等。

5. 在动物评价方面

受旅游开发利用过程中开山炸石、游客干扰和偷猎等的影响，公园内的野生动物在种群数量和结构上发生了很大变化，许多动物已从公园中销声匿迹，不少动物亦濒临灭绝。在公园境内保存下来的动物中，也有一部分的生活习性发生了改变。为了维持公园内原有的生物多样性，应严禁猎杀动物，保持景区安静，建立野生动物通道等。

6. 在景观评价方面

公园接待区城市化现象严重，部分建筑与周围环境存在较大的不协调性。景观保护对策是拆除部分不协调建筑物，改变部分建筑物的外观形状及色彩，在修索道而形成的砍伐带上种植灌木。

通过对公园所遭受的环境影响进行较为系统的研究，在探讨植被、土壤、水体、空气和野生动物等生态环境因子受影响的程度，以及对公园环境产生影响的主要因子进行确定的基础上，提出公园环境治理和管理的对策，这对于实现公园生态环境质量的改良和公园的可持续发展无疑具有十分重要的意义。

6.6 旅游景区影视拍摄的环境影响评价

6.6.1 景区影视拍摄环境影响评价的必要性

1. 景区影视拍摄对环境造成的影响

因为拍摄影视剧而破坏当地环境，在近年来时有发生。

2004 年，歌手李进投诉《神雕侠侣》导演及剧组，在九寨沟森林公园拍摄时，破坏了神仙池钙化堤、珍珠滩植被。

2005 年，女演员柯蓝公开批评自己主演的影片《惊情神农架》剧组，在外景地拍摄时破坏原始生态，拍摄现场的塑料瓶扔得到处都是，笑闹声把金丝猴逼得无路可退。

2005 年，由谢霆锋主演的《情癫大圣》在神农架“用水泥浇筑成蘑菇形状，使原有地貌无法再复原”。

2004 年 6 月，陈凯歌率队到香格里拉，剧组进驻天然摄影棚。影片《无极》中那片令人惊艳的高山杜鹃花海，取景于云南省迪庆藏族自治州香格里拉县深山里的“圣湖”——碧沽天池。但因为这次拍摄，已美丽了百年的花海盛景将难以再现（见图6-2）。当剧组把美景定格到银屏上的同时，却给世外仙境般的碧沽天池留下了难以抚平的伤痛：一个造型复杂的钢架怪物耸立湖边，一座破败的木桥将天池硬生生地劈成两半（见图6-3）。云南省三江并流国家重点风景名胜区管理局和联合国教科文组织中国官员到碧沽天池现场考察，认为景区恢复需3～5年。《无极》剧组在碧沽天池建造工程，并没有按规定获得审批手续。

图6-2 《无极》拍摄现场被砍伐的树木和绽放的花朵

资料来源：http://news.163.com/06/1027/18/2UF-941SB000120GU.html.

图6-3 留在碧沽天池边的“海棠金舍”残体

资源来源：http://news.xinhuanet.com/newscenter/2006-05/12/content_4537626.htm.

2009年，《我的团长我的团》在拍摄时给当地村民留下了一大片垃圾（见图6-4）。据当地村委会表示，剧组拍完就走了，现在他们也找不到人清理。记者就此致电《我的团长我的团》制片人吴毅，他表示该地已经卖给当地一个人，其将此地作为旅游开发地。吴毅表示，剧组将督促买地人清除垃圾。

图6-4 《我的团长我的团》外景地现场一片狼藉

资料来源：http://news.qq.com/a/20090605/001263.htm.

影视制造者作为传播价值理念的公众人物，不能为了追求影视效果与拍摄方便，就丧失文明公德，破坏生态环境。如此，不仅影响了影视剧的宣传效果，也给影视拍摄留下后遗症，断掉影视拍摄的后路，这值得影视从业人员与社会反思。

2. 摄制组对当地环境补偿的依据

过去在管理过程中有需要加强的地方，如环评问题和对当地景观恢复的环境补偿问题。影视拍摄过程中会带来一些环境污染问题，如工作人员的日常饮食和生活，场景搭建都可能带来污染。对于应向环保部门申报而未申报的情况，按常理应该责令停止建设、补办环境影响评价手续，但这些剧组的相关设施已经拆除，只能是“谁破坏、谁恢复”。那么，根据“谁污染，谁治理”和“污染者付费”（Polluters Pay Principle）的原则，摄制组对当地环境补偿的依据应该是对建设项目环境影响评价的经济损益分析结果。

3. 完善法规、加强执法的要求

针对到景点拍摄这种活动，必须要完善法规、加强执法。目前，对于影视剧组到风景名胜、自然保护区拍摄这种行为，在现有的《环境影响评价法》中没有相关的规定，也没有相应技术准则。今后，必须进一步加强环境监督和管理，对文化产业领域应进行环境影响评价。

4. 民间环保组织的建议和呼吁

在我国知名民间环保组织“自然之友”主编的 2007 年环境绿皮书《2006 年：中国环境的转型与博弈》中，环保研究者指出，在著名风景名胜地进行影视拍摄，如能实行剧组在拍摄前必须接受环境影响评价的制度，则剧组就应在拍摄前尽可能采取措施预防环境污染，在拍摄后发生环境污染问题时也不能推卸责任。同时，还强调环保保证金的做法也有推广的价值。

6.6.2 景区影视拍摄的环境影响评价方法

1. 景区影视拍摄环境影响评价的要点

景区影视拍摄环境影响评价包括对自然风景资源和人文风景资源的影响评价。评价的重点是：凡涉及自然资源的内容，要按森林、草地、滩涂、湿地和景观敏感度的评价重点进行评价；凡涉及土地利用的，要按土地开发利用内容进行；凡涉及人文景点的内容，要依据景点自身的生态敏感性进行评价，重点注意对文物的保护和景观空间格局和功能的维护。例如，《无极》的拍摄主要应该是自然资源的保护；成龙在西安兵马俑展馆拍摄《神话》时，就要强调对文物的保护。

2. 生命周期评价方法

生命周期评价（Life Cycle Assessment，LCA）起源于 1969 年美国中西部研究所受可口可乐公司委托对饮料容器从原材料采掘到废弃物最终处理的全过程进行的跟踪与定量分析。LCA 已经纳入 ISO 14000 环境管理系列标准而成为国际上环境管理和产品设计的一个重要支持工具。根据 ISO 14040：1999 的定义，LCA 是指“对一个产品系统的生命周期中输入、输出及其潜在环境影响的汇编和评价，具体包括互相联系、不断重复进行的 4 个步骤：目的与范围的确定、清单分析、影响评价和结果解释。生命周期评价是一种用于评估产品在其整个生命周期中，即从原材料的获取、产品的生产直至产品使用后的处置对环境影响的技术和方法。作为新的环境管理工具和预防性的环境保护手段，生命周期评价主要应用在通过确定和定量化研究能量与物质利用及废弃物的环境排放来评估一种产品、工序和生产活动造成的环境负载；评价能源、材料利用和废弃物排放的影响，以及评价环境改善的方法。生命周期评价的技术框架如图 6－5 所示。

生命周期评价的过程：首先辨识和量化整个生命周期阶段中能量和物质的消耗及环境释放，然后评价这些消耗和释放对环境的影响，最后辨识和评价减少这些影响的机会。生命周期评价注重研究系统在生态健康、人类健康和资源消耗领域内的环境影响。图 6－6 为简式生命周期评价信息搜集过程。

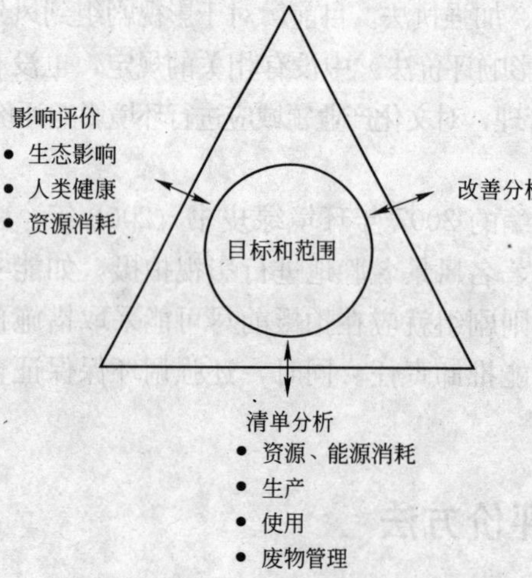

图 6－5　生命周期评价的技术框架

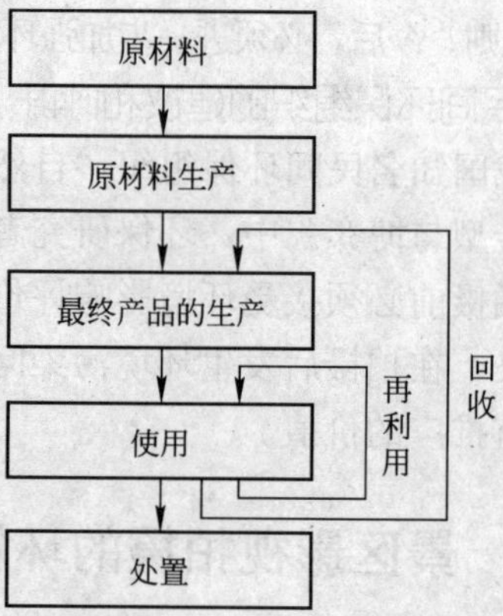

图 6－6　简式生命周期评价信息搜集过程

3. 影视拍摄的简式生命周期评价

将影视在一个景点完成拍摄作为研究对象，分析其生命周期阶段的资源、能源消耗情况，以及对当地的自然环境和人文环境等的影响。可将影视拍摄的生命周期分为以下几个阶段：拍摄准备；影视组进驻，拍摄进行中；撤离景点。影视拍摄的生命周期阶段如图 6－7 所示。

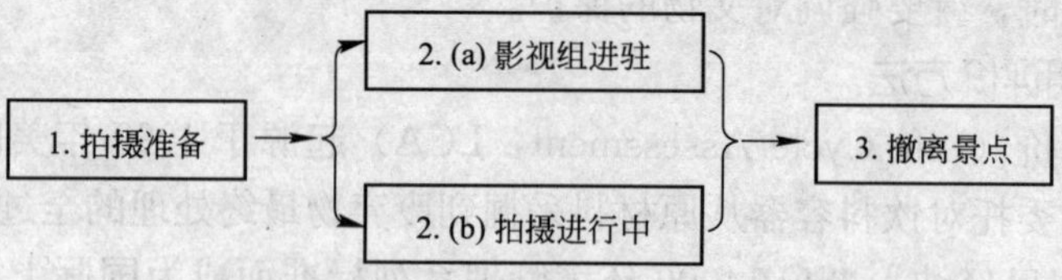

图 6－7　影视拍摄的生命周期阶段

第 1 阶段——拍摄准备：此阶段是为了以后的正式拍摄而进行的影棚和场景的建设与装修，以及为拍摄服务所必需的工具和道具的准备。在准备期间，建筑材料、装修材料、家具、电器和一些服装道具等，都是衡量该阶段环境影响的重要因素。负责购买和置备的人员就要对每一个物品的环境影响负责，需要考虑的事项包括模块性、可维护性、使用时的资源和能源低消耗性和再循环设计、易拆卸和重复使用性。

第 2（a）阶段——影视组进驻：这一阶段处理的是实际拍摄过程中摄制组人员吃住的耗费，考虑的重点是在此拍摄过程中所消耗的物资及所产生的生活废物。

第 2（b）阶段——拍摄进行中：此阶段主要考虑能源（主要是电力）的消耗对环境造成的影响；对植被、景观等造成的影响；内装修和服饰对演员的身体影响。应减少在风景区的实拍镜头，自然风景能给影片增添不少美感，但拍摄的时候也可以通过其他办法弥补，如考虑特技处理等。替代方案是环境影响评价的重要组成部分，环境影响评价程序的核心是对替代方案的分析。

第 3 阶段——撤离景点：终止拍摄时主要考虑景观恢复、设施再利用和废物处理等问题。在拍摄和演出活动结束后，应当及时拆除临时搭建和设置的布景棚、营地等建筑物，积极对生态环境进行恢复，并由主管部门负责验收。

阅读材料

圆明园修复工程：再现往日辉煌还是保持遗址现状

新华网北京 2005 年 4 月 2 日电："下午 4 点，我们接到国家环保总局的正式通知，要求补办《环境评估报告》。" 1 日，圆明园管理处副主任朱红在电话里对记者说，圆明园铺设湖底防渗膜的工程已经停下来了。正如朱红所言，记者在圆明园东部景区看到，防渗工程已基本完工，只有靠近岸边的湖底裸露着部分没有完全被土覆盖的白色防渗膜。

1. 制度缺失下的"国宝"单位

记者此前在圆明园看到，如同平整农田一样，机器将干枯的湖底土层翻起，再压平。工人把 6 米宽、50 米长的大卷白色防渗膜展开后铺在湖底，上面覆盖 50 公分厚的土层，再用水泥将防渗膜与驳岸砌死。此后，首都各大媒体争相对这一做法进行了声讨。3 月 31 日，国家环保总局叫停圆明园防渗工程。北京市环保局相关负责人接受记者采访时说，根据《环境影响评价法》，这项工程启动前应该委托有资质的第三方单位进行环境影响评估，然后报国家环保总局批准，但圆明园管理处此前没有履行这项审批手续。

在圆明园这个"国宝"单位展开这样一项巨大的工程，为什么不按规定报批呢？面对记者的反复发问，朱红承认当时没有意识到这个问题，她说："圆明园湖底防渗工程是圆明园环境整治工程的一部分，不属于建设项目。这项工程还包括清理淤泥、维修驳岸等工作。本身就是环境整治，难道还须做环境影响评估吗？"不过，朱红承认，2003 年 9 月启动这项工程前经过了北京市水利科学研究所和海淀区水利局十几位专家的论证，当时他们也指出这种防渗的做法，人为地将湖水同自然隔断了。但论证结果还是使这项工程顺利上马了。

为什么明知破坏生态还要这样做呢？对此，朱红一脸无奈。她说，圆明园的环境用水一直未列入政府的用水指标计划。通过各种疏通，每年圆明园向水务部门申请到的环境用水仅为 150 万立方米，与实际需水量 900 万立方米相差甚远。如不对有限的水资源采取"围追堵截"的办法，圆明园一年内将有 7 个月处于无水期，怎能再现当年河流湖泊星罗棋布的美景。

北京市水务局有关人员介绍，北京是个严重缺水的城市，与生活用水、工业用水，甚至农业用水、经营用水相比，景观用水处于相对次要位置。即便在景观用水这个盘子里，也必须首先保证像颐和园这样的世界文化遗产。

2. 思路偏差：保存遗址还是再现“辉煌”

文物专家从另一个角度对圆明园湖底整修工程提出了质疑。从这个角度把圆明园湖底防渗的借口彻底推翻了。

圆明园遗址的整修，到底应该遵循“保持遗址现状”还是重建圆明园“昔日辉煌”的原则，这个持续多年的争论再度凸显出来。“圆明园的修复如若遵循‘保持遗址现状’的原则，是绝不应以任何借口对园中湖泊实施改造的。”国家文物局一位专家说。

张正春指出，圆明园所在的地方本来是天然湿地，清朝的能工巧匠们经过几十年、上百年的修建，挖河挖湖，堆山植树，又经过数百年的演化，终于使圆明园成为真山真水。在园中的水底铺设防渗膜，整成平地，改变了湖底高低不平、深浅不一、平缓起伏的本来面貌，无异于把自然湖、河道变成人工池、人工渠，无异于“假山假河”，彻底改变了圆明园固有的面貌，破坏了“浑然一体”、“自然天成”的艺术构思。

一位历史学家告诉记者，据史料记载，明清时期圆明园所在的一带被称为“海子”，是一片水域。后来，这里逐渐演变成湿地，新中国成立初期海淀还在种水稻。目前的情况是，北京严重缺水，恢复当年圆明园河流湖泊星罗棋布的景象是不现实的。这位历史学家认为，“保持遗址现状”的整修思路是圆明园文物保护和生态保护的双赢之举。

中国社会科学院研究员、博士生导师叶延芳指出，文物价值和文物美在于历史原创性。作为全国重点文物保护单位的圆明园，其历史原创性更在于废墟悲凉的沧桑感。他认为，现在进行的修复与遗址公园的精神不符。

资料来源：http://www.sina.com.cn，2005-04-02.

3. 圆明园听证会：公众参与环评第一步

2005年4月13日上午，国家环保总局就社会广泛关注的圆明园环境整治工程的环境影响举行公开听证。来自社会各界代表120人和50多家媒体参加了听证。国家环保总局副局长潘岳指出，这次听证的全过程和最后的行政处理决定将完全向公众公开。作为环境决策民主化进程的重要一步，希望这次听证会能为行政体制全面改革和社会主义民主建设提供借鉴。

社会各界对由国家环保总局首次举行的环境影响听证会反响热烈，包括专家、教师、学生、居民、警察、公务员、非政府组织在内的社会各界人士踊跃报名。国家环保总局在充分考虑各方利益并顾及代表性的基础上，根据申请人的不同专业领域、不同年龄层次等因素，邀请了22个相关单位、15名专家、32名各界代表参加听证。他们中最大的80岁，最小的11岁，既有知名专家学者，也有普通市民与下岗职工；既有各相关部门的负责人，也有各民间社团的代表；既有圆明园附近的居民，也有千里之外赶来的热心群众。由于场地所限，不能满足所有申请者的请求，环保总局通过人民网与新华网对听证会全过程进行网上直播，使更多热心公众能了解听证会的进展情况。

北京市海淀区圆明园管理处代表首先对圆明园公园的基本情况和“圆明园环境整治工程”进行说明。之后，听证会围绕圆明园遗址公园的定位问题，防渗工程对土壤、地下水及周边陆地生态系统的影响问题，圆明园作为历史人文景观和遗址公园应该如何修复和保护等内容展开。参会代表踊跃发言，各抒己见，听证会气氛热烈。

国家环保总局副局长潘岳表示，环保总局会非常重视与吸纳这次听证会上大家提出的各种意见，等圆明园环境整治工程的环评报告书报上来后，环保总局一定抓紧时间进行审查，并依照法律迅速作出行政处理决定。

潘岳指出，环保领域的许多重大事务与全社会各个利益群体密切相关，具有显著的公益性特点，最易达成社会共识与共赢。人民群众对环保公共政策的广泛参与，不仅是环境保护事业的社会基础，也是社会主义民主法治进步的重要体现，符合中央科学发展观、构建和谐社会、提高党执政能力的各项要求。

潘岳表示，今天的听证会是国家环保总局首次举行的环境影响评价听证会，将听证会过程与行政决定向全社会透明公开，是环保总局力图改进决策方式的初步尝试。既然是初步尝试，就一定存在着许多不完善的地方，真诚希望社会各界提出批评与建议，使环保总局不断提高环境决策水平与依法执政能力。今后，环保总局将继续就一系列公众关注的重大环境决策举行听证会。

资料来源：http://www.bjepb.gov.cn/bjhb/publish/portal0/tab374/module1053/info12528.htm.

本章小结

环境影响评价的对象是拟定中的政府有关经济发展规划和建设单位的建设项目；具体内容是分析、预测和评估评价对象在实施后可能造成的环境影响，并提出具体而明确的预防或减轻不良环境影响的对策和措施，环保部门根据国家有关规定对环境影响评价文件进行审查并作出审批意见，对规划和建设项目实施后的环境影响进行跟踪监测和管理。环境影响评价要“预防为主、防治结合”，既防止新污染源产生，又促进老污染源治理；促进产业合理布局和企业优化选址；指导建设项目环保设计，强化环境管理；促进产业技术改造和清洁生产；实现经济、社会和环境保护的协调发展。《环境影响评价法》使环境影响评价从制度上升为法律，使规划成为环境影响评价的内容，并督促环保措施落实的跟踪评价。

景区环境影响评价具体包括：景区空气影响评价、景区水体影响评价、景区植被影响评价、景区土壤影响评价、景区野生动物影响评价、景区景观影响评价和景区环境容量评价。本章通过以张家界国家森林公园为例，对其空气质量、水体质量、植被、土壤、野生动物、景观影响和环境影响进行综合评价，对公园所遭受的环境影响进行较为系统的研究，在探讨各生态环境因子受影响的程度，以及对公园环境产生影响的主要因子进行确定的基础上，提出公园环境治理和管理的对策，对于实现公园生态环境质量的改良和公园的可持续发展无疑具有十分重要的意义。

因为拍摄影视剧而破坏当地环境的情况，近年来时有发生，旅游景区影视拍摄的环境影响评价也变得更加重要，影视制造者作为传播价值理念的公众人物，不能为了追求影视效果与拍摄方便，就丧失文明公德，破坏生态环境。如此，不仅影响了影视剧宣传效果，也给影视拍摄留下后遗症，断掉影视拍摄的后路，这值得影视从业人员与社会反思。本章通过用生命周期评价方法对旅游景区影视拍摄进行环境影响评价，将影视拍摄的生命周期划分为 4 个阶段：拍摄准备、影视组进驻、拍摄进行中和撤离景点，并对各个阶段所进行的活动进行评价，以达到保护环境的目的。

练习题

1. 名词解释

环境影响评价　景区环境影响评价　多度　计值评价法　优先序评价法　景观影响评价　伴人植物

2. 思考题

(1) 简述环境影响评价的具体内容。

(2) 简述环境影响评价的作用。

(3) 简述《环境影响评价法》的特点。

(4) 简述《环境影响评价法》对环境影响评价制度的发展。

(5) 简述景区环境影响评价的内容。

(6) 简述景区环境影响评价的原则。

(7) 论述景区环境影响评价的具体操作。

参考文献

[1] 李淑文. 完善环境影响评价制度的立法思考. 求索，2007 (1)：109－110.

[2] 程胜高，张聪辰．环境影响评价与环境规划．北京：中国环境科学出版社，2001.
[3] A World Bank sponsored project under the direction of Dr Jian Xie of the World Bank. Strategic Environmental Assessment Study: Tourism development in the province of guizhou, China, 2007 (5): 25.
[4] CONSOLI F. Guidelines for life - cycle assessment: a code of practice. In report of the workshop organized by SETAC, 1993.
[5] JENSEN A A, HOFFMAN L. Life cycle assessment: a guide to approaches, experiences and information sources. European Environment Agency, 1998.
[6] 张忠生，包玉华，付小东．浅析我国建设项目环境影响评价法律制度．科技信息，2007 (7): 21.
[7] 李舫．风景区屡被毁　如此错位开发当止．人民日报，2006-05-15.
[8] http://news.163.com/06/1027/18/2UF941SB000120GU.html.
[9] http://news.xinhuanet.com/newscenter/2006-05/12/content_4537626.htm.
[10] http://news.qq.com/a/20090605/001263.htm.
[11] http://www.bjepb.gov.cn/bjhb/publish/portal0/tab374/module1053/info12528.htm.
[12] 石强，李科林，廖科．景区环境影响评价．北京：化学工业出版社，2005.

第7章 旅游景观的开发与保护

本章导读

景观保护是景观开发的连带问题，也是开发成败的关键问题。景观的开发与保护融于景观开发过程中，相依相扶，提升景观品质。可持续旅游发展是旅游景观开发和保护获取旅游景观效益的根本所在。中国旅游资源保护中有大量工作需要景观设计师的全面参与，景观设计学和景观设计师有必要也有义务介入到正在蓬勃兴起的自然与文化遗产保护运动中去，推动建立一个完善的、基于整体理念的中国自然与文化遗产保护体系。本章从旅游景观的角度具体讨论旅游景观的开发与保护，使学生了解并掌握旅游景观的结构类型，熟悉目前旅游景观规划布局的几种基本结构模式，明确进行景观开发时的原则。同时，强调了景观生态学在生态旅游规划管理中应用的重要性，对今后学生在实际景观开发和规划中有重要的指导作用。

7.1 旅游景观的基本概念

7.1.1 旅游景观和视觉影响

1. 景观

景观是指构成视觉图案的地貌和土地覆盖物。土地覆盖物由水体、植被和人工开发的景物（包括城市外表）等组成。景观也是人眼从一个角度看到的延伸着的自然景色，还可以将其看作是地球表面上一个区域和其他区域各种不同的特征总和。从评价的意义上，“景观”主要是指那些有特色的景物和地方性赏心悦目的独特景色。从景观生态学划分，其类型大体可分为自然景观、人工景观和人文景观（如天然奇景和壮观优美的建筑、主体公园、城市雕塑、文化古迹）等。从时间上则可分为历史景观、现代景观。

2. 旅游景观

旅游景观是客观存在的综合实体。自然景观的旅游价值展示主要通过景观价值开发使旅客能感受到景观的美学享受、科学内涵、文化内涵的熏陶，达到景观旅游的效果。人文景观的旅游开发除了类似自然景观的旅游价值展示外，还可以人为构建新的旅游景观，从而得到景观旅游效益。已有的自然旅游景观、人为旅游景观、复合旅游景观的开发，还可以通过人为地构建一些旅游景观，优化景观结构美，烘托旅游景观意境，提升旅游景观品级。

3. 视觉影响

视觉影响是指视觉资源和观察者对在一个统一协调的景观中介入一种负面格调的实体所作的反应。

4. 景观影响与视觉影响的区别

景观影响与视觉影响的区别在于景观影响是指景观结构、性质和质量方面的改变；视觉影响则是指景观外貌方面的改变和这些变化对人的影响。因此，视觉影响可以看作是景观影响的一个部分，它涉及对景色、观赏者和视觉美学的影响。景观影响和视觉影响具有直接可见性、不易改变性等特点。景观影响和视觉影响强调的是客观实体存在与人的感觉之间的联系，并要求从文化与美学的角度去理解。

7.1.2 旅游景观结构

斑块（Patch）、廊道（Corridor）和基质（Matrix）是景观生态学用来解释景观结构的基本模式，普遍适用于各类景观，包括荒漠、森林、农业、草原、郊区和建成区景观，景观中任意一点或者落在某一斑块内，或者落在廊道内，或者在作为背景的基质内。根据旅游景观学中景观基本单元类型的斑廊基展布格局，可将旅游景观结构分为斑块结构、廊道结构、基质结构、廊基结构和斑基结构。

1. 斑块结构

斑块原意是指物种聚集地，在生态旅游景观上，是指自然景观或自然景观为主的地域，是不同于周围背景的、相对均质的非线性区域。在旅游区，斑块主要是指游客的各种消费场所，如景点、宿营地、旅馆等。从旅游景观资源上，斑块是指自然景观或以自然景观为主的地域，如森林、湖泊、草地等。斑块是有尺度的，是与周围环境（基底）在性质上或外观上不同的空间实体。斑块还可以指在较大的单一群落中散落分布的其他小群落，是由自然因素造成的。斑块可以分为自然斑块和历史斑块等，自然斑块是指在景观场景中的自然树林、河流等元素；历史斑块是指具有纪念价值的历史遗迹等元素。斑块结构就是形状及大小相似的斑块（多质或多成分斑块）呈镶嵌状景观。斑块结构可分为镶嵌格局、网状格局、点状格局、点阵格局、带状格局、交替格局和渐变格局等形式，如图 7－1 至图 7－7 所示。

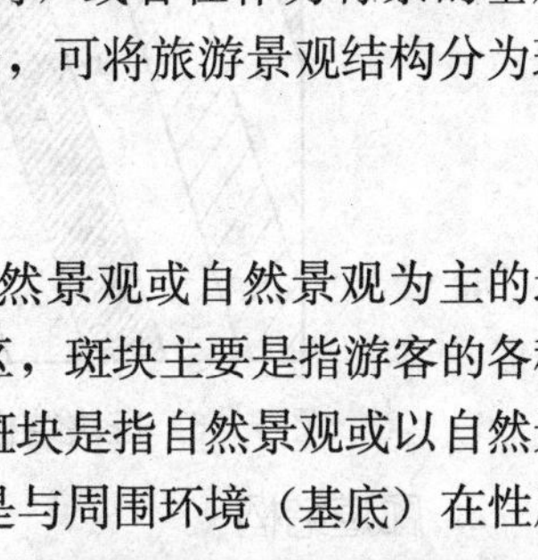

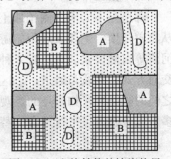

图 7－1 斑块结构的镶嵌格局

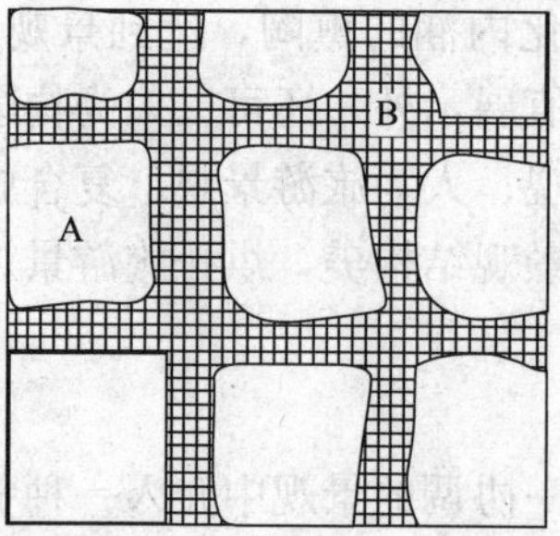

图 7-2　斑块结构的网状格局

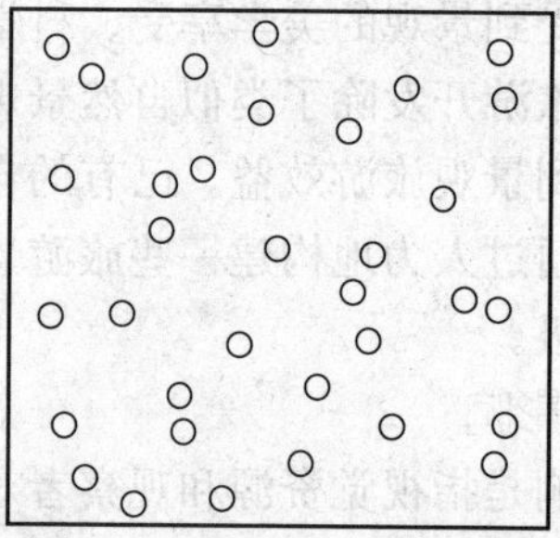

图 7-3　斑块结构的点状格局

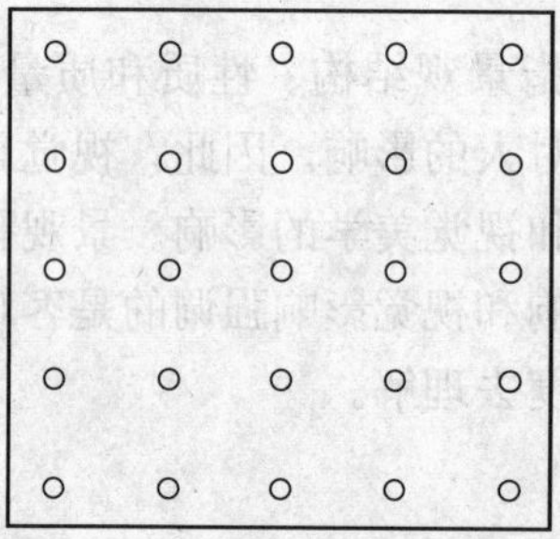

图 7-4　斑块结构的点阵格局

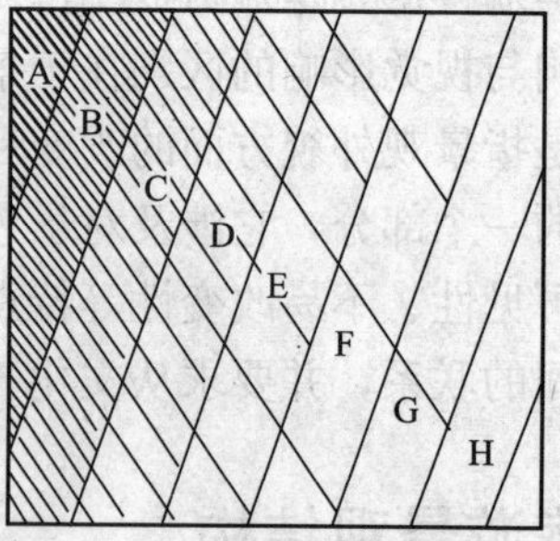

图 7-5　斑块结构的带状格局

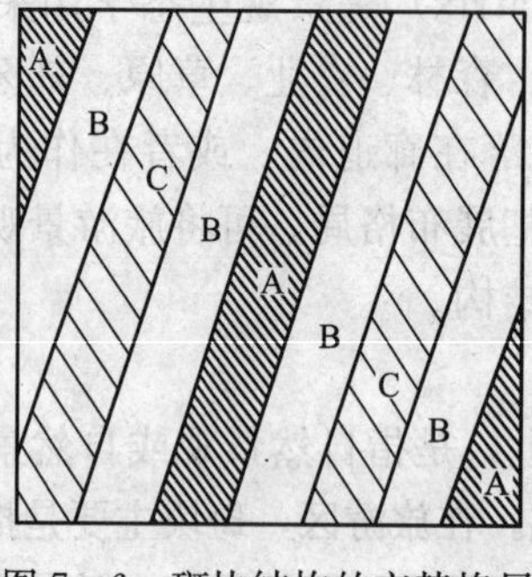

图 7-6　斑块结构的交替格局

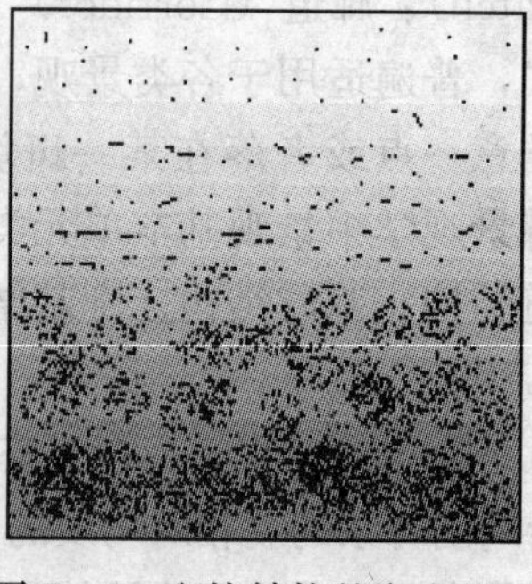

图 7-7　斑块结构的渐变格局

2. 廊道结构

廊道是不同于两侧相邻土地的一种线状要素类型，是不同于两侧基质的狭长地带。从旅游角度，主要表现为旅游功能区之间的林带、交通线及其两侧带状的树木、草地、河流等自然要素。廊道有 3 种类型：①区间廊，是指旅游地与客源地及四周邻区的各种交通方式、路线与通道；②区内廊，是指旅游地内部的通道体系；③斑内廊，是指斑块之间的联络线，如景点的参观路线。在廊道结构中，廊道呈平行整合状展布于景观域；多质或分廊道呈平行整合交替重复展布于景观域。

3. 基质结构

基质是斑块镶嵌内的背景生态系统或土地利用形式，其大小、孔隙率、边界形状和类型等特征是策划旅游地整体形象和划分各种功能区的基础。基质一般是指旅游地的地理环境及人文社会特征。景观是由若干景观要素组成，其中基质是面积最大、连通性最好的景观要素。基质判定有以下 3 条标准。

(1) 相对面积。基质面积在景观中最大，超过现存的任何其他景观要素类型的总面积，基质中的优势种也是景观中的主要种。

(2) 连通性。基质的连通性较其他景观要素高。

(3) 控制程度。基质对景观动态的控制较其他景观要素类型大。

基质结构就是缺少斑廊单元成分的基质组成成分或结构简便的基质景观域。

4. 廊基结构

廊基结构是廊带呈规则网格状展布于基质中。

5. 斑基结构

斑基结构是点状斑块散布于基质中；点状斑块呈网络点阵规则展布于基质中。

7.2 旅游景观的开发

旅游景观开发是在旅游规划基础上对景观旅游价值展示的过程。旅游景观开发是按照旅游规划所确定的旅游景观价值展示和旅游景观构建的思路原则和方法，对旅游景观展示/构建的实施。

7.2.1 旅游景观开发过程

旅游景观开发有 3 种类型：①对尚未被旅游业所利用的旅游景观进行首次开发，使之产生效益；②对已被利用的旅游景观进行深度和广度上的开发，使之提升效益；③人为构建旅游景观。由此可知，旅游景观开发一旦起步，就是一个循环的、逐步提高的系统过程。其开发过程大致包括旅游景观开发可行性论证、旅游景观开发方案设计、旅游景观开发建设、旅游景观运营管理等步骤，如图 7-8 所示。

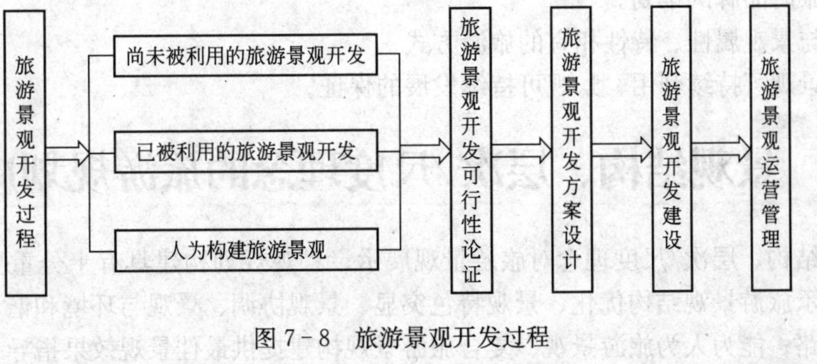

图 7-8 旅游景观开发过程

7.2.2 旅游景观开发可行性论证

旅游景观开发可行性论证是在旅游景观规划基础上对具体开发项目的论证，对开发项目实施的可行性及潜在效益的分析、论证和评价。

旅游景观开发可行性论证主要包括项目立项依据及指导思想的认定，项目实施的环境、技术、经济可行性，项目旅游价值、旅游效益的评估，项目实施的方法和措施。在旅游景观规划阶段已经论证分析的项目，可以不再作专门的旅游景观开发论证。

在旅游景观开发可行性论证中，应特别注意景观脆弱性、景观旅游环境容量、承载力、生态地质环境稳定安全性、环境影响评价，并以此提出开发中的开发力度、环境安全脆弱性对策来保障旅游景观的保护和可持续利用。

7.2.3 旅游景观开发方案设计

在旅游景观规划、开发可行性论证的基础上，旅游景观开发方案设计是对景观开发理念、开发层次景观布局、景观构建的具体方案的确定。旅游景观开发方案设计包括景观构建方案设计和景观构建实施设计。

景观构建方案设计应基于旅游景观开发的实际状况，根据景观规划中旅游景观价值展示的原理、原则，设计旅游景观展示的具体内容，应具体化到可作为构建施工的依据和指导。

景观构建实施设计应根据景观开发阶段、层次、景观展示/构建顺序、投资，以及投资方的开发时间需求等，编制、制定具体的开发实施方案与措施。

在景观开发方案设计中应特别注意以下几点。

(1) 景观原生态的保护。

(2) 景观结构美、景观形象美、景观特色、景观价值的展示。

(3) 景观品质的优化提升。

(4) 旅游品牌的策划。

(5) 与景观属性、特性相宜的旅游方式。

(6) 景观可持续利用、景观可持续发展的保证。

7.3 景观结构、层次/尺度理念的旅游规划应用

景观结构、层次/尺度理念对旅游景观展示、景观规划构建具有十分重要的指导意义，能提示旅游景观结构优化、景观特色突显、景观协调、景观与环境和谐、景观品质优化的思路；能为人为旅游景观、复合旅游景观构建提供最佳景观效果指导。景观结构

是景观所具有的重要属性，自然旅游景观具有客观存在的景观结构，人文旅游景观是追求合适的、与环境相适宜的最佳景观结构。给人以美的享受的自然景观结构可在旅游景观价值展示中予以展示，可在人文景观构建中予以借鉴。使人感到和谐的复合景观的结构美，是千百年来人类智慧的结晶，名山旅游复合景观正是如此。这一切可作为旅游景观规划设计的借鉴。

7.3.1 旅游景观规划布局结构模式

综观国内外旅游景观布局的相关研究成果，从旅游景观类型，展布环境，景观结构、层次/尺度理念看，旅游景观布局的主要结构模式可概括如下。

1. 环核状景观域——同心圆旅游景观（规划开发）理念布局结构模式

景观设计师 Richard 等所倡导的同心圆布局模式（见图 7-9），把国家公园由内到外分成核心区、缓冲区和开放区。这种模式得到了世界自然与自然资源同盟的认同。目前，我国自然遗产、自然保护区、国家地质公园、国家公园旅游景观和相应的景观保护区划也参照了这种空间布局模式进行规划与管理。

这种环核式结构景观规划开发利用模式，将具有最高级别吸引力、然而需要绝对保护的旅游景观单元作为核心区予以保护，其外的缓冲区可开展旅游活动，但仅允许限制性开发；缓冲区外则可开展旅游活动，并可构建、配置相应的旅游设施。这种核心—缓冲—发展（开放）型模式既符合旅游景观的分层次展示、保护，又利用旅游分层次开发保障旅游景观域的可持续发展。

2. 环核状景观域——“三区”旅游景观布局结构模式

“三区”即自然特色区、娱乐区和服务区，其结构模式是 Forster 提出的旅游区环境开发的空间布局模式。其核心是需受到严格保护的自然特色区，再由里到外依次是娱乐区与服务区。保护区限制甚至禁止旅游者进入；旅游活动主要集中在娱乐区，在该区配置野营、越野、观景台等设施与服务；在服务区建有宾馆、餐厅、商店或高密度的娱乐设施，为旅游者提供各种服务（见图 7-10）。

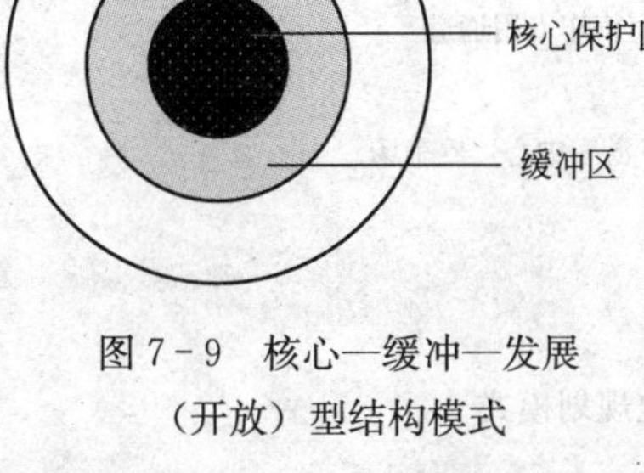

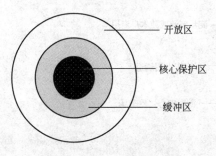

图 7-9 核心—缓冲—发展（开放）型结构模式

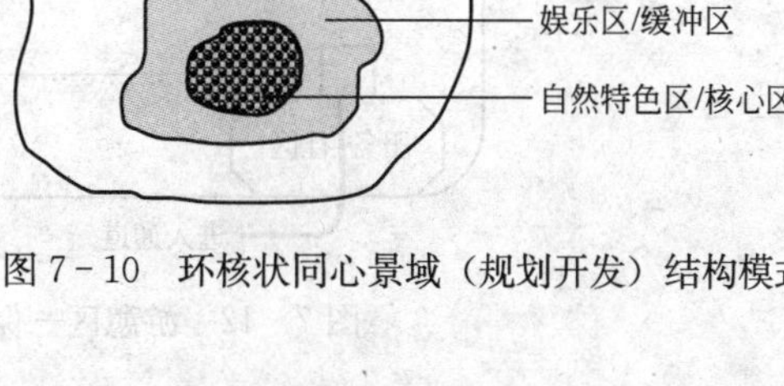

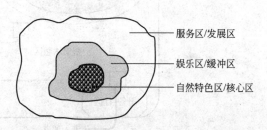

图 7-10 环核状同心景域（规划开发）结构模式

基于核心—缓冲—发展（开放）型景域结构模型的景观核心型环核同心景域（规划开发）结构，在四周条件类似、规模较大的遗产景观自然保护区、地质公园、国家公园，可环绕旅游景观精品为核心，构建环核同心状环层、廊带式结构景区。这种按景观由核心景观单元向其外的景观单元、再向边缘的环核层圈式层次结构，既是景观资源级次的客观存在、客观价值的体现，也是旅游景观规划开发和保护的层次式最佳结构模式。

3. 景观核心型——辐射状旅游景观布局结构模式

辐射状旅游景观布局结构模式是以景区（旅游景观）为核心，宾馆、餐厅、商店等服务设施环绕这一核心景区布局，各种设施之间的连线构成圆环，各种设施与核心景区之间有道路相连，交通网络呈伞骨形或车轮形（见图 7－11）。以核心旅游景观为中心斑块，旅游设施（斑点）散布四周，并由辐射状廊道相连，构成辐射状斑廊结构。若核心景观与旅游设施间有可观赏景物景观，则构成辐射状斑廊基结构景区。这种景区结构多适宜于小型旅游景观，特别是核心景观为丘陵山包时则更加适宜。

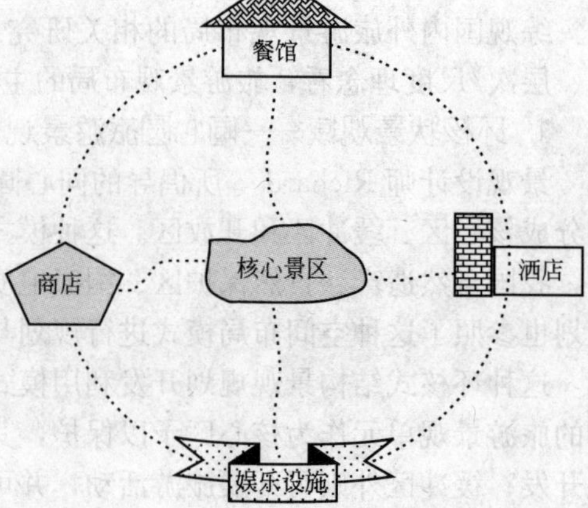

图 7－11　辐射状斑廊结构规划模式

4. 旅游景观周边型——“游憩区—保护区”旅游景观布局结构模式

Gunn 提出的游憩区—保护区空间布局模式，把国家公园分成重点资源保护区、低利用荒野区、分散游憩区、密集游憩区和服务社区（见图 7－12）。

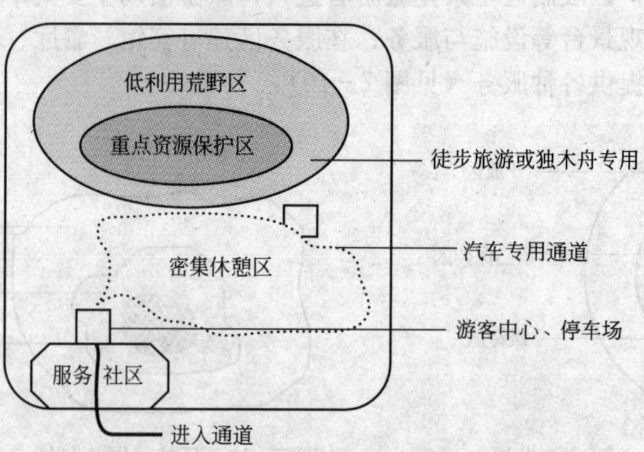

图 7－12　游憩区—保护区旅游地规划模式

运用环核状旅游景观域理念，依托旅游景观在自然旅游景观一侧的有利部位，构建休憩人文景观、旅游景观单元，再向外构建服务设施，组成观光自然景观—人文景观(休憩式)—旅游服务设施（接待）排列的景区结构。

5. 旅游景观周边型——“双核”旅游景观布局结构模式

“双核”是指旅游接待设施、娱乐设施集中的度假城镇和辅助型服务两个社区。人文景观观景台、娱乐设施、体育设施等旅游设施与服务集中在一个辅助型社区内，处于保护区的边缘。这种模式最早是由 Trveis 提出的（见图 7－13）。

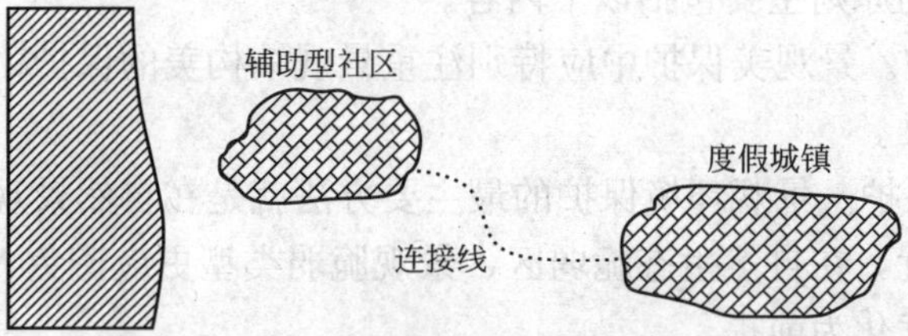

图 7－13　双核旅游景观结构规划模式

以自然遗产、自然保护区为依托，在其一侧紧邻部位构建人文旅游景观，以及观景、游乐设施景观单元，再向外构建食宿设施与度假城镇。总体构成由廊道相连的景观周边乡村中的乡村—城镇景观域。许多名山、名村、名镇复合旅游景观即具有此类景观结构特色。

7.3.2　旅游景观规划布局结构模式应用原则

旅游景观规划结构模式只是规划中景观结构理念应用的一种简要概括，在具体规划中可灵活运用和选择性组合。但应特别注意以下原则。

1. 自然—“原生态”原则

应尽力保护“原生态”的景观特点，依其自然地突出“原生态”特色，规划应尽力展示旅游景观的自然属性及“原生态”价值。

自然—“原生态”原则也是旅游景观开发与保护并重的具体体现。

2. 层次/尺度展示原则

旅游景观结构规划中，应遵循景观域层次/尺度结构的自然特点，充分应用层次/尺度展示原则。

(1) 景观品质层次展示。环核式核心—缓冲—发展（开放）型景域结构模式是景观品质层次展示与保护结合的最佳方式。

(2) 景观规模层次展示。简单的景观规划结构模式适宜规模小的低级序景观，而规模大、景观等级体制复杂的则应用多层次、多尺度的复合景观结构，景观结构布局应充分应用和展示多层次、多尺度景观的特点。

3. 地域特色原则

旅游景观规划开发中应充分围绕景观地域特色，突出地展示景观地域特色；应顺应地域特色的“自然”，以地域特点构建与其协调相宜的景观结构类型。在地域文化或民族风情浓郁的地区，人文景观的构建应更突出地域特色，以地域特色构建景观特色品种。

4. 景观保护原则

旅游景观保护的原则主要包括以下内容。

（1）景观美保护。景观美保护中应特别注重景观结构美的保护；应避免景观规划中对景观美的视觉污染。

（2）景观环境保护。景观环境保护的最主要方法就是在自然景观中尽量避免对景观域稳定性的人为干扰，在自然生态脆弱区、景观脆弱类型更应避免人为干扰，景观规划开发应以景观环境优化为前提。

（3）景观实体保护。景观实体保护对于人文旅游景观或自然旅游景观中的佼佼者尤为重要。景观实体保护应依照有关法规划分级别，实施分级保护。依照法规建立保护区是景观实体保护的重要且可行的手段。

7.4 旅游景观的保护

旅游景观保护既是旅游景观开发利用的保证，也是旅游景观可持续利用的保障。正确的、可操作的旅游景观保护策略是旅游景观保护实施的指导。

7.4.1 旅游景观保护理念的确立

1. 明确理念

景观保护的理念应贯穿于旅游景观规划、开发的全过程，应融入规划、开发设计的具体理念与条文中。

2. 落实规定

全面领会涉及旅游景观保护的各种法规、法令和景观保护的规定，并针对具体的景观开发项目属性，贯彻落实于景观规划、设计、开发、管理的具体环节中。

7.4.2 景观保护的评估论证

旅游景观开发建设应进行景观建设项目环境影响评价，确定旅游景观保护措施。对地形复杂或地质环境条件复杂的地区，还应作建设项目的地质灾害危险性评估，制定生态地质环境保护的具体对策。

7.4.3 遵循所在地域有关保护的规定

许多旅游景观，特别是品质优良的旅游景观，多分布在被列为自然保护区、风景名胜区、自然遗产、历史文化遗产、国家公园等各类保护区的地域内。这给旅游景观开发的品牌效应创造了条件，但旅游景观的开发也应符合地域保护的有关规定。对旅游景观应按国家有关法令、法规，采取切实可行的规范化管理进行保护。

7.4.4 旅游景观环境质量监测管理

建立旅游景观环境质量监测管理体系是旅游景观保护的必要措施。旅游景观环境质量的适时监测，有助于及时防治环境变异对景观的危害，能有效实施旅游景观保护。旅游环境质量监测内容可按有关规定确定。

7.4.5 旅游景观的可持续利用

旅游景观的可持续利用是保持旅游景观最佳旅游效益的必要条件。旅游景观是否可持续利用，不仅取决于景观开发规划设计的前瞻性，项目开发可行性论证的客观、正确，开发设计的协调性、特色性、层次性的把握，而且还有赖于市场策划、景观管理等诸多因素。旅游景观的可持续利用应特别注意处理好影响旅游景观可持续利用的主导因素。

(1) 景观旅游规划设计的定位、层次/尺度与旅游景观品级属性的相宜性。

(2) 旅游景观发展规划设计的前瞻性。

(3) 景观开发阶段性、层次性与景观发展的耦合性、合理性。

(4) 景观深层次开发、景观展示适时创新的可操作性。

(5) 景观环境优化、结构优化、品质优化的可持续发展。

(6) 景观品牌提升的有效策划。

7.5 景观生态学在生态旅游规划管理中的应用

景观生态学不仅适合生态旅游的空间范围，而且与生态旅游尤为强调的生态内涵相一致，是生态旅游规划管理的理论基础之一。景观生态学的理论和方法与传统生态学有着本质区别，其注重人为活动干扰对景观格局和过程影响的研究，为生态旅游研究提供了一条有益的尝试途径。景观生态学可以应用于以下方面。

7.5.1 在综合层次和旅游者方面

1. 综合层次方面

生态旅游是可持续思想在生态旅游目的地这一空间范围内的积极响应和地域实现，可以从景观生态学得到进一步的理论充实。景观生态学注重空间结构与生态过程的相互影响，强调生态整体性与空间异质性，可以揭示生态旅游目的地的空间结构和生态过程，以及两者的相互关系，有助于丰富旅游开发管理者的认识。在规划时按照生态旅游的要求，能实现旅游的可持续发展和自然环境保护的双重任务，这与景观生态学属于宏观尺度生态空间研究范畴及所追求的目标相一致。

2. 旅游者方面

旅游者希望在一定旅游花费的情况下获得心理上的最大愉悦和满足，当地居民也希望从中受益。作为一种旅游活动形式的生态旅游，不仅强调生态旅游目的地要在一定程度上满足旅游者的心理和审美需求，而且也向旅游者提出了较高的要求。

一方面，旅游者可以其对景观的感知和满意度在生态旅游目的地的规划中发挥作用；另一方面，目前普遍强调要对旅游者进行生态旅游教育。景观生态学研究景观的结构、功能和变化，强调景观多样性的保护和稳定性的维持，以及两者对景观美学特征形成的重要作用，并着重研究人们的活动对景观的生态影响。因此，可用景观生态学的有关理论对旅游者进行环境教育，使旅游者明白其有意无意的破坏行为可能对生态旅游目的地造成危害的严重性，提高其保护生态环境的自觉性。

7.5.2 在生态旅游开发规划方面

景观具有明显的边界和视觉特征，整个地区的生态过程有共性，其所具有的稳定性是镶嵌体稳定性，是规划管理的一个适宜尺度。景观的经济、生态和美学这种多重性价值判断是景观规划和管理的基础。景观生态学在旅游规划中的作用具体体现在以下 3 个方面。

1. 规划的基本思路和指导原则

在旅游景观开发规划过程中应遵从的两大基本思路是景观生态整体性的保证和空间异质性的结构图式设计；指导原则包括整体优化组合原则、景观多样性原则、景观个性原则、遗留地保护原则和综合效益原则等。要在充分考虑景观美学价值的同时，以景观结构的优化、功能的完善和生态旅游产品的推出作为目标，尤其要注意根据特定的地理背景，分地段设计独特的生态旅游产品。

2. 功能分区与旅游生态区划

为了避免旅游活动对保护对象造成破坏，也为了对游客进行分流，以及使旅游资源得到优化配置和合理利用，必须对生态旅游目的地进行功能分区与旅游生态区划。

利用景观结构和过程的相互作用原理，即景观过程对景观空间结构的形成起重要作用，而景观结构对过程有基本的控制作用，结合地貌、植被、水文等主要特征进行划分，使各区的功能相对独立，同时要参照结构规划中的景观格局划分。功能分区可以保护景观尺度上的自然栖息地和生物多样性，并且不危害敏感的栖息地和生物。

景观多样性的保护是生物多样性保护的拓展，包括对景观中自然要素和文化价值保护两个侧面。结合生态学和地段地理学两方面研究基础的“景观生态学”，可以为“分地段”保护生态系统多样性，进而保护物种和遗传多样性提供相应的理论基础。景区生态容量尤其是游客数量的调控，是生态旅游目的地可持续发展的重要内容。应注意各功能区游客数量的平衡，可采取必要措施进行调控。在旅游功能区内部进行的旅游生态区划，要在上述分区和景观生态系统本身固有的空间异质性的基础上，充分考虑旅游产业对景观生态系统所需要的多种功能，主要依据一般生态区划原则进行。

3. 结构规划

功能的实现是以景观生态系统协调有序的空间结构为基础的。在进行旅游景观生态规划时，必须充分考虑景观的固有结构及其功能，如河流廊道、大的自然斑块等。在此基础上，选择或调控个体地段的利用方式方向，形成景观生态系统的不同个体单元，即为空间结构的元素基础。作为斑块的旅游接待区既要方便游客，又要分散布点和适当隐蔽，不影响景观的美学功能，还能使斑块面积尽量减小而易于融入基质中。进行廊道设计时，应注意合理组合。景区要以林间小路为廊道，互相交叉形成网络，网眼越大，生态效益越好；越小则异质性越大，则景观美学质量越高。廊道的规划设计要慎重，其作用不宜过于强调。连接各景区的廊道长短要适宜，过长会淡化景观的精彩程度，过短则影响景观生态系统的正常运行。要强化廊道输送功能之外的旅游功能设计，以增加游赏时间。

7.5.3 在生态旅游管理方面

景观管理是规划实现的过程。景观管理应用景观生态学的原理及方法，追求结构合理和功能协调，促进系统内的互利共生与良性循环。景观管理可分为对设施的管理和对人的管理两类。

1. 生态旅游目的地设施的管理

生态旅游目的地各种设施的管理从规划阶段即已开始，其中一个重要环节是对建设项目的环境影响进行评价。由于生态旅游目的地对视觉景观的特殊要求，视觉景观的规划设计及原有视觉景观多样性的保持等，显得尤为重要。视觉影响评价（Visual Impact Assessment，VIA）可以防止造成视觉环境污染。把景观生态学原理引入旅游设施规划，根据目的地区域景观生态系统的层次，制定不同标准，对各区内的设施配置作出规定，严格控制其规模、数量、色彩、用料、造型和风格等。真正做到人工建筑的“斑块”、“廊道”和天然景观的斑块、廊道、基质相互协调。

2. 对旅游者和旅游规划管理者的管理

对旅游者进行管理的关键之一是确定合理的旅游容量，可利用步道和游径调控游客流量，对游客实行空间和时间上的划区引导。另一个重要内容是采取各种有效的方法和技术，对旅游者实施生态环境意识教育。从某种意义上，旅游者生态环境意识的增强，是生态旅游目的地得以持续发展的更为关键的条件。对规划管理者而言，应对发展生态旅游与保护生态环境的关系有清醒的认识，两者既存在统一的一面，也存在矛盾的一面。要提高管理素质和管理行为能力，不可急功近利，盲目上新项目，也要注意结合本地区的产业结构，积极寻找新的经济增长点。

3. 对当地居民的管理

生态整体性要求考虑当地居民对生态旅游发展的影响。这种影响既有积极的一面，又有消极的一面。要积极鼓励当地居民参与发展生态旅游，切实保障并逐步改善其利益，同时也要注意其参与的适当程度。

7.6 景观敏感度和景观阈值评价

“破坏性建设”是目前风景旅游区所面临的严重问题。景观（包括可再生的和不可再生的）的保护无疑是利用的前提，但这并不意味着绝对的保护才是合理的，保护的目的是为了更有效地利用。问题的关键是如何协调保护和建设之间的关系，对此可以将景观敏感度与阈值作为景观保护和建设规划的基本依据。景观敏感度是景观被注意程度的量度，景观阈值是景观对外界干扰的抵御能力的量度，它们是风景旅游区景观保护规划的基本依据。以下是对景观敏感度及景观阈值的评价原理、方法和操作程序，以及根据评价结果进行的景观保护规划探讨。

7.6.1 景观敏感度评价原理与方法

景观敏感度是景观被注意程度的量度，是景观的醒目程度等的综合反映，与景观本身的空间位置、物理属性等有密切关系。显然，景观敏感度较高的区域或部位，即使轻微的干扰，都将对景观造成较大的冲击，因而应作为重点保护区。如何科学地对景观敏感度进行评价，为合理地进行景观保护提供依据是讨论的中心。以下先对影响景观敏感度的各个因素进行单独分析，然后再综合讨论景观敏感度的定量及分级分布图的制定。值得一提的是，以下讨论的具体评价的操作程序是可以利用计算机及地理信息系统来辅助完成的，在效率和精度上都将不成问题，所以主要侧重于原理及方法的讨论。

1. 相对坡度与景观敏感度

显然，景观表面相对于观景者视线的坡度（$0\leqslant\alpha\leqslant90°$）越大，景观被看到的部位和被注意到的可能性也越大，或者说，要想遮去景观（如通过绿化或其他掩饰途径）就越不容易。同理，在这样的区域内人为活动（如旅游设施建设、修路等）给原景观带来的冲击也就越大。因此，可以用景观表面沿视线方向的投影面积来衡量景观的敏感度。

景观敏感度与景观表面相对坡度的关系如表 7－1 所示。

表 7－1　景观敏感度与景观表面相对坡度的关系

投影面积	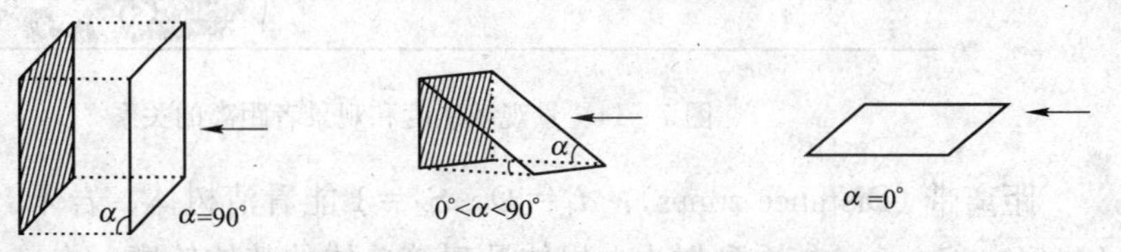
可遮蔽性	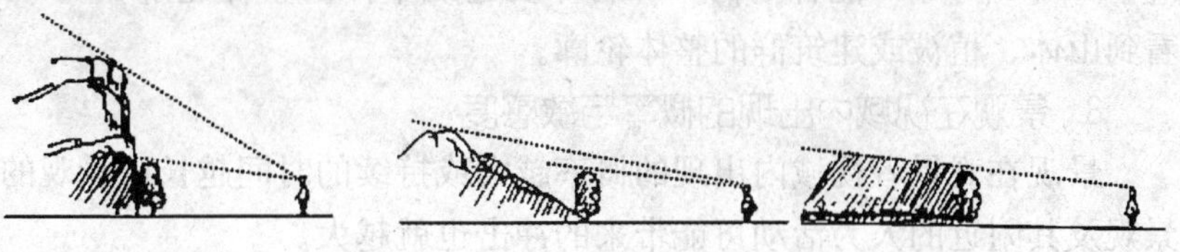
人为活动可能带来的景观冲击	大 —————————————— 小
景观敏感度	$S_\alpha=\sin 90°=1$ —————————————— $S_\alpha=\sin 0°=0$

2. 景观相对于观景者的距离与敏感度

显然，景观相对于观景者的距离越近，景观的易见性和清晰度就越高，人为活动可能带来的视觉冲击也就越大。在实际评价工作中，必须首先确定观景者的位置，而观景者一般都在游览线及观景点上，所以主要观景线和观景点应作为距离带划分的基线或基点。

设能较清楚地观察某种元素、质地或成分的最大距离是 D，景观相对于观景者的实际距离是 $d\leqslant D$ 时，该景观元素、质地或成分都能清楚地分辨，不妨规定这一范围以内的景观敏感度（S_d）为 1，则在 $d>D$ 的情况下，都取 0～1 范围内的值，可表示为：

$$S_d=\begin{cases}1 & 当\ d\leqslant D\ 时\\ D/d & 当\ d>D\ 时\end{cases}\qquad(7-1)$$

D 的取值可根据评价的不同精度要求来确定，如果要求在 D 值范围内能看清并判别植物的种类、岩相、建筑的材料和质地及细部，则 D 值就较小（几米或几十米）；相反，则 D 值一般可取几百米到 1 000 米左右。有关实验心理数据及实地考察，都可以提供一定精度范围内的 D 值。依照公式（7－1），可以相应地根据需要划分出几个或多个距离带，并绘制出敏感度 S_d 的分级分布图（见图 7－14）。

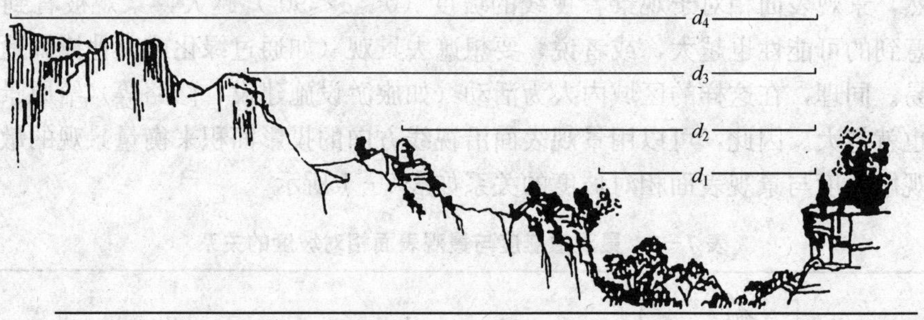

图 7－14　景观敏感度和观景者距离的关系

距离带（Distance zones）：$d_1=D$，$S_d=1$ 能看清树体、岩体、建筑的大体结构；$d_2=2D$，$S_d=1/2$ 能看到树木、岩体及建筑单体的整体轮廓；$d_4=4D$，$S_d=1/4$ 只能看到山体、植被或建筑群的整体轮廓。

3. 景观在视域内出现的概率与敏感度

景观在观景者视域内出现的概率越大或持续的时间越长，景观的敏感度就越高，则景观及其附近的人为活动可能带来的冲击也就越大。

4. 景观的醒目程度

除上述普遍规律外，影响景观敏感度的还有另一类很重要的因素，即景观的醒目程度，这主要由景观与环境的对比度决定，包括形体、线条、色彩、质地和动静的对比。景观与环境的对比度越高，则景观就越敏感。所以，山体、树林等的天际线（虚实对比强烈），水流、瀑布（与环境的线条、质地、色彩、动静对比强烈），奇特的造型地貌（与环境的形体对比强烈），以及不同景观元素的边缘地带（草地—森林，森林—岩体等，各方面都有一定的对比度）的敏感度都很高。

7.6.2　景观阈值评价原理与方法

景观阈值是景观对外界干扰（尤其是人为干扰）的忍受能力、同化能力和遭到破坏后的自我恢复能力的量度。其包括生态学和视知觉两个方面的含义，受到以下多种因素的影响。

1. 景观内部因素

影响景观阈值的最直接因素是植被，植物群落成分越丰富、结构越复杂，群落的自我调节能力就越强，阈值也越高，而景观中植物群落的发育状况又受到土壤及水热条件的影响。显然，土壤条件、水热条件较好的区域，景观阈值越高。在自然条件下，上述植物群落及其生境条件又明显地受到地形因素的制约。

景观阈值与植物群落类型的关系如表 7-2 所示。

表 7-2　景观阈值与植物群落类型的关系

植物群落类型	 裸岩或地衣苔藓群落	 草本群落	 灌丛群落	 森林群落
生态学意义上的抗干扰能力	→（景观阈值提高） 轻度干扰即可导致生态系统的严重破坏		可以忍受较大规模的干扰，生态系统具有较强的自调节能力	
视觉意义上的抗干扰能力	→（景观阈值提高） 轻度干扰（包括修步行道、甚至取石）都可能带来较大的视觉冲击		较大规模的干扰（包括开设公路、旅游服务设施建设、森林采伐）也不会带来太大的视觉冲击	

2. 景观的外部环境因素

气候因素对景观阈值的影响是显而易见的，高温多雨有利于岩石及人工构作物的风化和动植物的生长，从而使景观阈值大大提高。一座漂亮的别墅在湿热的热带丛林中可能很快被自然力所“同化”，而在干旱的荒漠上，即使是古人使用过的几根木棍、一堆篝火的灰烬也会成为与环境极不相同的、人类活动的标记而长期留存下来。景观阈值与气候的关系在进行不同气候带内景观阈值的比较时具有重要意义，但在对某区域内的景观阈值分布进行考察时，可以不加考虑。

毗邻景观对特定景观的阈值也有较大的影响，如果毗邻景观生态功能健全，其对本景观物质、能量和信息的输入（尤其是生物种源的输入）有利于本景观的恢复，可以使本景观的阈值提高，而相对孤立的景观，其阈值也较低。在许多情况下，人类活动都使景观阈值大大降低，如交通设施（公路、铁路等）、河流上的大坝等，但在某些情况下，人类活动也可以使景观的阈值提高。

景观阈值的评价可在不同层次（不同的比例尺）上进行，相应要考虑的因素也有所不同。基本程序是先根据各单一因素分别进行阈值评价，并制定阈值的分级分布图，然后将各单因素阈值分级分布图叠置，求得景观阈值综合分级分布图。景观阈值评价是进行景观保护和建设规划的重要依据之一。

阅读材料

百 龙 电 梯

拥有“最高的户外电梯、最高的双层观光电梯、载重最大与速度最快的客运电梯”

3项吉尼斯世界纪录，被称为“世界第一梯”的电梯不在繁华都市的宾馆写字楼，也不在车站码头，而是在湖南张家界武陵源风景区水绕四门景点一座拔地而起的悬崖上，如图7-15所示。

武陵源景区的观光电梯位于张家界国家森林公园的北面，由中美合资的百龙电梯公司负责运营，在张家界的旅游地图上被称为百龙电梯。百龙电梯包括154米地下竖井和172米地上井架，3台双层全暴露观光车厢并列分体运行，全程不到2分钟，日最高载客量达到1.8万人次。

图7-15 百龙电梯——武陵源观光电梯

张家界著名景点水绕四门以石英砂岩的山林著称。百龙电梯1999年10月动工修建，从建成之日起，对于其的争论就一直没停止过。现在为什么要启用这个备受争议、已经停运了10个月的电梯。

武汉理工大学教授王国华说：“一个是极天然的几千年的白垩纪时代的景观，一个是现代化的观光电梯。恰恰这个就带来了景观的破坏。”

北京大学教授谢凝高说：“破坏并不是游客带来的，往往是投资者和经营者的短期行为和急功近利带来的一个景点的破坏。”

电梯的建设要凿竖井、立钢架，这些人工设施是否会破坏张家界景区的自然景观？有人援引了国务院发布的风景名胜区管理暂行条例第八条：在风景名胜区及其外围保护地带内的各项建设，都应当与景观相协调。在珍贵景观周围和重要景点上，除必需的保护和附属设施外，不得增建其他工程设施。

就在2001年百龙电梯的建设期间，张家界又以砂岩峰林地貌被评为国家地质公园。目的是为了保护上万年前形成的罕见地质遗迹——石英砂岩峰林，而电梯正是建在这样一座砂岩山峰上。在许多人看来，在这样的地质遗迹上建造电梯，叫停是自然而然的事，那么如今电梯又重新运营，是不是解决了这个问题。作为这项工程的建设者，孙德隆说：2年来，自己心情一直和这架电梯的命运一同跌宕起伏。对于这次电梯重新开始运营，他认为关键是解决了安全方面的问题。

孙德隆说：“到后来通过专家的论证和设计院做了更多、更细致的工作以后，就解决了这个问题。”

记者问：“也就是说当时缺的只是安全方面的论证，并不是其他环境保护等方面？”

孙德隆说：“对。当时主要缺的是，比如说我是安全的，事实上也是安全的，但是我没法说明我是安全的。”

孙德隆认为，现在公司在办理好安全方面的手续后，就可以开始正式营业了。那么，当地建设部门是否这样认可。张家界市建设局局长彭清化认为，电梯的运营有合法手续，并不是一个“私生子”。

彭清化说：“这个讨论会上专家的意见也出来了，认为这个是安全可靠的。”

谢凝高说：“这个观光电梯破坏了真实性和完整性。所谓真实性，就是破坏了原生的地质地貌和生态环境；完整性是周围景观都受到影响。这是一个很严肃的问题，不是安全不安全的问题。”

就这次电梯重新开业，让谢教授和许多关注此事的人感到困惑。

7.7 旅游景区的生态景观设计

7.7.1 生态景观的设计原理

1. 地方性

城市绿地的设计应根植于其本身所在的地方。这一原理可从以下几个方面来理解。

1）尊重乡土知识

当地人依赖于其生活的环境获得日常生活的一切需要，包括水、食物、庇护、能源、药物和精神寄托。其生活空间中的一草一木、一水一石都是有含义的。他们关于环境的知识和理解是场所经验的有机衍生和积淀。

例如，在云南的哀牢山中，世代居住在这里的哈尼族人选择在海拔1 500～2 000米的山坡居住，这里冬无严寒夏无酷暑，最适宜于人类居住；村寨之上是神圣的龙山，丛林覆盖，云雾缭绕，村寨之下是层层梯田。丛林中涵养的水源细水长流，供寨民日常生活所用，水流穿过村寨又携带大量牲畜粪便，自流灌溉梯田。山林里丰富多样的动植物，都有奇特的药用功能。山林是整个聚居群落生态系统的生命之源，因而被视为神圣的净土。哈尼梯田文化之美，正因为是一种基于场所经验的生态之美（见图7－16）。

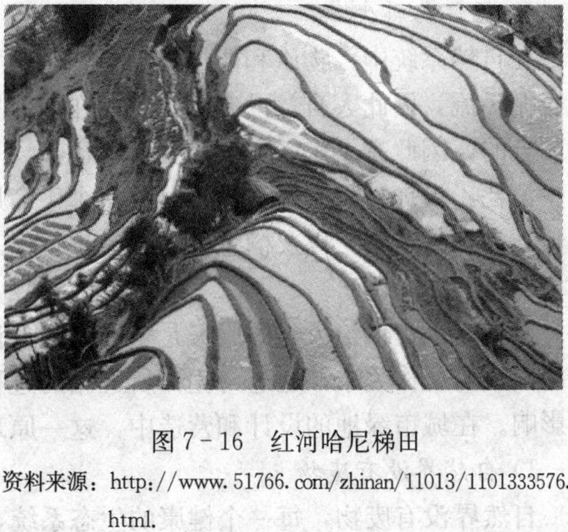

图7－16 红河哈尼梯田

资料来源：http://www.51766.com/zhinan/11013/1101333576.html.

2）适应场所自然过程

现代人的需要可能与历史上本场所中的人的需要不尽相同。因此，为场所而设计绝不意味着模仿和拘泥于传统的形式。生态设计说明，新的设计形式仍然应以场所的自然过程为依据，自然过程即场所中的阳光、地形、水、风、土壤、植被等能量。设计的过程就是将这些带有场所特征的自然因素结合在设计之中，从而维护场所的健康，同时也是维护设计物本身的健康。

3）当地材料

乡土植物和建材的使用，是设计生态化的一个重要方面。乡土物种不但最适宜于在当地生长，使管理和维护成本最少，还因为乡土物种的消失已成为当代最主要的环境问题之一，所以保护和利用乡土物种也是时代对景观设计师的伦理要求。

2. 保护与节约自然资源

1）保护

在大规模的城市发展过程中，特殊自然景观元素或生态系统的保护尤显重要，它们是千万年自然演替和进化的结果，是生物与土地、生物与生物、人与人，以及土地和其他生命长期共存共生的结果，体现为独特的生境和种群，以及人与土地和谐共生的文化景观。

2）减量

尽可能减少包括能源、土地、水和生物资源的使用，提高使用效率。设计中如果合理地利用自然的过程，如光、风、水等，则可以大大减少能源的使用。如何用有限的土地来建立满足多种生态服务功能的城市绿地系统是更深意义上的“减量”概念。通过“反规划”途径，建立对土地生态过程和文化遗产保护过程具有战略意义的生态基础设施，作为城市绿地系统的基本结构，是用最少的土地来实现多种生态服务功能的重要途径。

3）再用

利用废弃的土地及原有材料，包括植被、土壤、砖石等服务于新的功能，可以大大节约资源和能源的耗费。例如，在城市更新过程中，倒闭和废弃的工厂可以在生态恢复后成为市民的休闲地。

4）循环与再生

在自然系统中，物质和能量流动是一个由“源—消费中心—汇”构成的头尾相接的闭合循环流，因此大自然没有废物。而在现代城市生态系统中，物质和能量流动是单向不闭合的，因此有了水、大气和土壤的污染。自然资本的节约概念不是简单的一时一地的少消耗，设计过程必须对设计对象整个生命周期、整个能流物流过程，包括对资源的消耗、污染的产生，以及栖息地的丧失进行生态算账，必须考虑生态代价。

3. 让自然做功

城市绿地提供给人类的服务是全方位的。让自然做功这一设计原理强调人与自然过程的共生与合作关系，通过与生命所遵循的过程和格局的合作，可以显著减少设计的生态影响。在城市绿地的设计和营造中，这一原理着重体现在以下几个方面。

1）自然界没有废物

自然界没有废物，每一个健康的生态系统，都有一个完善的食物链和营养级。秋天的枯枝落叶是春天新生命生长的营养。公园中清除枯枝落叶实际上把自然界的一个闭合循环系统切断了。在城市绿地的维护管理中，变废物为营养物质，如返还枝叶、收集雨水补充地下水等就是这一原理的最直接应用。

2）自然的自组织和能动性

自然是具有自组织或自我设计能力的，整个地球都是在自我设计中生存和延续的。自然系统的丰富性和复杂性远远超出人为的设计能力，与其过多的人为设计，不如开启自然的自组织或自我设计过程。自然是具有能动性的，应因势利导而不是绝对的控制。

3）边缘效应

在两个或多个不同的生态系统或景观元素的边缘带有更活跃的能流和物流，具有丰富的物种和更高的生产力。例如，海陆之交的盐沼是地球上产量最高的植物群落。森林边缘、农田边缘、水体边缘，以及村庄、建筑物的边缘，在自然状态下往往是生物群落最丰富、生态效益最高的地段。边缘带能为人类提供最多的生态服务，如城郊的林缘景观既有农业上的功能，又具有自然保护和休闲功能，这种效应是设计和管理的基础。

人类的建设活动往往不珍惜边缘带的存在，生硬地把本来地块之间柔和的边缘带无情地毁坏。因此，与自然合作的生态设计需要充分利用生态系统之间的边缘效应，以创造丰富的景观。

4）生物多样性

自然系统包容了丰富多样的生物。生物多样性至少包括 3 个层次的含义：生物遗传基因的多样性、生物物种的多样性和生态系统的多样性。多样性维持了生态系统的健康和高效，因此多样性是生态系统服务功能的基础。与自然相合作的城市绿地设计应尊重和维护其丰富多样性，生态设计的最深层含义就是为生物多样性而设计。而保护生物多样性的根本是保持和维护乡土生物与生境的多样性。

4. 显露自然

显露自然作为生态设计的一个重要原理和生态美学原理，在现代城市绿地设计中得到越来越多的重视。景观设计师不单设计景观的形式和功能，还可以给自然现象加上着重号，凸显其特征以引导人们的视野和运动。雨洪不再被当作洪水和疾病传播的罪魁，以及城乡河流湖泊的累赘，也不再是急于被排泄的废物。雨洪的收集和再利用过程应通过城市雨水生态设计与绿地系统相结合，成为城市的一种独特景观。

7.7.2 景观设计中教育功能的主要类型及体现

1. 自然生态教育型景观设计

生态设计是一种景观设计方式。在发展的过程中，不断吸取生态学的理念成为现今社会最为流行的景观设计思想。通过生态设计重建、改造和恢复了大量的生态景观（见表 7-3），使公众生活于优美舒适的环境中，切实感受到生态的重要性，提高公众的生态意识，使生态观念深入人心，成为景观设计学对社会的最大贡献之一。

表 7-3 自然生态教育型景观设计的主题及体现

主题	体 现
生态设计	通过景观的生态设计方式，使公众深刻认识到人必须与生存的环境和谐相处
景观生态设计	在大尺度范围内使人为的干扰被限制在一定限度之内，使公众意识到生态整体环境的重要性
自然保存	完全保存自然风景与生态系统，对公众进行自然教育
自然保护	尽量减少人工干扰，人类的游憩活动必须在不破坏自然景观与生态系统安全的前提下进行
自然恢复	模仿自然的特征，恢复遭受破坏的自然地区，使公众深刻意识到自然景观的魅力
乡土景观	通过设计切合当地的自然条件并反映当地的景观特色，使公众体验到乡土的美感
生物多样性保护	通过对生物的保护和恢复，使公众深刻认识到人类应该和其他生物和谐共处
生态恢复性设计	景观生态恢复理论是指改良和重建退化的自然生态系统，使其重新有益于利用，并恢复其生物学潜力

2. 环保教育型景观设计

随着社会经济的发展，保护环境已经成为景观设计的重要指导原则。环境保护的含义非常广泛，凡是对环境质量有所促进的都可以是环境保护的范畴。运用景观设计方式使环境保护的意识得以体现（见表 7-4），对公众进行广泛的环保教育是一种重要的环境保护途径。

表 7-4 环保型景观设计的主题及体现

主题	体 现
节约资源设计	利用回收或循环使用的材料减少材料的使用量，教育公众节约资源
节能设计	景观要素合理的布局、朝向，并利用太阳能、风能、沼气和水能等能源形式，减少人工能源使用量
水资源保护	通过合理的景观设计，在减少水资源使用的同时保护水资源免遭污染，使公众珍视水资源
土壤资源保护	通过合理的景观设计，使土壤的养分和微生物保留，避免流失，建立对土地的尊重
林木资源保护	保留场所原有的大树，禁止古树名木的贩运，使公众意识到植物资源对生态环境的重要性
环保材料	运用环保型材料，在使用中或废弃后都不对环境造成破坏

3. 道德提升教育型景观设计

促进公众道德素质的提高是景观设计的重要目标之一。道德提升教育型景观包括促进公众之间的交流、交往和互助，建立对民族传统文化和悠久历史的尊重，建立城市和乡村之间的文化融合和交流等。景观设计应该体现这种互助精神。无障碍设计则是专门针对弱势群体进行的关爱设计，通过精心设计使弱势群体能够同样使用景观空间，对公众起到重要的教育作用，体现社会互助友爱的精神，提高公众的道德素质。道德提升教育型景观设计的主题及体现如表7-5所示。

表7-5 道德提升教育型景观设计的主题及体现

主题	体现
文脉延续	使珍贵的传统文化适应新时代的发展，但仍保留传统的气息，教育公众尊重传统
遗产保护	保护珍贵的历史文化资源，教育公众尊重历史文化
城乡一体化设计	通过城乡一体化设计，消除城市与乡村的差别，有利于社会的稳定发展
乡村景观	乡村景观增进公众对乡村生活模式的了解，并建立对乡村的尊重
人性化设计	建立在人体功效学及心理学基础上的设计方式，展示对人性的关怀
促进交往的设计	通过提供交往空间的设计方式，促进人与人之间的交流
无障碍设计	对弱势群体的关怀和照料，引起公众对弱势群体权益的重视
参与式景观	参与到景观的建设中来，体验改善环境的喜悦
公益宣传	通过含有公益宣传内容的标识和小品等，展现社会公德

4. 创新教育型景观设计

创新教育是培养创新能力的教育，是一种有目的、有计划、有组织的培养人的创造力的活动。创新是人类一切活动中最高级、最复杂的一种活动，是人类智力水平高度发展的一种表现。通过设计激发创新的景观和活动类型使景观的教育功能得到更加充分的展现（见表7-6）。

表7-6 创新教育型景观设计的主题及体现

主题	体现
儿童游憩场所	通过设置能够激发儿童兴趣和勇气的游憩活动类型，使儿童在游憩活动中接受教育
幼儿游憩场所	设置安全的能够引起好奇心的游憩活动和景观类型
主动式游憩场所	通过鼓励自助旅行、徒步旅行和探险旅行，激发人的创造力
研究式游憩场所	通过植物识别和景观特征识别等游憩活动，使人获得相关专业知识
参与式游憩场所	通过参与社区的环境建设等公益活动，亲身体验参与的收获感

7.8 生态设计成功案例

7.8.1 绿荫下的红飘带

秦皇岛市汤河公园“红飘带”入选了国际知名旅游杂志《康德纳特斯旅行家》4月号评出的“世界建筑新七大奇迹”，成为和英国温布利大球场等著名生态建筑齐名的国际景观（见图7-17）。该项目还曾荣获了“2007年度美国景观设计师协会专业综合设计荣誉奖”，并被选为美国2008年第1期《景观设计学》杂志封面。

图7-17　秦皇岛市汤河公园

1. 汤河沿岸存在的生态环境问题

汤河沿岸地区具有城郊结合部的典型特征，由于城市化速度过快和自然条件限制，以及历史遗留问题，生态环境问题较为突出，主要表现在以下几个方面。

(1) 生态系统健康状况很差。汤河带状公园二期地处城乡结合部，缺乏管理，水资源污染，多处地段已成为垃圾场，有残破的建筑和构筑物。资源需求与资源承载力矛盾突出。

(2) 安全隐患和可达性差。场地虽然在城市主干道边上，对城市居民有很大的吸引力，但可达性和可使用性差。同时，由于人流复杂，空间无序，存在许多管理上的死角，场地对城市居民存在安全隐患，治安也亟待加强。

(3) 基础设施需要完善。目前，居民对这一地带的利用比较复杂。一方面，当地居民和村民继续以原有方式使用，如放牧；另一方面，越来越多的城市居民把其当作游憩地，包括游泳、垂钓、体育锻炼、猎采等。同时，沿河的自然景观吸引了房地产开发，城市扩张正在威胁汤河，渠化和硬化危险迫近。在场地的下游河段，两岸已经建成住宅，随之河道被花岗岩和水泥硬化，自然植被完全被“园林观赏植物”替代，广场和硬地铺装、人工雕塑等彻底改变了汤河生态绿廊。因此，及时规范和引导汤河沿岸的发展显得非常重要。

2. 开发措施

“绿荫里的红飘带”就是用最少的人工和投入，将地处城乡结合部的一条脏、乱、差的河流廊道，改造成一处魅力无穷的城市休憩地，使其在生态场景中生动地展开。河流廊道的自然过程和城市居民对其的功能需求，就是汤河公园的生态服务功能，包括水源保护、乡土生物多样性的保护、休憩、审美和科普教育。对汤河公园的设计主要体现在以下方面。

(1) 最大限度地保留场地原有的乡土植被和生境。汤河带状公园二期工程设计要求严格保护原有水域和湿地，严格保护现有植被，工程中不砍一棵树；避免河道的硬化，保持原河道的自然形态，对局部塌方河岸，采用生物护堤措施；在此基础上丰富乡土物种，包括增加水生和湿生植物，形成一个乡土植被的绿色基地。

(2) 最少的人工干预。旧建筑和构筑物得以保留和利用，其中包括专类植物园区内利用料厂的建筑基底建筑茶室和接待中心；保留西岸水塔作观景塔；对泵房进行改造利用，使其成为环境艺术元素；灌渠改造成为线形的种植台；保留防洪丁坝（广泛使用的河道整治和维护建筑物，其主要功能是保护河岸不受水流直接冲蚀而产生淘刷破坏），将其利用成为植物的种植台。这些构筑物及其遗址的保留和利用，为公园增添了多种意味。

（3）整合多种生态功能。公园在最大限度地保留原有河流生态廊道的绿色基底上，引入了一条绵延600多米的红色飘带，它整合了多种城市功能：与木栈道结合，可以作为坐椅；与灯光结合，成为照明设施；与种植台结合，成为植物标本展示廊；与解说系统结合，成为科普展示廊；与标识系统结合，成为一条指示线。整个设计使这一昔日令路人掩鼻绕道、有安全隐患、可达性极差的城郊荒地和垃圾场，变成令人流连忘返的城市游憩地和生态绿廊。

（4）采用整治自然河道防洪措施的生态途径。河岸容易遭受严重洪水侵蚀的区域用网箱结构加固，整个设计没有改变其余的河岸。汤河公园将具有视觉冲击的设计元素与生态理念融为一体，同时为乡土物种提供了一个栖息地，创造了丰富的生物景观，为休闲活动提供了场所。汤河公园采用了一种保护河岸和生态恢复区域未开发地的新途径，而这正是在城市扩张过程中常被忽略的。

（5）建立无机动车绿色通道。整个公园内基本不考虑机动车通行，车行路主要利用外部城市规划路，场地内主要设置自行车道和人行道，自行车道主要穿越在林间，两侧种植狼尾草带，蜿蜒曲折，形成独特的林地景观体验廊道。东岸自行车道兼顾消防通道的作用；人行道主要分为两级，贯穿场地南北，联系滨水栈道。作为城市发展的长远战略，利用目前城市空间扩展的契机，建立方便生活、工作与休闲的绿色步道及非自行车道网络，具有非常重要的意义。

7.8.2 化腐朽为神奇：中山岐江公园的场地与材料再生和再用

中山岐江公园在粤中造船厂旧址上建设，占地11公顷（见图7－18）。本案例以产业旧址历史地段的再利用为主旨，对产业旧址及构筑物和机器采用了多种利用方式，在此基础上融入了新的设计形式，并由此引发了对节约型城市绿地设计概念的理解。

图7－18　中山岐江公园

资料来源：http://www.lzgh.gov.cn/gzhd/2007121301.htm.

1. 保留：尊重场地自然与人文印迹

良好的景观不是职业设计师的凭空创造，它们经历时间而发展，创造良好而富有含意环境的上策是保留过去的遗留。作为一个有近半个世纪历史的旧船厂遗址，过去留下的东西很多：从自然元素上，场地上有水体，有许多古榕树和发育良好的地带性植物群落，以及与之互相适应的生境和土壤条件；从人文元素上，场地上有多个不同时代船坞、厂房、水塔、烟囱、龙门吊、铁轨、变压器和各种机器，甚至水边的护岸，厂房墙壁上“抓革命，促生产”的语录。正是这些“东西”渲染了场所的氛围。

自然系统和元素的保留：水体和部分驳岸都基本保留了原来的形式。全部古树都保留在场地中，为了保留江边10多株古榕，同时满足水利防洪对过水断面的要求，而开设支渠，形成榕树岛。构筑物的保留和再利用：两个分别反映不同时代的钢结构和水泥框架船坞被原地保留；一个红砖烟囱和两个水塔，也就地保留，并结合在场地设计之中。机器的保留和再利用：大型的龙门吊和变压器、大量的机器被结合在场地设计之中，成为丰富场所体验的重要景观元素。

2. 改变：再利用

原有场地的“设计”毕竟只反映过去人们的工作和生活，以及当时的审美和价值取向，从艺术性来说，这些与现代人的欲望和功能需求还有一定的距离，还需要加以提炼。因此，有必要对原有形式和场地进行改变或修饰。通过增与减的设计，在原有“设计”基础上产生新的形式，其目的是更艺术化地再现原址的生活和工作情景，更戏剧化地讲述场地的故事，以及更诗化地揭示场所的精神，同时更充分地满足现代人的需求。岐江公园中几个典型的加法和减法设计包括：旧水塔的利用和改造；烟囱和龙门吊的再利用；船坞的再利用；机器肢体的再利用。除了大量机器经艺术和工艺修饰而被完整保留外，大部分机器都选取了部分机体被保留下来，并结合融入到了一定的场景之中。此举一方面是为了儿童的安全考虑，另一方面则试图使其更具有经提炼和抽象后的艺术效果。

3. 再生设计

原场地内的材料，包括钢材、乡土物种等，都可以通过加工和再设计，而体现为一种新的景观、满足新的功能。经过再生设计后的钢被用作铺地材料，乡土野草成为美丽的景观元素，甚至场地的社会主义和集体主义精神也通过诸如“红盒子”的设计而得以再现。

7.8.3 天津桥园

天津桥园是一个22公顷的公园，原来是一个废弃的打靶场，垃圾遍地，污水横流，路人掩鼻，临建破败，不堪入目，土壤盐碱。景观设计师应用生态恢复和再生的理论与方法，通过地形设计，创造出深浅不一的坑塘，有水有旱，开启自然植被的自我恢复过程，形成与不同水位和盐碱度条件相适应的植物群落（见图7-19）。将地域景观特色和乡土植被引入城市，形成独具特色的城市生态基础设施，为城市提供了多种生态服务，包括雨洪利用、乡土物种的保护、科普教育、审美和游憩。

公园的核心理念是开启自然过程，让自然做功，修复生态系统，使公园能为城市提供多样化的生态系统服务，而不是成为城市经济和环境的负担，形成高效能、低维护成本的生态型公园。对于这样一个城市废弃地，为了开启自然过程，让自然系统做功，形成一个无需更多能源与资源投入，可以自我净化且满足使用者审美与游憩需求的地域性景观，修复工程的主要步骤如下。

图 7－19　天津桥园

资料来源：http://www.turenscape.com/project/show.asp? id＝339.

1. 生境设计

通过地形设计，形成深浅不一的洼地，将场地雨水全部收集进入洼地。每个洼地都有不同的标高，海拔高差变化以 10 厘米为单位，有深有浅。其中，深水泡的水深达 1.5 米，直接与地下水相连；还有浅水泡和季节性水泡，只在雨季有积水；有的洼地在山丘之上，形成旱生洼地。这些洼地形成不同水分和盐碱条件的生境，适宜不同植物群落的生长。在营造地形的过程中，场地的生活垃圾就地利用，用于地形改造。

2. 群落设计

群落的形成从种子开始，在每个低洼地和水泡四周播撒混合的植物种子，种子的选择是设计师根据地域景观的调查、取样配置，应用适者生存的原理，形成适应性植物群落。这些群落是动态的，这种动态源于两个方面：一方面源于初始生境不能满足某些植物的生长，所以被播种的植物在生长过程中逐渐被淘汰；另一方面某些没有人工播种的乡土植物，通过各种传媒不断进入多样化的生境，而成为群落的有机组成部分。

3. 游憩网络设计

在修复的自然生态本底上，引入步道系统和休息场所。团状林木种群在水泡之间配置，由当地最为强势的柳树作为基调树种；多个洼地和水泡内都有一个平台，伸入群落内部，使人有贴近群落体验的机会。洼地和水泡间的游步道连接成网，雨水自然流入水泡之中。

4. 环境解说设计

在每个类型的群落样地边设置解说牌，对每个类型的自然系统包括水、植被和物种进行科普解说，在体验乡土景观之美的同时，获得关于地域自然系统的知识。

本章小结

景观是指构成视觉图案的地貌和土地覆盖物，土地覆盖物由水体、植被和人工开发的景物（包括城市外表）等组成。本章介绍了旅游景观的几种基本结构：斑块结构、廊道结构、基质结构、廊基结构和斑基结构。斑块原意是指物种聚集地，在生态旅游景观上，是指自然景观或自然景观为主的地域。廊道是不同于两侧相邻土地的一种线状要素类型，是不同于两侧基质的狭长地带。基质是斑块镶嵌内的背景生态系统或土地利用形式。在廊基结构中，廊带呈规则网格状展布于基质中。在斑基结构中，点状斑块散布于基质中；点状斑块呈网络点阵规则展布于基质中。

旅游景观开发是在旅游规划基础上对景观旅游价值展示的过程。旅游景观开发有 3 种类型：①对尚未被旅游业所利用的旅游景观进行首次开发，使之产生效益；②对已被利用的旅游景观进行深度和广度上的开发，使之提升效益；③人为地构建旅游景观。在景观开发方案设计中应特别注意：景观原生态保护；景观结构美、景观形象美、景观特色、景观价值的展示；景观品质的优化提升；旅游品牌的策划；与景观属性、特性相宜的旅游方式；景观可持续利用、景观可持续发展的保证。

本章主要介绍了旅游景观规划布局的几种结构模式，即环核状景观域，同心圆旅游景观（规划开发）理念布局结构模式；环核状景观域，“三区”旅游景观布局结构模式；景观核心型，辐射状旅游景观布局结构模式；旅游景观周边型，“游憩区—保护区”旅游景观布局结构模式；景观周边型，“双核”旅游景观布局结构模式。旅游景观规划布局结构模式的应用原则包括自然—“原生态”原则、层次/尺度展示原则、地域特色原则和景观保护原则。旅游景观保护既是旅游景观开发利用的保证，也是旅游景观可持续利用的保障。正确的、可操作的旅游景观保护策略是旅游景观保护实施的指导。旅游景观保护的具体内容包括保护理念的确立、景观保护的评估论证、遵循所在地域有关保护的规定、旅游景观环境质量监测管理和旅游景观的可持续利用。

景观生态学不仅适合生态旅游的空间范围，而且与生态旅游尤为强调的生态内涵相一致，是生态旅游规划管理的理论基础之一。景观生态学在生态旅游规划管理中的应用具体体现在综合层次和旅游者方面、生态旅游开发规划方面和生态旅游管理方面。

景观敏感度是景观被注意程度的量度，景观阈值是景观对外界干扰的抵御能力的量度，它们是风景旅游区景观保护规划的基本依据。景观敏感度与相对坡度和观景者的距离有关。景观表面相对于观景者视线的坡度（$0\leqslant\alpha\leqslant90°$）越大，景观被看到的部位和被注意到的可能性也越大，景观相对于观景者的距离越近，景观的易见性和清晰度就越高，人为活动可能带来的视觉冲击也就越大。景观在观景者视域内出现的概率越大或持续的时间越长，景观的敏感度就越高，则景观及其附近的人为活动可能带来的冲击也就越大。景观的醒目程度，即景观与环境的对比度越高，则景观越敏感。

旅游景区的生态景观设计原理是地方性、保护与节约自然资源、让自然做功和显露自然。教育功能在景观设计中主要体现在：自然生态教育型景观设计、环保教育型景观设计、道德提升教育型景观设计和创新教育型景观设计。

本章列举了几个生态设计的成功案例。“绿荫下的红飘带”将具有视觉冲击的设计元素融为一体的同时还有着重要的生态目标，提供了一种保护河岸和生态恢复的有效途径。设计中体现了保护当地生境、最少干预和简约生态设计等生态理念，成为现在“资源节约型和环境友好型”园林的典范。中山岐江公园的场地与材料再生和再用引发了对节约型城市绿地设计概念的理解。天津桥园的核心理念是开启自然过程，让自然做功，修复生态系统，使公园能为城市提供多样化的生态系统服务，而不是成为城市经济和环境的负担，形成高效能、低维护成本的生态型公园。

练习题

1. 名词解释

景观　视觉影响　斑块结构　廊道结构　基质结构　旅游景观开发　景观敏感度　景观阈值

2. 思考题

（1）简述景观影响和视觉影响的区别。

（2）简述基质判定的标准。

（3）简述旅游景观开发的类型。

（4）简述旅游景观开发可行性论证。

（5）简述旅游景观开发方案设计中的注意事项。

（6）简述旅游景观规划布局结构模式的应用原则。

（7）简述景观敏感度评价原理与方法。

（8）简述景观阈值评价原理与方法。

(9) 简述生态景观的设计原理。

(10) 简述景观设计中教育功能的主要类型及体现。

(11) 论述旅游景观规划布局的结构模式。

(12) 试论述景观生态学在生态旅游规划管理中的应用。

参考文献

[1] 杨世瑜，庞淑英，李云霞. 旅游景观学. 天津：南开大学出版社，2008.

[2] 俞孔坚. 自然风景质量评价研究：BIB－LCJ 审美评判测量法. 北京林业大学学报，1988 (2)：1－11.

[3] 老枪. 大败笔：中国风景黑皮书. 北京：中国友谊出版社，2006.

[4] 刘忠伟，王仰麟，陈忠晓. 景观生态学与生态旅游规划管理. 地理研究，2001 (5)：206－212.

[5] 俞孔坚. 中国自然风景资源管理系统初探. 中国园林，1987 (3)：33－37.

[6] 俞孔坚. 景观：文化、生态与感知. 北京：科学出版社，2000.

[7] 俞孔坚，陈晨，牛静. 最少干预 绿林中的红飘带：秦皇岛汤河滨河公园设计. 城市环境设计，2007 (1)：18－27.

[8] 王颖，孔繁德，孟明巧. 试析秦皇岛市汤河带状公园二期工程：红飘带设计的生态理念. 中国环境管理干部学院学报. 2008 (6)：18－20.

[9] 俞孔坚，李迪华. 可持续景观. 城市环境设计，2007 (1)：7－12.

[10] 俞孔坚. 城市生态基础设施建设的十大景观战略. 东南置业，2002 (8)：14－19.

[11] 程绪珂. 生态园林的理论与实践. 北京：中国林业出版社，2006.

[12] http://www.51766.com/zhinan/11013/1101333576.html.

[13] http://www.lzgh.gov.cn/gzhd/2007121301.htm.

[14] http://www.turenscape.com/project/show.asp?id=339.

[15] 俞孔坚，石春，林里. 生态系统服务导向的城市废弃地修复设计：以天津桥园为例. 现代城市研究，2009 (7)：18－22.

[16] 李伟，杨豪中. 论景观设计学与文化遗产保护. 文博，2005 (4)：59－64.

第 8 章

生态城市建设与城市生态旅游开发

本章导读

生态城市建设要求以协同发展为宗旨，以自然环境系统为依托，以良性循环为手段，以环境承载力为极限，以保障稳定和发展为目标。生态城市建设为生态旅游发展提供了良好契机。从城市旅游业的发展和城市发展间的相互作用看，城市旅游业的发展状况既作用于城市的资源环境，又维系着城市的整体发展水平，因此城市旅游系统的运行态势直接影响整个城市系统能否取得一种动态的人与自然协调共生，并最终影响到城市经济发展、环境保护和社会文化等各方面的协调。通过本章的学习，使学生了解生态城市建设与生态旅游的关系，掌握城市生态建设的原则，了解国外（以丹麦为例）建设生态城市促进旅游发展的实际操作。

8.1 城市生态系统

8.1.1 城市生态系统的定义

1935 年，英国生态学家坦斯利把“系统”和“生态”这两个概念结合起来，提出了生态系统的概念，意指生物群落与生活环境间由于相互作用而形成的一种稳定的自然整体。生态系统概念的提出，为研究生物与环境的关系提供了新的观点。

我国生态学家马世骏、任继周、王如松相继在 1984 年、1986 年、1988 年提出了城市复合生态系统理论。他们认为，城市生态系统可分为社会、经济、自然 3 个子系统。自然子系统是基础，经济子系统是命脉，社会子系统是主导。它们互为环境，相辅相成，相克相生，导致了城市这个高度人工化生态系统的矛盾运动。

综上所述，城市生态系统是一个人类在改造和适应自然环境的基础上建立起来的“自然—经济—社会”三者合一的复合系统。其运行既要遵守社会经济规律，也要遵守自然演化规律。城市发展的实质是维护经济增长的生态潜力，维护自然界能够长期提供的自然和环境条件，保障经济增长和人类福利有一个稳定的生态环境基础。

8.1.2 城市生态系统的特点

城市生态系统不仅包含自然生态系统所包含的生物组成要素与非生物组成要素，而且还包含最主要的人类及其社会经济要素。城市生态系统是一个以人类为中心的复合人工、半人工生态系统，具有一般自然生态系统的一些基本特征，又与自然生态系统有着本质上的差异，主要具有以下特点。

1. 以人为主体结构的生态系统

城市生态系统是通过人的劳动和智慧创造出来的，就像城市的形成一样，人工控制对该系统的存在与发展起着决定性的作用。因此，城市的一切都是围绕着人而进行的，是以人为主体的人工生态系统。

2. 运转快、开放性的生态系统

每个城市都在不断与周围地区和其他城市进行着大量的物质、能量和信息的交换。城市生态系统的状况，不仅仅是自身原有基础的演化，而且深受周围地区和其他城市的影响，与自然生态系统相比，其内在能物流运行更快捷，是一个单向的、开放式的、不完整的生态系统。

3. 一个多层次、自我调节能力脆弱的生态系统

城市生态系统可划分为生物（人）—自然（环境）系统、工业—经济系统、文化—社会系统 3 个层次。各层次子系统内部都有自己的能量流、物质流和信息流，各层次之间相互联系，构成一个不可分割的整体。城市内部、城市与外界逐渐形成有序的“生态流”，使城市生态系统具有很强的对外依赖性，其能量流都需要从外界输入，自我调节和调控能力都比较弱，从而使其结构和功能相当脆弱，极易受到外界干扰后被破坏和失去平衡。

城市生态系统复合关系如图 8 - 1 所示。

8.1.3 城市生态系统的功能

城市生态系统的最基本功能是系统内部和系统与外界之间的物质、能量与信息的交换。城市生态系统与自然生态系统一样，其能量流动的性质有：遵守热力学第一、第二定律，在流动中不断有损耗，不能构成循环（单向性）；除部分热损耗是由辐射传输外，其余的能量都是由物质携带的，能量流的特点体现在物质流中。城市生态系统的物质流包括资源流、货物流、人口流、劳动流和智力流。城市的信息流是附于物质流中的，如报纸、广告、电视、电话等都是信息的载体，人的各种活动（如集会、交谈等）也是交流信息的方式。

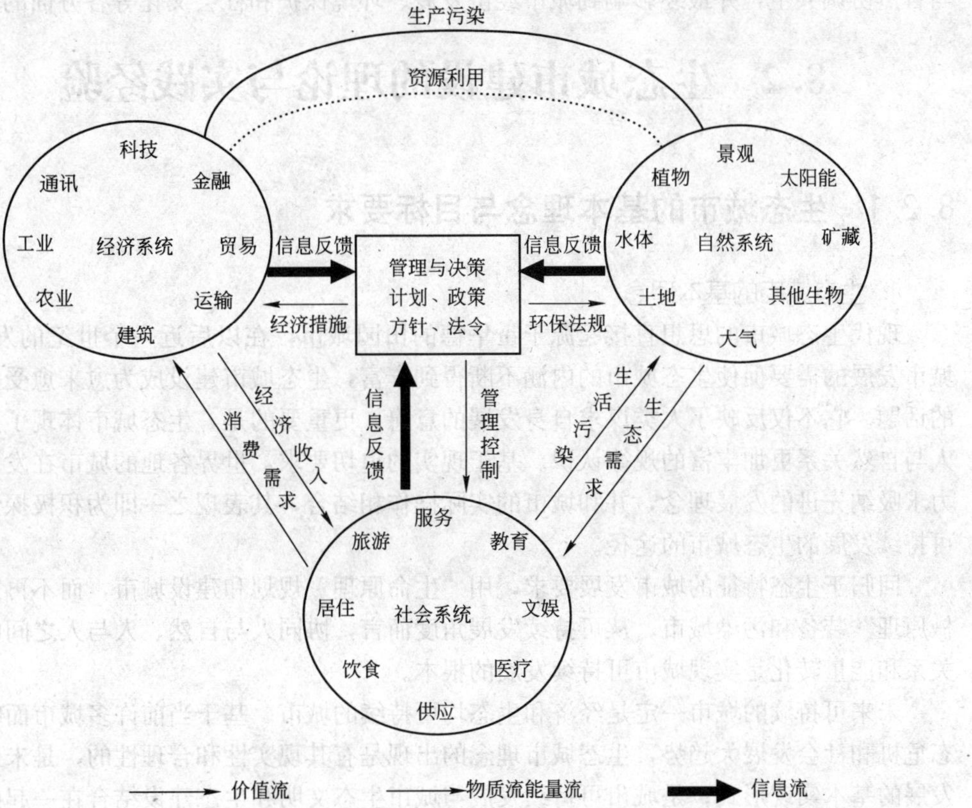

图 8-1　城市生态系统复合关系示意图

城市的物质能量流能体现城市的特点、职能、发展水平和趋势，反映城市的要求、活动强度和对环境的影响，信息的流量反映了城市的发展水平和现代化程度，它们是生态城市建设的重要指标。

生态城市强调人与城市、自然与社会、现在与将来的共生，追求的是城市经济和谐的、可持续的发展。目前，尚无具体的定量标准来划定生态城市。一般认为，城市环境优美，园林绿地比重大，空气新鲜，水体无污染等是城市生态建设的主要内容。生态城市要有足够的生态空间作为改善与维护城市生态环境的支持系统。

8.1.4　城市旅游系统在城市生态系统中的作用

城市旅游系统是整个城市系统的子系统，从城市旅游业的发展和城市发展间的相互作用看，城市旅游业的发展状况既作用于城市的资源环境，又维系着城市的整体发展水平。因此，城市旅游系统的运行态势直接影响整个城市生态系统能否取得一种动态的人与自然协调共生，并最终影响到城市经济发展、环境保护和社会文化等各方面的协调。

8.2 生态城市建设的理论与实践经验

8.2.1 生态城市的基本理念与目标要求

1. 生态城市的基本理念

现代生态城市的思想直接起源于霍华德的田园城市，在以后近一个世纪的发展中，城市发展的需要促使生态城市的内涵不断得到丰富，生态城市建设成为愈来愈受到重视的话题。它不仅反映了人类谋求自身发展的意愿，更重要的是，生态城市体现了人类对人与自然关系更加丰富的规律认识。基于现实的迫切要求，世界各地的城市在发展中都力求吸纳先进的发展理念，并和城市的实际操作相结合，其表现之一即为积极探索建设可持续发展的生态城市的途径。

回归于生态特征的城市发展要求，用“生命原理”规划和建设城市，而不再以“机械原理”装备和污染城市。从可持续发展角度而言，协同人与自然、人与人之间的相依关系和能量转化是实现城市可持续发展的根本。

未来可持续的城市一定是经济和生态均可持续的城市。基于当前许多城市面临的生态危机和社会发展大趋势，生态城市理念的出现是有其现实性和合理性的，是未来城市发展的基本实现形式；是城市可持续发展与城市生态文明和生态建设结合在一起的生态城市最终可行的目标。

2. 生态城市的目标要求

建设生态城市且能以其良好形象和功能带动辖域内外的可持续发展，应具有以下几个方面的内涵和目标要求。

1）以协同发展为宗旨

生态城市是一个中心城区与周围城镇和乡村紧密联系、与国内外都市相互竞争和补充的开放系统，既要以人口的适度聚集和持续宜居为基础，又要以社会经济与科教文卫的高度发展及其较强的辐射力带动周边乡村和与其他城镇的协同发展为宗旨。因此，生态城市的功能定位和建设要考虑到自然条件、经济区位和辖域内外物流、资金、人流的聚散，以及政治、文化、科技的凝聚与辐射。

2）以自然环境系统为依托

生态城市不仅涉及辖域内外自然生态系统中的空气、水体、土地、森林、动植物、能源和其他矿产资源的供需保障，还要形成以自然环境系统为依托、资源流动为命脉、社会体制和管理体系为经络的复合机制系统。因此，应该和谐人与自然、人与人之间的相依关系，协同各行业和不同区位间的发展，在改善和满足当代人生活质量的同时，也能为未来人口留下较充裕的拓展空间和良好的生态本底。

3）以良性循环为手段

生态城市既要保证经济的持续增长，又要保障人们生活质量的不断提高。因此，生态城市建设要有超前且合理的产业结构、土地利用结构、生产力和人口格局及其相伴的技术支持与资源配置结构，拥有优美的自然和人文景观结构、便利的交通和通信网络，以及高效、和谐的服务、社会保障和调控体系，使城市经济、社会系统与区域生态、环境系统协同有序地发展和良性循环。

4）以环境承载力为极限

建设生态城市应加强生态环境的保护与修复，使城市辖域及周边具有多样而合理的生物群落结构、丰富的生物能量积蓄和持续增殖潜力，以及较强的环境调节能力和美好的生态景观；要加强人口数量的膨胀控制和人口素质的普遍提高，形成合理的人口消费结构和就业结构，使人口的生活消费在保障基本物质消费适度满足后，转向对服务、文化教育和环境享受的有序追求，以及适时地转移人力资源于这些部门就业；必须加强“三废”治理和资源节约与高效利用，使社会生产和生活的消费需求与消费剩余不能超越人工参与下的生态环境的生产能力和消纳能力，即不能因过度索取和污染而降低环境质量和使生态循环功能退化。

5）以保障稳定和发展为目标

建设生态城市应正确处理发展与稳定的相依关系，即以发展带动社会稳定，以稳定促进城市有效发展。也就是说，只有通过高效的经济发展，才能缓解就业压力和消除贫困；只有坚持教育奠基、制度创新、科技进步和提高决策与管理水平，才能增强生态城市的发展活力和抵御社会与自然的危机；只有合理分配收益，加强社会保障和法规体系建设，建树全民共同富裕和平安互助道德规范，推进公众参与、公平竞争的民主和现代文明进程，才能和谐人与人之间的相依关系，保障生态城市稳定而有序地发展。

8.2.2 生态城市建设规划的原理

城市发展规划通常由社会、经济、生态环境和基础建设 4 部分内容组成。前 3 个部分的规划内容既有联系又有差别，形成了一种“交集”，而基础建设规划是上述 3 个部分交集的“交集”，如图 8－2 所示。即对于制定城市的经济发展规划、社会发展规划或生态环境规划，必须考虑到“两两”和“三者”之间的相互依存与制约关系；而对于城市的交通道路、房屋建筑、给排水系统、公共场所配备等基础建设规划，均要考虑到上述 3 个方面的需求和

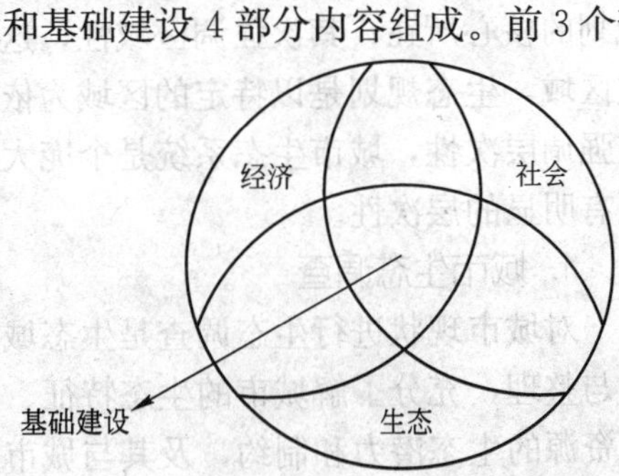

图 8－2　城市或区域规划原理示意图

保障。相比较而言，生态环境规划是城市有序发展和良性循环的基础，其目标旨在能够保障其经济繁荣、景观优美、环境清洁、人居舒适及其与外部地区自然环境的和谐。而生态城市建设规划恰恰是上述多元集合、多边规划的综合协同，这是城市辖域人与自然生态生命系统有序演化的基本需求，是社会经济可持续发展和人口可持续宜居的根本需要。

系统的内在结构和外部环境决定着系统的功能输出与状态演化，这是认识城市发展的现状和趋势，解析城市的内外关联和机制，制定城市发展规划所需遵循的基本原理。处理好结构内部和结构之间的联系则是制定生态城市建设规划成功的关键。城市作为一个有机关联的多元复合系统，其产业结构、土地利用结构、生产力和人口的空间格局，以及社会结构是链接各子系统、各元素关系的中枢。

因此，制定生态城市建设规划必须以产业结构、土地利用结构、生产力和人口的空间格局，以及社会结构调整为中枢，协同辖域内外人与自然，以及人口、经济和环境的相依关系与互动机制，以满足中心城区和辖域城乡可持续发展的需要。只有通过调整产业结构和与之相伴的技术结构，在促进经济发展和解决就业、贫富问题的同时引致资源或能源利用结构的改变，才能节约资源和解决环境问题；只有合理调整土地利用结构，在促进三大产业、城乡基本建设顺利发展的同时加强植被建设，才能保障土地资源综合效益的提高；只有有序设计、调控生产力和人居的城乡、局地格局，在促进经济、人居规模效应的同时改善城乡环境质量，减少资源污染，才能有效保护水源和生物多样性的繁衍；只有科学地设计生态景观结构，使人文和自然景观合理配置，才能美化城乡环境和满足人们的旅游观赏需求；只有优化经营结构、管理结构、贫富差异结构、人口和人力资本培育结构，以及投资结构等社会、调控结构，才能促进经济高效、社会稳定地发展。

8.2.3 生态城市规划设计的内容

生态城市规划首先强调协调性，即强调经济、人口、资源、环境的协调发展，这是规划的核心所在；其次强调区域性，这是因为生态问题的发生、发展和解决都离不开一定区域，生态规划是以特定的区域为依据，设计人工化环境在区域内的布局和利用；第三强调层次性，城市生态系统是个庞大的网状、多极、多层次的大系统，从而决定其规划有明显的层次性。

1. 城市生态调查

对城市现状进行生态调查是生态城市规划的基础性工作，通过对大量资料数据的收集与整理，充分了解城市的生态特征、生态过程、生态问题和生态趋势，以认识城市环境资源的生态潜力和制约，及其与城市人类之间的相互影响和相互作用，为城市用地等各项子系统规划提供现实依据。生态调查过程不仅仅包括城市地域范围，而且要对城市广域空间（区域大环境）和乡村地域空间（城市支持腹地）对城市的生态影响进行调查分析。

2. 城市“生态和谐度”评价

任何城市都是在人工与自然的相互作用过程中产生和发展的，因此，城市在任何发展时段都存在着一种“人类与其周围环境”的相关关系，也就是生态学意义上的“生态”。而各城市由于自然环境、资源条件、历史条件、经济发展、社会进步、技术水平、生态意识等的差异，存在着“人类与其周围环境”关系（生态）质量的差异，这种城市中“人类与其周围环境”关系质量的优劣程度可称为城市的“生态和谐度”。根据综合性、代表性、发展性、层次性、可操作性等原则，选择若干有代表性的因子作为评价指标，按照城市人工和自然复合生态系统的特点，结合城市经济、社会、环境的多种结构和功能，从城市人类与城市环境关系的和谐度着手进行综合评价。

3. 区域整体生态规划框架

区域整体生态规划是在生态环境、自然地理、自然资源研究的基础上，结合人类活动和经济发展的特点，对区域范围内的生态环境和生态资产进行综合评价与地域划分。由于城市生态系统的开放性，以及生态问题的跨介质和跨边界性质，对城市的生态规划必须放在区域大背景中加以考虑。根据对区域和城市生态现状的分析与评价，综合分析区域大环境中自然条件、区位交通条件、资源利用状况、能源流动状况、经济发展战略、社会变迁状况等对城市生态的影响，包括区域内城市与城市之间的影响和乡村与城市之间的影响，由此制定出区域范围内生态发展的整体框架，为生态城市规划提供依据。

4. 城市人口适宜容量规划

适宜人口容量是指在某一特定区域内与自然资源和物质生产相适应的，并能产生最大社会效益的一定数量的人口。其目的是解决人口增长、生产发展与资源有限性之间的矛盾，并维持其间关系的平衡，促进社会的稳定发展。规划核心是自然系统的资源、环境与人口系统的生产、消费之间的平衡。

5. 城市生态功能区划

1）生态分析

生态分析根据生态调查的各种现状资料，按照生态学有关原理和方法对城市土地及其承载功能进行分析。生态分析是确定城市生态功能分区的依据，可在相当程度上保证其生态意义上的可行性，避免对城市自然环境系统的负面影响，如土地生态敏感性分析、土地环境潜能分析、用地生态适宜度分析等。

2）生态功能区划

生态功能区划是进行生态城市规划的基础，即根据城市生态系统结构的特点及其功能，综合考虑生态要素的现状问题、发展潜能，以及生态敏感性、适宜度等，对用地划分为不同类型的单元，提出工业、生活居住、对外交通、仓储、公共建筑、园林绿化、游乐功能区的综合划分，以及大型生态工程布局的方案，充分发挥生态要素功能对城市功能分区的反馈调节作用，以调控生态要素功能朝良性方向发展。

6. 城市园林绿地系统生态规划

加强绿化建设，改善城市自然生态系统，扩大绿地面积，大搞植树造林，提高绿化覆盖率和人均公共绿地面积。园林绿地是城市生态系统中具有自净功能的组成成分，特别是自然或人工植被、水体、广阔的农业用地和空旷的山野地带，都是承载城市生态环境稳定性的骨架，在改善城市环境质量、维护城市生态平衡、美化城市景观等方面起着十分重要的作用。规划中强调以生态学原理为指导，建设结构优化、功能高效、布局合理的绿地系统，使其结构与布局形式与自然地形地貌和河湖水系相协调，并注意与城市功能分区的关系，着眼于整个城市生态环境，合理布局，使城市绿地不仅围绕在城市四周，而且把自然引入城市之中，建立和谐有序、稳定多样的植物群落，维护城市的生态平衡。

7. 城市资源利用和保护规划

资源的赋存状况诸如数量的多寡、质量的优劣、组合或匹配的程度、开发的难易，构成了城市可持续发展的先决条件。同时，城市对资源的利用方式和循环状况、资源相互间的匹配程度、替代资源的开发利用等对于城市的生产效率也具有重要意义。在城市发展建设过程中，普遍存在对自然资源的不合理使用和浪费现象，掠夺式开发导致了资源枯竭的威胁。因此，生态城市规划应根据国土规划和城市总体规划的要求，依据城市社会经济发展趋势和环境保护目标，制定对水、土地、生物物种、矿产资源、文化资源等的合理开发利用与保护的规划。其中要尤其注重水资源、生物资源、文化资源的利用和保护城市环境。

8. 污染防治与质量保护规划

改善能源结构，增加清洁能源比重，积极推广清洁生产技术。对生产过程要进行技术改造，采用先进技术，从源头消除或减少污染物的产生，加强废物的回收利用。推广使用清洁能源，提高居民气化率。合理规划区域生产力布局，按环境功能区要求适当调整工业布局。

9. 空间规划与生态规划、社会经济规划结合

空间规划与生态规划、社会经济规划结合主要包括两个方面的分析研究。一个方面是环境容量的综合分析，运用环境容量论和门槛理论对城市地区生态系统的承载力、建设用地容量、供给容量、工业容量、水气土壤等环境容量进行系统分析，根据发展建设的可能性，确定区域的合理人口容量和终极人口容量。然后在区域性城镇体系的指导下，确定城市的规模，使城镇开发与环境尺度保持协调，使人口分布、城镇发展的性质与空间特征一致。另一个方面是方案的综合效益分析，在生态城市建设目标体系的基础上，从社会效益、经济效益、环境及景观效益的角度，对规划方案进行评价，并结合指标权重，确定方案的综合效益，以利于方案的决策。

10. 社会文明和生态环境意识建设

具有较高的人口素质、优良的社会风气、井然有序的社会秩序、丰富多彩的精神生活和高度的生态环境意识是城市生态建设非常重要的基础和智力条件。

1）培养生态意识，规范和强化生态行为

通过生态意识的培养，提高全社会的生态文明程度。要不断培养和提高民众、管理者与决策者的资源意识、环境意识、可持续发展和全面发展意识，积极倡导生态价值观、生态伦理观和生态美学观，形成自觉保护资源和环境，主动参与生态建设的良好氛围。良好的生态行为是生态文化和生态文明的外在表现，体现在生产、生活、消费等各个领域。要大力提倡文明生产、文明生活和绿色消费，在生产和生活过程中保护生态、建设生态、减少污染、消除浪费。

2）加强生态教育，提高国民素质

开展以普及生态环境知识和增强生态环境与资源保护意识为目的的国民生态环境教育，把生态教育作为提高国民素质的一项重要内容。通过媒体宣传、学校教育、干部培训等多种途径，开展不同层次与范畴的生态教育，努力提高人们的生态环境保护意识。积极开展绿色消费教育、产业生态文明教育等多种主题和内容的教育活动，建设生态科普基地，树立协调发展、全面发展和可持续发展的科学发展观。

8.2.4 国外生态城市建设成功经验

1. 国外生态城市的发展现状

从 1971 年生态城市的概念提出至今，世界上已有不少国家的城市生态化建设在不同程度上取得了成功。一种是以“绿色城市”为目标，增加绿色要素和绿色空间，如英国的密尔顿·凯恩斯市。另一种是制定生态城市的标准，构建新型的生态城市，美国、澳大利亚、印度、巴西、丹麦、瑞典、日本等国家对生态城市建设计划提出了基本要求和具体标准。例如，巴西的库里蒂巴和桑托斯、澳大利亚的怀阿拉和阿德莱德市、印度的班加罗尔、丹麦的哥本哈根，以及美国的伯克利、克里夫兰、波特兰大都市区都启动了生态城市建设计划，取得了令人鼓舞的成绩和可用于实际操作的成功经验。

2. 可借鉴的成功经验

1）制定明确的生态城市建设目标和指导原则

生态城市是全新的城市发展模式，追求治愈城市存在的各种问题，因此建设生态城市不是一个改良的过程，而是一场生态革命。它不仅包括物质环境“生态化”，还包含社会文明“生态化”，同时兼顾不同区域空间、代际间发展需求的平衡。生态城市的成功只有在人类追求人—自然和谐的基础上，建立起新的全球协作关系时才有可能实现。因此，生态城市的建设必然是一个长期的循序渐进的过程，需要根据各国具体城市的发展状况制定相应的建设目标和指导原则。

澳大利亚的阿德莱德在该市的“影子规划”（Shadow Plan）中通过6幅规划图，详细表述了该市从1836—2136年长达300年的生态城市建设发展规划，6幅规划图分别代表了该市生态城市建设的阶段性目标，并提出了非常具体的建设措施。

丹麦哥本哈根的“生态城市1997—1999”是一个内容十分丰富的综合性项目，试图在城市地区建立一个示范性项目，制定了明确的目标，包括实施办法、环境目标等，项目的内容围绕要实现的目标而进行。

2）以可持续发展思想为理念

生态城市的建设必须以可持续发展的思想为指导，因地制宜，建设最理想的人居环境。澳大利亚怀阿拉市政府认为，生态城市首先是可持续的，因此在总体规划中遵循生态可持续发展的原则，制定了具体的生态城市工程，在工程中运用各种适用和可持续技术，如在城市建设上大量增加绿地面积、推广可更新资源和能源、可持续水利用、可持续建筑技术等；德国的埃尔兰根（Erlangen）则依据可持续发展的思想，在城市规划中加强风景规划和环境规划，重视森林、河谷等生态区的保护，并且让更多的绿地和绿色廊道遍及整个城市，采用一体化的交通政策，以及节约资源、能源等。

3）重视与区域的协调

生态城市的“城市”概念是指包括郊区在内的“城市区域”，因此城市规划和开发必须与大范围的区域规划乃至国土规划相协调。美国克里夫兰市的生态城市议程强调区域观（Regionalism）思想，城市政府必须在复杂的区域环境中进行协调工作，城市面临的许多重大事务必须在区域层面与众多参与者协调，并主张市长必须同俄亥俄的其他市长一起在州和联邦的层面上推进环境保护、交通规划等一系列政策。澳大利亚阿德莱德市的生态城市规划则在区域系统分析的基础上合理利用区域资源、能源和资金，寻求降低能源和材料废物，主张材料和组件生产应最大限度取自当地，生态开发的水源应取自区域内的流域，力求自给自足的能源供应。

4）以强大的科技为后盾

在生态城市的建设中，世界各国许多城市都重视生态适应技术的研制和推广。例如，美国、德国、加拿大都重视生态适应技术的研究，重视发展生态农业、生态工业的优良队伍，落实其专业人才的培养，因此这些国家的生态城市建设都非常先进。澳大利亚的怀阿拉市建立了能源替代研究中心，研究常规能源保护和能源替代、可持续水资源使用和污水的再利用等。美国克里夫兰市建立了专门的生态可持续研究机构，研究生态城市建设中生态化设计、城市交通、城市的精明增长、历史文化遗产保护、物种多样性、水资源循环利用等问题，取得了可喜的成果。

5）以强大的资金为支撑

国外很多城市都十分重视生态城市相关理论和应用的研究，启动了专项基金扶持生态适用技术的研究。例如，怀阿拉市政府资助成立了干旱区城市生态研究中心，开展对生态城市的理论和应用研究；克里夫兰市政府成立了全职的生态城市基金会，启动了生态城市建设基金，用于生态城市的宣传、信息服务、职业培训、科学研究与推广。此外，德国、美国、加拿大、澳大利亚、丹麦、英国、意大利、以色列等国家为该国的生态农业、生态工业、生态建筑的研究和推广提供了大量的资金，在不同程度上推动了这些国家生态城市的发展。

6）拓宽公众参与的渠道

生态城市的建设是一项巨大的系统工程，离不开公众的参与。一个城市成为生态城市的前提是对其市民进行环境教育。在这方面，库里蒂巴十分注重儿童在学校受到与环境有关的教育，而一般市民则在免费的环境大学接受有关的教育。1997 年实施的阿德莱德生态城市规划中提出了“以社区为主导”的开发程序，该程序采取鼓励社区居民参与生态开发的一系列措施，包括创造广泛、多样的社会及社区活动；保持促进文化多样性，将生态意识贯穿到生态社区发展、建设、维护的各个方面；加强对生态开发过程中各方面运作的教育和培训等。这些城市采取的一系列措施，拓宽了广大公众参与生态城市建设的渠道，提高了公众的生态意识，促进了生态城市的建设和发展。

7）突出的重点领域

国外生态城市建设的一个突出特点是其问题指向性，其往往不试图在城市中全面铺开地进行生态城市建设，而是面向问题、抓住重点、逐步推进，针对城市发展中面临的突出问题，如交通拥挤、地面硬化、垃圾污染等问题，集中力量促使一两个问题的解决，并在解决问题的过程中积累经验、培养人才、教育公众、树立形象、凝聚人心，逐渐扩展到对其他问题的解决。

8）完善的法律、政策和管理上的保障体系

生态城市的保障体系包括自然基底、经济实力、科技、文化、社会稳定、法律、政策和管理体制等多个方面。在诸多因子中，自然基底、经济实力、科技、文化和社会稳定等因素往往是既定的，很难在短期内有所改变，但法律、政策和管理体制上的保障却可以相对比较快地提高和完善。综观国外成功的生态城市建设案例，都极为重视这几项保障因子的建设，都有详细的分工实施体系、具有明确的法律地位和角色定位的推进，以及实施机构和完善的法律条例、市场化的管理体制等作为支撑条件。从国家层面到地方层面，国外对生态城市建设的立法工作极为重视，一些国家通过立法，已经为生态城市建立了一套绿色（或生态）法律保障体系。

(1) 绿色秩序制度。这包括审计制度、绿色会计制度等。

(2) 绿色社会制度。这包括绿色教育制度、绿色信息（宣传）制度、绿色行政制度、绿色采购制度、公众参与制度等。

(3) 生态城市建设的管理体制。例如，澳大利亚著名生态城市 Halifax 近 10 年的建设自始至终都是由著名的非营利机构——澳大利亚生态城市委员会组织实施。该机构丰厚的专业知识、先进的理念和高超的组织能力，将来自政界、建筑、森林、采矿和能源组织，自然保护组织，以及如南澳大利亚燃气公司等企业和 Kauma 遗产保护委员会

(Kauma Heritage Committee）等来自各方的力量都凝聚到生态城市的建设活动当中。又如，为避免政府机构的官僚作风，南非生态城市米德兰德（Midland）还专门创设了一个独立的非政府机构——米德兰德生态城市联合会（Midland and Ecocity Trust），以保障生态城市规划和建设项目的顺利开展。

9）实现城市形态的可持续发展

丹麦的城市建设给了人们众多的思维和理念上的更新，对于每一个时代生活在城市的人们而言，都有时代的责任与使命，而城市则承载着先辈与人们所经历的一切。人类应该保留一份最沉重的审慎，学会去善待城市的历史，传承城市的文脉和记忆。而只有让当前在建和未来要建的建筑物也拥有相应的文化内涵，建筑物才能发挥超出其仅仅作为一定硬件设施以外的社会历史文化功能，标识和传递城市的价值与文明，让市民对城市更加有认同感和归属感，让外来旅游者发出“这就是这座城市，而不是其他任何一座同规模、同等级的城市”的感叹，同时建筑物本身也才有了其将来被保存的意义，真正实现城市形态的可持续发展。

8.3 生态城市建设的成功案例：丹麦生态城市建设

8.3.1 丹麦城市概述

丹麦的每一座城市都仿佛是一个天然的博物馆，数百年历史的建筑物比比皆是，无论是气势恢弘的市政厅、风格别具的教堂、清幽典雅的古老广场，还是坐落在淳朴小巷中淡然的名人故居，城市的文脉都清晰地展示在人们的眼前、脚下和人们随手可及的地方，让游客无时无刻不被它所渗透出的古老文明所震撼。丹麦人不仅仅是在建设城市，而是抱以一种强烈的历史责任感去雕琢一件艺术品，使城市里处处都让生活其中的人对其保有一份对待艺术品般的珍视。几百年来，那么多古老的教堂和建筑物不但保存完好，而且成为事实上的文物，成为先辈为后人留下的一笔宝贵财富……可持续发展的理念，在城市建设中已经得到了实践的检验。

8.3.2 丹麦生态城市建设的具体实施内容

1. 丹麦生态城市项目

丹麦生态城市项目是一个内容十分丰富的综合性项目，该项目主要在丹麦首都哥本哈根人口密集的 Indre Norrebro 城区进行，项目采取基层组织和区议会之间的合作形式，增加了市民的参与性。该项目是丹麦第一个生态城市的建设项目，旨在建立一个生态城市的示范城区，为丹麦和欧盟的生态城市建设提供经验。

在其实施过程中，极具特色的生态城市项目是建立绿色账户、设立生态市场交易日和吸引学生参与等。

1）建立绿色账户

绿色账户记录了一个城市、一个学校或一个家庭日常活动的资源消费，提供了有关环境保护的背景知识，有利于提高人们的环境意识。使用绿色账户能够比较不同城区的资源消费结构，确定主要的资源消费量，并为有效削减资源消费和资源循环利用提供依据。

2）生态市场交易日

生态市场交易日是改善地方环境的又一创意活动。从1997年8月开始，每个星期六，商贩们携带生态产品（包括生态食品）在城区的中心广场进行交易。通过生态交易日，一方面鼓励了生态食品的生产和销售，另一方面也让公众了解生态城市项目的其他内容。

3）吸引学生参与

吸引学生参与是发动社区成员参与的一部分。丹麦生态城市项目十分注重吸引学生参与，在学生课程中加入生态课，甚至一些学校的所有课程设计都围绕生态城市主题，对学生和学生家长进行与项目实施有关的培训，还在一所学校建立了旨在培养青少年儿童对生态城市感兴趣，增加相关知识的生态游乐场。

2. 哥本哈根的自行车交通政策

哥本哈根是著名的古城和旅游胜地。在哥本哈根，每天约有12.4万人骑自行车进入市中心，它拥有300多公里与机动车道一样宽的自行车专用道，这在世界上是绝无仅有的（见图8-3）。在市内还分布着许多“车园”，每个里面放置2 000多辆自行车向旅游者免费提供使用。只要付20丹麦克朗的押金，就能把自行车骑走，还车时押金即刻返还。

哥本哈根自行车道路规划是城市道路规划不可分割的一部分，现今自行车道路网遍布市中心地区，被看作是独立的交通系统（见图8-4）。2002年，哥本哈根城市道路建设总投资为6 000万丹麦克朗，其中1/3被用于改善自行车交通环境。哥本哈根的自行车政策（2002—2012年）的目标是提高自行车通勤比例，改善骑车人交通安全，提高骑行速度和骑车的舒适性。

图8-3 丹麦哥本哈根的自行车道

公共自行车计划使城市中的古老历史建筑和卵石小街，以及那些露天咖啡座和步行街得到了有效的保护，使城市的空气和街道变得更加清洁安静，同时也方便了市民的日常生活。诞生在哥本哈根的公共自行车已经开始在欧美其他国家的大小城市出现。尽管其推广还有各种各样的困难和问题，但从文明的趋势出发，它为人们提出了一个现代文明的新概念、新方法。

3. 哥本哈根的步行街

经济的迅速发展使发达国家的城市结构、高密度的城镇人口和居住环境、工业污染等问题随着交通问题的日益严重而变得异常突出。城市中心商业区颓废萧条，一蹶不振，原有的历史遗存、文化蕴涵和商机潜质统统弃落、衰败为一堆废墟。

城市的更新与市中心区的复苏，不再是简单的重复，而是结合城市改造，重新对城市进行再评价、再认识。步行区的设立推动了多种多样的社会、经济和文化活动，不仅有利于市中心的历史保护，同时也加强了人们的地域认同感，使经济效益、环境效益和社会效益有机结合。哥本哈根市中心从1962年设立世界第一条步行街开始，之后几十年中通过渐变的方式，由步行街、广场、人车共享的步行优先街等共同构成网络式步行区，增进了城市活力，也改善了城市人文品质（见图8-5）。哥本哈根步行街是哥本哈根最热闹的Ostergade大街，1962年旧城中心改造的第一条步行街，也是世界上第一条步行街。哥本哈根步行街是一个把商品与文化合二为一的成功样板，文化特色已成为哥本哈根步行街最强大的可持续旅游发展的生命源泉。

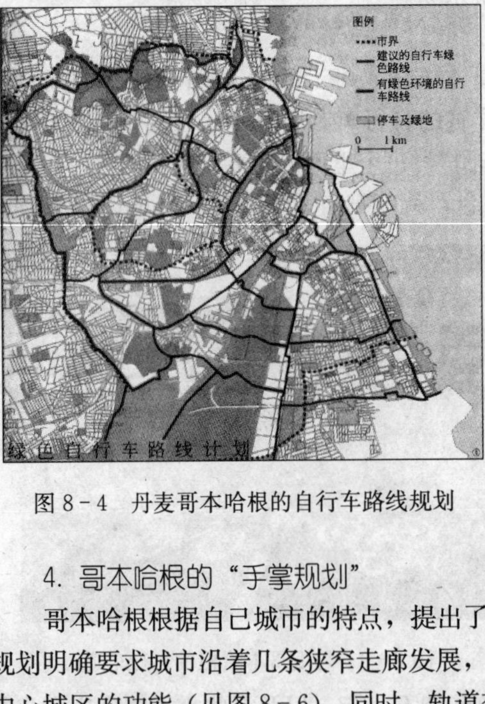

图8-4 丹麦哥本哈根的自行车路线规划

图8-5 丹麦哥本哈根的步行街

4. 哥本哈根的“手掌规划”

哥本哈根根据自己城市的特点，提出了富有远见的长期规划——“手指形态规划”，该规划明确要求城市沿着几条狭窄走廊发展，走廊间由限制开发的绿楔隔开，同时维持原有中心城区的功能（见图8-6）。同时，轨道交通系统采用了放射形的发展模式，所支撑的走廊从中心城区向外辐射，分别指向区域的5个方向，城市的发展大都集中在轨道交通车站附近，并最终形成若干“手指”的城市，指间保留大片绿地与农田（见图 8-7）。在该规划指导下，哥本哈根不仅实现了区域联动发展和保护旧城格局的目标，创造出技术与人文协调、人工与自然共存的优美人居环境，而且成为了城市建设“有机疏散”理论的典型形态和重要案例。时至今日其仍然具有强烈的现实指导意义和借鉴作用。

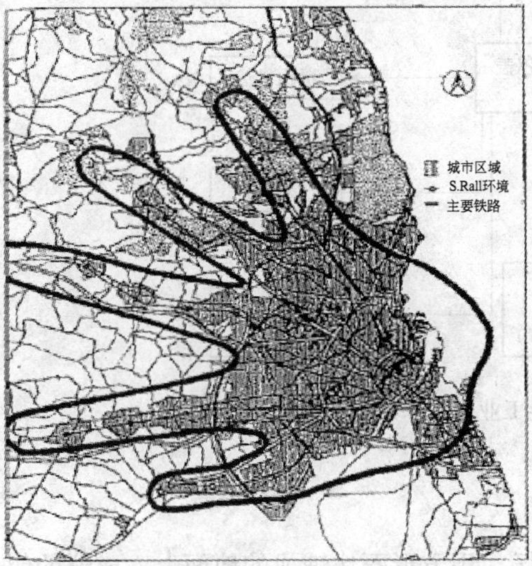

图 8-6　丹麦哥本哈根的手指形态规划

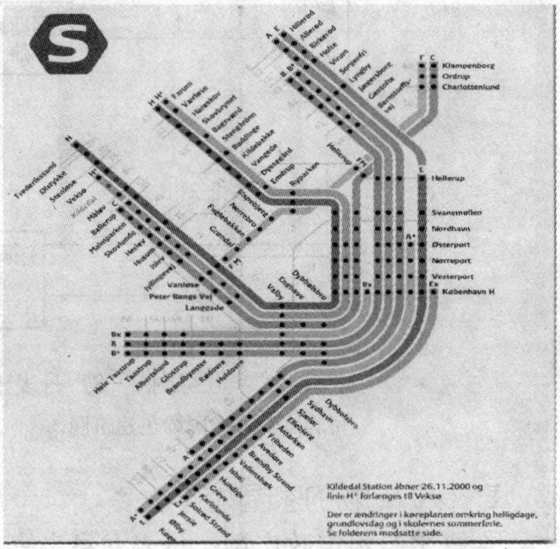

图 8-7　丹麦哥本哈根的交通图

5. 卡伦堡工业生态园——面向共生企业的循环经济

丹麦卡伦堡是目前全球生态工业园运行的最典型代表。卡伦堡共生体系中主要有 5 家企业，相互间的距离不超过数百米，由专门的管道体系连接在一起，包括石膏灰泥板厂、发电站、炼油厂、卡伦堡市政府水与能源供应部、胰岛素及工业酶生产厂（见图 8-8）。

阿斯耐斯瓦尔盖发电厂是丹麦最大的火力发电厂，发电能力为 150 万千瓦，雇用 600 名职工。斯塔朵尔炼油厂是丹麦最大的炼油厂，年产量超过 300 万吨，有职工 250 人。挪伏挪尔迪斯克公司是丹麦最大的生物工程公司，也是世界上最大的工业酶和胰岛素生产厂家之一。吉普洛克石膏材料公司是一家瑞典公司，卡伦堡的工厂年产 1 400 万平方米石膏建筑板材，有 175 名员工。卡伦堡市政府使用热电厂出售的蒸汽给全市远距离供暖。

液态或蒸汽态的水是可以系统地重复利用的“废料”。水源或者来自相距 15 公里的梯索湖，或者取自卡伦堡市政供水系统。斯塔朵尔炼油厂排出的水冷却阿斯耐斯瓦尔盖发电机组；发电厂产生的蒸汽又回供给炼油厂，同时也供给挪伏挪尔迪斯克工厂的（发酵池）；热电厂也把蒸汽出售给吉普洛克工厂和市政府（用于市政的分区供暖系统），甚至还给一家养殖大菱鲆鱼的养殖场提供热水。

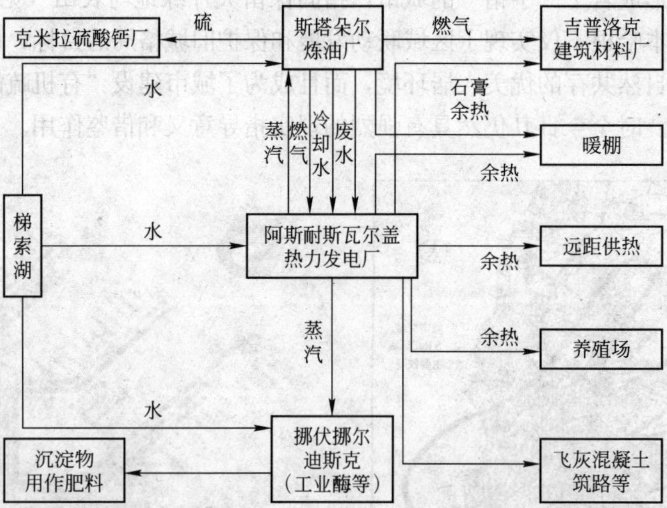

图 8－8　丹麦卡伦堡工业生态系统

资料来源：中国绿色建筑网.

6. 保护动物的家园

在哥本哈根市政广场、丹麦女皇皇宫大广场，用方形石块铺成的地面上，成群的鸽子在戏耍，数以万计的节日灯在圣诞树上闪着金色的光，展现了一幅幅人与自然和谐共处，共同迎接圣诞来临的喜庆景象。

在丹麦，没有人养鸟，鸟儿只是循着生态规律繁衍生长。但无论走到哪里，人们都可以欣赏到鸟的种种乐趣。喂鸟在丹麦形成了风尚，无论是夏日还是寒冬，在鸟儿集中的广场、公园，每天都能见到喂鸟的人，尤以老人和儿童为多。

7. 旧建筑的新生命

城市里总有一些旧建筑，曾经作为城市的标志，或者见证过某段历史，但事易时移，它们已辉煌不再，也失却了实用价值。这些建筑拆还是不拆，常常成为城市规划者的难题。在哥本哈根经常能遇到被改建过的建筑。哥本哈根有一座四星级“海军上将”饭店，既古色古香，又有浓郁的现代气息，在丹麦颇有些名气，国内有不少代表团访问丹麦时曾在那里住宿。但谁能想像，这座旅馆是由仓库改建而成的（见图 8－9）。

哥本哈根市政府对城市建设有个特别的规定，凡城内建筑未经许可不得随意拆除，外观也不能修葺改造，只允许内部进行改造装修。于是，这些仓库内部纷纷被改造，并改作他用。还有一个例子就是通过改造过去的监狱，使其变成了旅馆（见图 8－10）。这种简单的改建方法既保护了城市原有的风格，又使一些旧建筑焕发了青春，可谓匠心独运。

图 8-9　丹麦哥本哈根的海军上将旅馆内景

图 8-10　过去的监狱变成了旅馆

8. 当地居民对民居的保护

在丹麦，一些古城镇的居民都主动按照要求参与民居保护。民居里面的设施功能符合现代化生活的需求，但是为了保持原真性，居民按照要求进行民居粉刷，定期维护和修缮，积极地投身于保护城市古建筑的行列中。当地居民将古建筑的墙上涂上各种颜色，使整个建筑物看起来和周围的建筑更加协调，有效地保护了古建筑的原真性，也在美学角度上使其和现代建筑融合在一起。

8.3.3　生态城市的建设和旅游

旅游业是仅次于农业和制造业的丹麦第三大产业，是丹麦服务行业中的第一大产业，其旅游业的就业人数为 7.2 万人。1967 年建立的丹麦旅游局是经济和企业事务部下属的政府机构，其任务是吸引外国游客到丹麦旅游，拥有十多个驻外机构，在传统的假日旅游之外，近年来开发了文化旅游、企业旅游等新的特色旅游。政府每年在旅游业上的直接投资为 1.6 亿丹麦克朗。每年大约有 700 万游客在丹麦度假。

丹麦的最佳旅游季节是每年的 5—9 月。丹麦提供的自行车旅行，颇受外国旅游者的欢迎。丹麦地势平坦最适合自行车旅行，全国开设有许多自行车出租点。旅游者骑上自行车可以游遍丹麦的各个角落。骑自行车旅游是丹麦旅游的重要特色，也别具风趣。自行车旅游从每年的 5 月 1 日—9 月 30 日。丹麦旅游局以“乘坐两轮的假期”为号召，准备了几条骑车旅游的路线，所需时间大约 8 天，游客晚上大部分睡在山间小屋。

为了发展旅游业，丹麦修筑了许多高级的旅馆、饭店，如位于哥本哈根市中心高大的SAS饭店。在日德兰半岛的海滨地带，修建了许多旅游别墅区，供外国旅游者全家度假用。除了这些高档旅馆，丹麦还拥有1 000多家各色旅馆，包括饭店、膳宿公寓、小旅店、汽车旅馆、自助旅馆、假日农舍、青年招待所和宿营地等，共有客床10万多张，游客可以根据价格自己选择。

8.4 生态城市建设与城市生态旅游开发的关系

生态城市强调人与城市、自然与社会、现在与将来的共生，追求的是城市经济和谐可持续的发展。从城市旅游业的发展和城市发展间的相互作用看，城市旅游业的发展状况既作用于城市的资源环境，又维系着城市的整体发展水平。因此，城市旅游系统的运行态势直接影响整个城市系统能否取得一种动态的人与自然协调共生，并最终影响到城市经济发展、环境保护和社会文化等各方面的协调。城市生态旅游基于城市旅游系统，吸纳生态旅游的先进理念，并结合城市旅游的实际发展，客观上推动了城市的生态化建设和城市生态经济产业的发展进程。从操作上看，城市生态旅游开发是从对城市旅游资源保护性开发的角度，促进城市旅游系统的持续发展，同时为生态城市的建设提供支持。生态城市建设与城市生态旅游开发之间的关系体现在以下几个方面。

1. 生态城市建设为生态旅游发展提供良好契机

生态城市建设与城市生态旅游开发都是在对城市发展中面临的生态环境危机的深刻认识的基础上提出来的，是继工业文明之后的生态文明与城市可持续发展的结合，其追求的最终目标是一致的，即城市的可持续发展。生态旅游是一种对环境负责任的旅游，它强调维护环境的生态平衡，促进旅游资源可持续利用、旅游可持续发展，生态城市的实质是建设一种经济高效、环境宜人、社会和谐的人类居住区，它要求人类环境质量，特别是生态环境质量的进一步提高，这给生态旅游的发展提供了良好的契机和极大的发展空间。因此，生态旅游的发展成为建设生态城市的重要有机组成部分。

2. 发展生态旅游可满足生态城市建设的需要

生态城市以可持续发展理念为指导，按时间、空间的差异来合理配置资源，公平地满足现代与后代人在发展和环境方面的需要。生态城市建设体现了自然、生态和人性化的回归，生态旅游的出现顺应了这一主张，也促进了生态城市建设。生态旅游的发展有效地促进了城市环境质量的全面提升，推动城市物质文明和精神文明建设。当城市作为生态旅游的背景时，人们的生态环境保护意识得到加强，有利于建立城市生态破坏的自我恢复功能。

3. 发展生态旅游有利于调整城市产业结构和促进经济发展

旅游业与城市产业结构具有高度的关联性，许多城市已把旅游业作为重要的经济增长点。旅游业不仅可以给地方带来收入，还可以为周围居民提供大量的就业机会。同样，生态旅游的发展有利于提高城市景观生态的多样性，增强生态城市的特色，对于调整城市产业结构，带动经济效益、社会效益和生态效益的融合，在创造更多就业机会，增加社会总产值，提高城市居民收入等方面起到很大的带动作用。生态旅游业一旦成为城市新的经济增长点，将有力地促进城市的长期生态环境平衡，文化遗产也将得到有效保护，这对保持当地经济和社区发展的活力十分重要。

由此可见，城市生态旅游开发与生态城市建设的有机结合能从根本上促进城市生态系统的可持续发展。一个城市旅游业开发的成功与否，直接作用于生态城市的建设过程。反之，以生态城市为基础的旅游业发展又会在貌似比其他城市多了一份约束的同时，为旅游业发展提供了更进一步拓展的空间和自由，同时会更加有利于推广与实践城市生态旅游这一理念。

阅读材料

首条“风光互补”路灯亮相山海关

318 盏使用太阳能、风能发电的新型路灯今天在古城山海关龙源大道老龙头至机场路段安装完毕。将太阳能和风能转换成电能，首条“风光互补”路灯亮相山海关，龙源大道老龙头至机场这一路段从而成为河北省第一条全线采用新型能源进行照明的道路(见图 8-11)。

图 8-11 “风光互补”路灯亮相山海关

“风光互补”路灯是以太阳能、风能为能源的环保节能路灯。这种新型路灯不消耗电能，也不需开挖路面、埋管，而是将风能、太阳能转换成电能储蓄在蓄电箱内，在晚间发光照明。即使在不刮风、没有阳光的日子，电池也能连续供电几个晚上。山海关地处渤海之滨，风力资源丰富，为使用风力太阳能路灯提供了不可多得的绿色资源，也让历史文化名城多了一道独特的风景。

资料来源：河北日报网-河北日报 http://news.sohu.com/20080717/n258203776.shtml，2008-07-11.

本章小结

城市生态系统是一个人类在改造和适应自然环境的基础上建立起来的“自然—经济—社会”三者合一的复合系统。城市生态系统不仅包含自然生态系统所包含的生物组成要素与非生物组成要素，而且还包含最主要的人类及其社会经济要素，是一个以人为主体结构的生态系统，运转快、开放性的生态系统和一个多层次、自我调节能力脆弱的生态系统。

城市生态系统的最基本功能是系统内部和系统与外界之间的物质、能量与信息的交换。城市生态旅游基于城市旅游系统，吸纳生态旅游的先进理念，并结合城市旅游的实际发展，客观上推动了城市的生态化建设和城市生态经济产业的发展进程。从操作上看，城市生态旅游开发是对城市旅游资源从保护性开发的角度，促进城市旅游系统的持续发展，同时为生态城市的建设提供支持。

生态城市建设要求以协同发展为宗旨，以自然环境系统为依托，以良性循环为手段，以环境承载力为极限，以保障稳定和发展为目标。城市发展规划通常由社会、经济、生态环境和基础建设 4 部分内容组成。生态城市规划设计的内容包括城市生态调查，城市“生态和谐度”评价，区域整体生态规划框架，城市人口适宜容量规划，城市生态功能区划，城市园林绿地系统生态规划，城市资源利用和保护规划，污染防治与质量保护规划，空间规划与生态规划、社会经济规划相结合，以及社会文明和生态环境意识建设。生态环境意识建设的具体内容包括通过生态意识的培养，提高全社会的生态文明程度，以及通过开展以普及生态环境知识和增强生态环境与资源保护意识为目的的国民生态环境教育。

国外生态城市建设可借鉴的成功经验包括：制定明确的生态城市建设目标和指导原则，以可持续发展思想为理念，重视与区域的协调，以强大的科技为后盾，以强大的资金为支撑，拓宽公众参与的渠道，突出重点的领域，完善法律、政策和管理上的保障体系和实现城市形态的可持续发展。

生态城市建设与城市生态旅游开发的关系体现在 3 个方面。首先，生态城市建设为生态旅游发展提供良好契机。生态城市建设与城市生态旅游开发都是在对城市发展中面临的生态环境危机深刻认识的基础上提出来的，是继工业文明之后的生态文明与城市可持续发展的结合，其追求的最终目标是一致的，即城市的可持续发展。其次，发展生态旅游可满足生态城市建设的需要。生态城市以可持续发展理念为指导，按时间、空间的差异来合理配置资源，公平地满足现代与后代人在发展和环境方面的需要。生态城市建设体现了自然、生态和人性化的回归，生态旅游的出现顺应了这一主张，也促进了生态城市建设。最后，发展生态旅游有利于调整城市产业结构和促进经济发展。

由此可见，城市生态旅游开发与生态城市建设的有机结合能从根本上促进城市生态系统的可持续发展。一个城市旅游业开发的成功与否，直接作用于生态城市的建设过程。反之，以生态城市为基础的旅游业发展又会在貌似比其他城市多了一份约束的同时，为旅游业的发展提供了更进一步拓展的空间和自由，同时会更加有利于推广与实践城市生态旅游这一理念。

练习题

1. 名词解释

城市生态系统

2. 思考题

(1) 简述城市生态系统的特点。

(2) 简述城市生态系统的功能。

(3) 简述生态城市建设的目标要求。

(4) 简述生态城市建设规划的原理。

(5) 简述生态城市建设与城市生态旅游开发的关系。

(6) 试论述生态城市建设的成功经验。

(7) 论述生态城市规划设计的内容。

参考文献

[1] 鞠美庭. 城市建设的理论与实践. 北京：化学工业出版社，2007.

[2] 毛锋，朱高洪. 生态城市基本理念及规划原理与模型方法. 中国人口：资源与环境，2008 (1)：155-159.

[3] 马交国，杨永春. 国外生态城市建设时间及其对中国的启示. 国外城市规划，2006 (2)：71-74.

[4] http://www.urbanecology.org.au/shadowplans/.

[5] http://www.ecocity.dk/English/project_intro.html.

[6] http://www.ecocity.dk/english/interim_report.html.

[7] http://www.urbanecology.org.au/whyalla/brief.html.

[8] http://www.whyalla.sa.gov.au/enviro/index.htm.
[9] Dietmar Hahlweg. Case Study Ecocity Erlangen. Germany. Internet Conference on Ecocity development，2003.
[10] http://www.ias.unu.edu/proceedings/icibs/ecocity03/papers/hahlweg/ind-ex.html.
[11] 梁咏华. 浅析生态城市建设的理论与实践：由国外生态城市建设的3个例子想到的. 小城镇建设，2004（7）：88-89.
[12] 王鹤. 列国志：丹麦. 北京：社会科学文献出版社，2006.
[13] 李建龙. 城市生态与旅游经济导论. 北京：化学工业出版社，2007.
[14] 田红. 济南市发展生态旅游和生态城市建设研究. 吉林师范大学学报：自然科学版，2007（5）：53-55.

第9章 历史城镇的人文社会旅游资源及环境保护

本章导读

旅游环境不仅包括自然生态环境，也包括人文社会环境。因此，旅游生态与环境管理不仅要研究对旅游自然环境的保护，也要研究对旅游人文社会环境的保护。历史城镇是人类最重要的历史文化遗产类型，旅游开发与历史城镇保护、更新的协同是实现其可持续发展的有效途径。通过本章的学习，力求使学生了解历史城镇的人文社会旅游资源及环境的保护，了解历史城镇保护性利用的基本观念；掌握历史城镇规划设计的原则，学习实现可持续复兴的社会化、人性化方法及相关成功案例。通过分析北京大栅栏和丽江古镇的保护性开发案例，使学生了解历史城镇的旅游功能，并依据资源分布状况进行旅游功能分区和景观设计，掌握古镇保护的策略。

9.1 历史城镇的特征及其规划

9.1.1 历史城镇的旅游资源特征

“历史城镇”的提出，从根本上说是为“保护”这一目的而设定的，从广义上是“需要或是已经给予保护要求的城区或城镇”。历史城镇是城市历史文化传统的载体，反映着城市历史文化传统的延续和发展，是一种重要的文化资源。历史城镇一般具有以下特性。

1. 历史性

历史城镇是极具历史和文化价值的重要区域，是文化遗产的物质载体，其凝聚着先辈的智慧，记载了重要的历史变迁和文化内涵。例如，中国历史悠久、文物众多，历史性城镇遍及全国，约有2 000多个，其数量之多、传统特色之丰富是举世闻名的。这些历史城镇拥有优美的自然环境、名胜古迹和各具特色的乡土建筑，它们体现了中华民族灿烂的历史文化。

2. 传统性

历史城镇中的建筑尤其是别具一格的地方民居，其所蕴涵的源远流长的历史文化和恬淡雅致的文化气质都成为历史城镇形象的名片。中国的历史古城大多是按规划建造的，而规划又基本上遵循了中国儒家传统思想，因而一脉相承，具有特性。再历经生活不断地延续与演绎，历史上遗留下来的古物、古迹与城市的发展史密切相关。

3. 融合性

城市延续着发展，历史从未中断，城市中留下许多具有历史传统特色的古街区、古建筑群和城市地段。现代生活使这些（部分）地段依旧延续，使它们成为城市充满活力的有机组成部分，包括民居、旧商业街、古文化广场等。

4. 特色性

丰富的文化遗产与独特的风貌特色是塑造历史城镇形象的捷径。中国由于幅员辽阔、民族众多、地理和人文环境差别很大，因而中国的城市类型很多，有历代古都型、风景名胜型、民族风情型、军事防御型、革命史迹型、外贸港口型等。它们风格迥异，颇具特色。

9.1.2 历史城镇规划设计原则

1. 适度开发，加强保护

历史城镇既然具有值得人们珍存的历史文化和观赏等多方面价值，又由于时间的推移，受到一定程度的损害，对它应在保护的前提下进行适度整治、开发，使其价值得到更完美地体现。在这个过程中，要处理好旅游资源开发与保护的关系，既要合理开发和利用资源，又要保护好生态环境、自然和人文遗产。

2. 突出主题，强调特色

旅游城镇吸引游人靠的是特色。例如，西双版纳的景洪市，其特色就是热带风光、傣族文化。如果我国的城市建设都像美国纽约一样，那么对西方游客就没有什么吸引力了。要突出特色，旅游城镇建设就不能搞大而全。

3. 区别对待，因地制宜

我国旅游城镇发展很不平衡，有的发展比较早，有的仍处于起步阶段。由于所处的阶段不一样，规划的目标和任务也不相同。对于起步阶段的旅游城镇，规划的目标和任务是吸引更多的游客前来观光和消费。然而，对于发展比较早的旅游城镇（如云南的丽江、江苏的周庄等），其所面临的问题是人满为患，因此规划的目标和任务是进一步完善管理。对于这些城镇而言，游客并不是多多益善，虽然游客多能够增加当地就业和收入，但是如果人满为患，就会对旅游资源构成威胁，并给当地居民的生活带来不便。

4. 以资源为基础，以市场为导向

旅游资源是旅游城镇赖以发展的基础。实力雄厚的大城市可以搞主题公园、人造景观以吸引游客，而中小型旅游城镇因经济实力有限，应该把目光瞄准市场，多在资源优势和特色上做文章。

5. 以人为本，协调发展

以人为本，协调发展包含以下层面的意思：①以当地居民为本，强调社区参与；②以游客为本，体现对游客的关怀；③以大多数人利益为本，不能仅仅考虑政府和开发商的利益。

9.1.3 历史城镇规划设计要点

1. 旅游规划可行性分析

我国有大量的、各具特色的历史城镇，但并不是所有的历史城镇都有发展旅游的美好前景。在对历史城镇进行开发之前进行旅游规划可行性分析是十分必要的。旅游开发的可行性研究是在决策之前进行的初步调查研究，其目的是为投资决策提供可靠的客观依据，并能根据历史城镇本身的特点进行旅游规划。旅游规划可行性分析一般包括资源、经济、政策、市场4个部分。

1）资源

历史城镇的旅游资源包括以下3个部分。

(1) 自然景观资源：是指有特征的地貌和自然景观，包括地理条件和气候、物候条件。

(2) 历史人文资源：是指人们创建活动所产生的物质环境，如城市格局、历史文物建筑、街区、胜迹、遗构（保存较完好年代较久的建筑物）等。

(3) 民俗文化资源：是指环境所体现的生活风貌，反映了居民的社会生活、生活习俗、生活情趣、文化艺术等各个方面。

2）经济

由于旅游与经济之间有着互动的关系，因此对于历史城镇的旅游规划亦必须遵循在经济安定的前提下实施一定的宏观控制和制定必要的规划措施。对于应当和优先开发的城镇应大力支持与扶植，对于不宜发展旅游业的城镇则应加以限制。

3）政策

历史城镇的旅游规划要注意政策的引导和定位，要研究旅游业在产业结构中的地位，以及区域旅游业的发展战略，从而制定适当合理的旅游规划。

4）市场

对于中国历史城镇来说，国内客源的特征由以前纯艺术或考察性质的旅游者普及到一般的对历史文化感兴趣的人群。在海外市场方面，首先是中国港澳台市场，由于这些地区的经济相对较发达，与大陆接壤或相近，同时在文化上同根，这些地区的人们对祖国历史传统文化有着深厚的感情，因此成为我国历史城镇重要的客源之一。其次是日本，日本在地理上是一衣带水的近邻，在经济上仅次于美国，在文化上同我国有着悠久的历史渊源，这些构成其成为重要客源国的基础。再次是新加坡、马来西亚、泰国、印度尼西亚、菲律宾等东南亚地区。近年来，欧美、大洋洲地区游客的数量亦在不断增加。对于客源市场的分析，要求在历史城镇的旅游规划中考虑不同国家、不同宗教信仰的游客的要求。

2. 合理定位旅游城镇的功能，突出城镇的特色

旅游城镇规划主要解决两个问题：功能问题和特色问题。从功能上，旅游城镇的功能应该尽可能地删繁就简，不要承载过多、过杂的功能。从特色上，旅游城镇应强调其个性化的建筑风格，要张扬它的文化底蕴，要把常住居民的现代化需求和旅游城镇的特色保护协调起来。比较可行的做法是在城市建设上实行新（城）旧（城）分离，既保留旧城的原貌特色，又可以满足常住居民的现代化需求。在建筑风格上，应尽可能保留原有建筑的外观，内部的装饰可以追求现代化。但是，有的木质结构建筑外面贴了瓷砖，就会很不协调。

此外，规划既要面向常驻的居民，也要面向流动的游客。常规的城镇规划主要是面向居住者的规划，而旅游城镇规划则把流动人口放在很重要的位置，一方面要考虑到旅游者的审美观念，另一方面又要顾及当地居民的需要，两者都不能偏废。如果不能把两者很好地结合起来，旅游城镇的良性发展就会受到影响。例如，新疆某县在规划时把城镇建筑的品位建立在当地官员和老百姓的偏好上，建了很多欧式小洋房，而没有认真考虑旅游者的感受，结果外国游客看到后感到非常遗憾。但是，有的地方在民居保护方面采取的方法就值得借鉴，如泸沽湖景区的居民为了不破坏木质结构的房屋，客栈的浴室和厕所在木质结构的房屋后面接出来用水泥和砖混结构建成，如图 9-1 所示。

图 9-1　客栈的浴室和厕所用水泥与砖混结构

3. 旅游交通的组织

1）对外交通

对于历史城镇，火车与汽车的对外交通对城镇本身和旅游开发影响最大。因为机场一般远离城镇，港口则多取决于濒水城市的水道，而铁路线与车站的选址及交通组织则直接影响到城镇的布局与内部游线的衔接。

欧洲中小历史城镇一般规模都不大，基本都将铁路线和主要车站布置在城市一隅，

以尽量避免干扰城市，同时并不会给居民和游客乘车带来不便。例如，意大利的比萨，铁路线从城市西南侧通过，车站布置在城市南部，从那里通过站前广场到市中心的阿尔诺河桥距离不过800米，再走约800米就到了位于城市北侧的教堂和斜塔建筑群。当城镇规模较大或线路较为复杂时，干线一般不宜太接近老城区。这时，采用尽端式车站，以专用支线把车站引到市中心处或市区边缘。巴黎是这种做法的典型例子。除了铁路以外，历史城镇对外交通的工具是快速干道，即在老城区的外围设置一条环形快速干道，并与国道相连，以快速解决城镇之间的交通。

2）内部交通

作为历史城镇传统格局的主要组成部分，历史上形成的道路网对城镇的空间形态构成有举足轻重的作用，是旅游交通组织的前提，也是旅游的一个重要内容。在很长的一段历史时间内，步行曾是最主要的交通方式，甚至是唯一的手段，许多历史城镇都是在这样的前提下形成的。这样的街道系统有着浓郁的艺术情趣，却不适应现代交通的需要。为了避免破坏原有的格局、尺度，对历史城镇内尤其是老城区道路的改造应该采取谨慎的态度，限制车辆的交通，将原有道路改为单行道或恢复步行街、步行区的方式。

3）旅游城镇规划具有区域联动性

一个旅游城镇不是仅靠自身的独立资源就能够画地为牢发展起来，它要和周边地区形成动态的联动关系。因此，旅游城镇规划必须形成区域联动的规划理念，不仅要充分发挥本身独特资源的优势，还要协调好与周边旅游资源的合作与竞争关系。

4. 旅游设施的配备

旅游设施是为旅游提供的食宿、购物、娱乐等方面的设施，包括旅馆、饭店、餐厅、商店、娱乐设施等。旅游设施的数量与规模的确定，首先，要基于对旅游容量的分析，要既能满足旺季的需要，又能维持淡季的经营。其次，旅游设施的选址应根据保护规划的要求设置。对于历史城镇，老城区应保持原有的风貌，保持原有的尺度与格局，因而在老城区一般采取利用原有建筑改造成民居式旅馆或餐厅的形式。在过渡区可运用传统的建筑形式建造适当的设施。大型的现代化旅游服务设施则尽量避开老城区设置，以不影响历史城镇的风貌，但可与老城区内设施相补充，以满足不同旅游者的需要。再次，旅游设施应分档次，以适应不同消费水平的旅游者。民居式旅馆往往是最昂贵或是最质朴的，分别可以体味历史城镇中贵族与平民的不同生活情趣，现代式宾馆则以标准星级区分。另外，历史城镇的旅游设施应具有地方特色，包括饮食的方式、食品的特点、旅游建筑的风格、装饰的情趣、旅游产品的特色等，而不应都是现代娱乐设施。

9.2 历史城镇保护性利用的基本观念及原则

历史城镇具有多元的价值，结合其多元性进行保护性利用是一种重要策略和手段。为了确保历史城镇的开发与利用工作的顺利开展，有必要探讨保护性利用的基本观念和原则。

9.2.1 保护性利用的基本观念

保护与利用关系到历史城镇的生存与发展，而发挥历史城镇的资源与功能价值更应谨慎，树立科学的利用观念能够指导工作沿着正确的方向开展，并能有助于工作的顺利实施。

1. 保护观

1）坚持保护观的原因

(1) 过度开发导致历史城镇的破坏。历史城镇本身所具有的多元性价值决定了其巨大的吸引力，越来越多的地方都采取了以旅游、商业等产业为主导的历史城镇开发利用方式。但由于没有把握好旅游开发量，使聚集到历史城镇的游客，超出了历史城镇的承载负荷，给历史城镇的环境造成了破坏。不合时宜地过分强调历史城镇的商业价值，将大量的民居建筑改造为商业用途，大量居民被迫外迁，使原有的街区生活形态荡然无存，破坏了历史城镇原有的社会结构。

(2)“拆旧建新”导致历史城镇的破坏。在一些历史城镇的开发与利用中，出现生搬硬套其他城镇的利用方式，或者是盲目抄袭其他城镇的外在形式。例如，忽视历史城镇自身条件和特点，盲目套用其他历史城镇的商业开发方式。为建造商业活动空间，不惜拆除历史建筑。抄袭、模仿某些建筑形式，在历史城镇中大搞仿古商业街。承德的清代一条街、开封的“宋街”、沛县的“汉街”、成都“宽窄巷”的改造就是打着“保护性开发”的名义破坏历史城镇，与历史城镇保护的真实性相违背的案例。

2）保护观的含义

在历史城镇的开发与利用中树立科学的保护观，就是要明确保护是利用的前提和重要目标，保护利用的核心是提高人居生活质量，重点是保护传统风貌，维护历史城镇的真实性，最大限度地保护城镇的历史文化价值。在保护性开发过程中要遵循历史城镇的保护原则与方法，积极配合和促进保护工作的开展。

3）保护原则

(1) 功能性。历史城镇和文物保护单位不同，这里的人们要继续居住和生活，要维持并发扬城镇的使用功能，保持活力，促进繁荣。

(2) 时代性。历史城镇要积极改善其基础设施，从而使居民生活质量随着时代的进步而不断提高。

(3) 真实性。历史城镇要保护真实历史遗存，不要将仿古造假当成保护的手段。

2. 发展观

1）树立发展观的原因

(1) 发展是必然趋势。历史城镇总是处于不断变化和发展的过程中。从历史城镇所处的外部环境看，城市发展是持续不断的进程，城市的产业构成、功能布置、空间布局等都在不断变化，这是促使历史城镇变化发展的外部因素；从历史城镇自身看，城镇物质环境的老化、人口结构的改变和生活方式的转变等内部因素，都要求历史城镇以新的发展来适应这些变化。历史城镇的发展还是保护的最终目标，历史城镇的保护并不意味着将历史城镇进行封存，相对于文物建筑而言，其“群体的效果、生活性和世俗性的价值则更为重要”。

(2) 发展是保护性利用的核心。

① 保护性利用应促使城镇的全面发展。保护性利用是历史城镇发展的策略和重要途径，综观当今的历史城镇，经济的衰退是困扰其发展的主要原因。没有经济基础，单靠外界的补给是很难维系城镇的生存与发展的，而历史城镇是城市经济的空间载体之一，历史城镇的经济发展是城市经济发展的重要组成部分，这些都从客观上要求历史城镇应以经济发展为基础。文化作为历史城镇的重要资源，利用得好不但能转化为经济价值，还能促进文化自身的发展，同时为城市的现代文明增添个性，这对城镇和城市的发展都至关重要。在城镇环境、经济、文化得以发展的前提下，更要注重当地居民的发展需要，只有这样才能使城镇成为富有活力的生活场所，做到生生不息。

② 保护性利用应促使历史城镇的协调发展。应避免在实际的操作过程中只追求数量不重视质量，混淆增长与发展的概念。只有在历史城镇的社会、经济、文化、环境协调发展的条件下，历史城镇的整体价值才能得到最好的发挥。

③ 保护性利用应确保历史城镇实现可持续发展。应避免在市场经济条件下，盲目追求近期的、个人的所得利益，应避免在开发与利用过程中，因采取急功近利的做法而破坏历史城镇的事件发生。

2) 发展观的含义

(1) 全面发展观。培育历史城镇的经济实体和产业，恢复历史城镇的经济活力，促使城镇乃至城市的经济发展；保护历史城镇传统文化，并使之得以延续和发扬，积极探索地域传统文化与城市现代文化的结合，促使城镇的文化复兴；以人为本，在改善历史城镇居住条件的同时，满足当地居民就业、生活等要求。总之，通过保护性利用使历史城镇在环境、经济发展的基础上，社会、文化全面进步。

(2) 协调发展观。保护性利用应强调历史城镇经济、社会、文化和环境的协调发展。从发展过程看，历史城镇的协调发展应注重进程的有序性；从发展取向看，历史城镇的协调发展所追求的不是以经济增长为核心，而是历史城镇的经济与社会、文化、环境之间的相互促进与相互协同；从发展机制看，城镇协调发展所要追求的不是单一、简单、局部的增长，而是充分注重历史城镇的多样性、复杂性、整体性的发展。

(3) 可持续发展观。保护性利用应推动历史城镇现阶段的发展又不威胁到城镇未来的发展，即体现历史城镇的可持续发展。可持续发展所反映的就是发展与再发展的统一，一方面历史城镇的发展应符合现阶段的实际情况；另一方面又要按照历史城镇将来的发展要求规定现阶段的发展，要善于用将来的目标来舍弃现实的发展，调整资源利用方式或等待时机再做安排，充分体现发展的持续效应。

3. 市场观

1）建立市场观的原因

（1）吸纳资金投入。从服务的“提供主体”层面看，引入市场主体能够增加可投入的资源总量。在市场经济条件下，政府并不直接参与经济活动，市场对资源的配置起基础性作用，大量的城市建设与改造资金存在于市场当中。历史城镇的开发与利用需要的前期投入巨大，单靠政府的支出远远不能满足要求，吸纳市场资源的投入是重要的保障。市场的优势在于它能敏锐地发现历史城镇的经济价值，并通过“提前实现”的方式将未来的价值作为现在的投资需要。政府可以利用经济杠杆，采用财政、金融、政策等手段，引导市场主体进入，从而使大量的财力、物力投入到历史城镇的保护性利用工作中来。

（2）提升经济效益。从服务的“提供什么”和“提供多少”看，引入市场机制能使决策过程更加民主化，更好地反映人们的需求偏好。历史城镇的保护性利用必然涉及城镇功能和项目的安排，即提供什么样的产品来满足人们的需求。满足不同个体的要求成为历史城镇的保护性利用成功的关键。市场的供求机制能很好地反映社会和个体的需求，从而为保护性利用的决策提供依据。另外，通过市场营销手段能够提升历史城镇知名度，为保护性利用的项目与产品寻求更多的消费群体，从而提升开发利用历史城镇产生的经济效益。

（3）提高工作效率。从服务的“如何提供”看，无论实施主体是政府还是市场企业，市场化的企业管理都能促使实施主体在其运作过程中提高工作效率。市场竞争与激励等机制能促使企业不断改进工作，降低运行成本。

（4）促进公众参与。通过市场营销手段，能够加大对历史城镇的宣传力度，使越来越多的市民了解历史城镇及其价值，愿意加入到历史城镇的保护与利用中来；市场的利益机制使得投入与收益直接联系在一起，利益分配多元合理，从而增强开发商、当地居民等参与的积极性；市场的开放性为开发商、社会团体、居民等公众搭建了良好的参与平台。如 Marie Stenseke 通过瑞典、南部厄兰岛和 Malarhagar 的案例，将当地居民参与这一战略思想引入到古镇的民居保护中。

2）市场观的含义

（1）实施主体。在历史城镇的保护性开发与利用中，可以考虑采取引入企业、开发商等多元市场主体的方式。依据历史城镇各资源要素的不同价值及保护等级确定实施主体的构成，并通过合理的制度安排，使得政府、开发商之间明确在保护性开发与利用中的责任与分工。

（2）运作方式。通过市场机制来把握市场信息、调配资源。利用市场调查、定位、策划等多种市场分析方法来确定历史城镇保护性开发与利用的项目及产品，并通过市场营销的方式加以宣传。在这一工程中，政府可以通过建立由国家控股的有限公司的方式参与到历史城镇保护性开发的实施过程中。

(3) 监督与管理。在历史城镇的利用中引入市场机制，政府的监督与管理显得尤为重要，可以采取以经济和法律手段为主，辅以行政手段的市场监管方式，改变主要以行政手段调节的计划经济调控方式。

4. 法制观

1) 树立法制观的原因

(1) 规避风险的保障。由于法律、法规的不完善，缺乏有效的法律监管，在实施操作过程中，各方为追求自身利益，常常“讨价还价”，变更保护与利用规划，违反相关管理规定。法律、法规的不健全，依法执行的不到位都是保护性利用失败的重要原因。因此，在历史城镇的利用和保护的工作中必须建立法制观，加强文化法以外的历史城镇立法，严格遵循法制。

(2) 市场准入的要求。在历史城镇的保护与开发中引入市场主体后，实施主体变得多元、复杂，市场主体的行为必须由法律来规范。各种经济主体之间也存在错综复杂的产权关系、经营关系和交换关系，相互之间发生的经济活动需要依法循规，市场才会有序。随着社会主义市场经济体制的日趋完善，保证市场的统一开发和维护平等竞争关系尤为重要，这是市场机制在历史城镇的保护性利用中发挥作用的保障。

2) 法制观的含义

(1) 完善历史城镇保护的法规。编制详细的历史城镇保护与利用规划，明确保护的各项要求，考虑历史城镇开发利用的可能性，做到历史城镇内既有刚性的规定，又有弹性的空间，使保护具有可操作性。制定相应的保护管理规定，规范历史城镇保护与利用的各项程序。

(2) 严格依照法律、法规执法。应根据历史城镇相应的保护法律和规定严格执法，历史城镇的保护性开发应严格按程序执行。对于在实际操作中借保护名义，肆意开发历史城镇的行为应及时制止；对破坏历史城镇的违法行为应依法给予处罚。

(3) 引入法律监督机制。通过引入法律监督机制，使历史城镇的保护与利用真正走上法制化的道路，对于玩忽职守的责任人依法予以处理能有效杜绝有法不依、执法不严的情况发生，确保历史城镇的保护性利用能够按照相关规定和要求严格执行。

9.2.2 保护性利用的原则

1. 可持续利用原则

1) 适度原则

适度原则即真正把历史城镇当作不可再生的资源，切实保护历史城镇。利用不是以穷尽资源来最大化经济效益为目的，因此在工作中要把握好城镇开发与利用的度，遵循适度的原则，才能杜绝过度开发给历史城镇造成损害的行为。

2）适应性原则

(1) 功能适应性。历史城镇的用地性质、建筑的使用功能应尽可能遵循原本的方式，如果有必要作调整，应使调整后的用地性质、功能符合历史城镇保护的要求。

(2) 经济适应性。历史城镇的产业构建和项目安排应符合城镇持续发展的需要，有利于城镇经济的复苏和发展。Richard Griffths 指出，英国传统的民居建筑的修缮，要注意修缮方法能够被社会所接受，应该兼具经济性和有效性。

(3) 文化适应性。历史城镇中的产业和项目应符合传统文化的特点，努力发掘本土特征的产业及项目，在当中结合传统的非物质文化利用。

3）利用与维护相结合原则

对历史城镇的开发与利用首先要有资金投入，只有对城镇进行维护和更新后，才能够进一步利用，在实施保护性利用获取收益后，必须按规定划拨一定比例的资金再投入到城镇的保护中，以此来实现历史城镇的永续利用，才能真正做到以“利”养“保”，以“保”促“利”的良性循环。

2. 整体性原则

1）功能整体性

在改善与利用历史城镇功能时，要多方考虑城镇保护与发展，在综合权衡下优化历史城镇功能结构，妥善安排各功能布局，更好地发挥城镇的功能价值。

2）资源要素整体性

详细调查历史城镇中的各种资源，结合资源的保护制定整体而详细的利用规划。整合各种资源并使之发挥良好的多元价值，在确保对资源要素利用的同时，使城镇的整体效益达到最佳。

3. 多样性原则

1）利用的多样性

由于每个历史城镇都有其所处的区位环境和各自的特色，因此在对历史城镇利用中必然要结合其各自的利用策略，呈现出多样的利用方式。就历史城镇个体而言，其内部多样的功能和多元的社会文化决定了利用的多样性原则。

2）参与人员的多样性

历史城镇是社会共同的财富，保护和利用历史城镇应提倡大众参与。不同的参与主体有着各自的利益，只有在各方公平参与的条件下，才能使不同的利益得到考虑。在权衡各方的利益下，使历史城镇的利用更趋公平、公正。

3）技术方法的多样性

历史城镇不仅仅是历史文化遗产，同时也是真实的生活场所，涉及复杂的社会、经济问题。因此，需要规划、建筑、社会、经济、文化、历史、美术等多专业人员的共同参与，来应对城镇利用中出现的问题和矛盾。

4）投资的多样性

在历史城镇的保护与利用中，市场机制的优势之一就是它的多渠道投资途径。发动社会最广泛的力量和资本投入到历史城镇的利用与保护中，并允许利益分配和分配方式的多样性与合理性。

4. 公平性原则

1）参与主体的公平性

保护性利用参与主体可以是多样的，市场主体的引入和居民的公众参与能够推动保护与利用工作的开展。但是，如果处理不好各参与主体的公平关系，会削弱其的积极性，给工作带来不利影响。

2）市场运行的公平性

市场机制的引入能给保护性开发与利用工作带来机遇，而公平性原则是市场经济运行的重要法则，是市场机制发挥作用的重要保障。

3）同代与代际的公平性

历史文化财富是属于人类共同享有的。在历史城镇的保护性开发中，不能为了部分群体的经济利益，而损害公众利益，也不能只考虑当代人的利益，而损害到后人享有历史城镇财富的权利。

阅读材料

成都宽、窄巷子保护与改建中的败笔

2003年，成都市开始启动实施宽、窄巷子的保护性改造工程，按此设计方案，宽、窄巷子历史文化片区将成为“成都第一会客厅”，借鉴上海“新天地”市场运作的全新模式，迎合现代人的消费观念和生活方式，通过资产经营，使其形成具有老成都特色并极具亮点的“会馆经济”。整个工程计划在2～3年内完成，耗资5亿元左右。项目定位为高品质的，以体验旅游、休闲、美食、会馆等主要业态构成的商业文化城镇。资料显示，宽、窄巷子一共有将近900户居民，而它的改造意味着这900户居民在房屋拆迁前必须搬离自己祖辈生活的地方，离开这幽静和谐的生活环境。他们在得到一笔补偿金后住进政府提供的返还房里，因为改建后的宽、窄巷子已经不再具备居家功能，而仅仅是商业文化区。

成都市政府提出的改造方案很明确，对宽、窄巷子实行的是保护性改造，也即改造的根本原则是在不破坏原有建筑的基础上进行一定的修复性改造。然而，事实并非如此，笔者曾经在不同的时间段多次到宽、窄巷子进行实地调查，目睹了大量的老建筑被拆除的过程。现场一片杂乱，红色刺眼的“拆”字充斥着人们的眼球，周围群众无不痛心疾首。在这段时间，来到宽、窄巷子拍摄和录制的专业摄影师、业余爱好者比以前更多了。他们纷至沓来，不放过每一个角落，用镜头记录着这里的一草一木、一砖一瓦。成都某电视台一位曾经拍摄宽、窄巷子现状的记者言语哽咽地说：“我们是在用镜头记录下绝版的宽、窄巷子。”

笔者最近了解到，宽巷子已经基本改造完毕，昔日具有浓郁小城特色的古朴民居几乎被拆除一空，取而代之的是清一色的仿古建筑，呆板而且做作，毫无特色和灵气，宽巷子原有的文化韵味所剩无几。而窄巷子的拆迁工作还在紧张进行中，笔者惋惜地看到，窄巷子的古建筑也几乎被夷为平地，不难想像，它将拥有与宽巷子一样的厄运。这种非文化的、趋利的盲目拆除再重建的方式，只能让宽、窄巷子这个能代表成都一段历史、文化、记忆的精神链发生断裂，丧失其本质的、无法替代的价值和艺术特色。

对于宽、窄巷子目前的改造现状，人们更多的是听到来自民间和具有良知的学者的声音，他们对此深感惋惜，纷纷发表自己的观点。

著名作家魏明伦指出：据我所知，在国外如罗马、希腊、法国等对历史文化区的保护就是绝对不能改，政府不能动，也不允许老百姓私自乱动。完整的让它继续完整，残缺的让它继续残缺。

作家冯骥才认为：城市最大的物质遗产便是一座座建筑，还有成片的历史城镇、遗址、老字号、名人故居等。它们纵向记忆着城市的历史脉络与传承，横向展示着城市宽广深厚的阅历，并在这纵横之间交织出每个城市独有的个性。

成都市人大代表、作家冉云飞认为：宽、窄巷子可以说是成都留下的清代文化与建筑最后的孤儿，最后的孤儿要离我们而去，我的心情可以用“痛心疾首”来形容。成都就是成都，比高楼比不过纽约，比浪漫比不过巴黎，成都不要成为纽约的近亲，香港的侄儿，巴黎的表亲，丢掉宽、窄巷子这张名片，就是丢掉自己的特色，是以己之短去搏别人之长。

原台北市文化局局长、知名作家龙应台认为：成都市民的淳朴、幽默赢得了我，但没有特色的城市风貌却让我“失去”了成都。宽、窄巷子是成都少数仅存的老区，正面临何去何从的难题。从那里可以看出政府官员对于文化保存的思维方式。

学者的观点使人深思，不过当人们亲临其境时，也会感到宽、窄巷子的改造设计的确存在着奇怪之处，说是中西文化合璧，类似于上海的“新天地”，实际上是不伦不类、不土不洋、不中不西的建筑群。这种改造本应该具有四川的民居特色，可是到此举目四望，仿佛置身于江南，因为整个设计具有江南民居的风格。江南民居墙壁是白色为主，西南民居是深灰色基调，这是因为四川冬天日照少、阳光少。全年平均每天日照 2 小时，四川长期历史普遍形成了灰黑色基调。看来，这些设计者既缺乏四川民居的基本知识，也缺乏中国民居的基本知识。

面对已经面目全非的宽、窄巷子，人们除了扼腕叹息还能做什么，宽、窄巷子的拆除重建像是一抹败笔浓重地涂在了新成都建设的图纸上。文化遗存是民族精神的载体，属于民族，属于生生不息的民众，谁也无权使用“美妙的名义”而将其毁坏。历史文化遗存并不属于哪一代人，谁也无权借用民众情怀定夺它们的命运，当代人仅仅只是后人委托的保管人，唯一要做和做好的只有保护祖先给人类留下的宝贵财富，而不是破坏它。

9.3 实现可持续复兴的社会化、人性化方法

9.3.1 21世纪城市面临的挑战

1. 历史街区是历史的象征与标志

如今，历史街区正面临以下诸多挑战与质疑。

(1) 如何协调发展与竞争，尊重居民的权利与需求，突出城市文化遗产作为公共财产的地位。

(2) 为塑造为群众服务的城市身份，如何将保护老建筑、居民传统和城市的新功能联系起来。

(3) 如何在不冻结文化、不破坏自然资源的情况下融入当今文化的成就来恢复城市肌理。

(4) 在应对房地产压力、满足各代人间社会文化相混合的需求时如何保证社会团结。

(5) 如何较好地实施历史街区的可持续复兴工程，运用合适的管理与措施。

(6) 在历史街区的复兴过程中，如何确保能够充分考虑居民需求。

(7) 如何让居民认识到他们是所属街区的特殊社会文化财富。

如此多的问题突出了政治、技术、人类、文化、环境和经济 6 个方面的相互关联。城市复兴过程和诸多问题的复杂性需要人们认清与理解问题，然后以跨学科的、民主的方式着手，从而使历史城区转变为“更好生活在一起”的地方。

2. 城市的爆炸式发展直接影响了历史街区

城市发展面临的多种现实，使其在以下两种状况间摇摆不定。

(1) 放任自流。历史中心区被完全破坏，居民们忍痛舍弃，搬往城市环线区域。历史价值尚未被承认的建筑被居民廉价出租或擅自占据。

(2) 精英式的复兴。随之而来的是街区被“博物馆化”，房价上涨，大量办公场所和宾馆成为主导，造成严重的分隔，以及社会资本、社会认同价值的流失。到一定程度时，这“博物馆化”的过程对历史街区也将造成价值的流失。

城市遇到了各种各样的困难，而这些困难会导致市民生活质量下降，市民的社会文化权利受到威胁，老城区功能和融合力丧失，城市缺乏相关的基础设施建设和公共设施；社会贫困化加剧，社会治安被危及、环境恶化，从而失去吸引投资和促进当地经济发展的能力，造成当地旅游业的发展无法控制等后果。

然而，在许多城市，历史街区的复兴取得了十分积极和令人鼓舞的成绩。为满足居民的需求，在城市文化遗产保存和保护、经济发展与城市功能、居住性能之间找到了适

合各地方情况的平衡点：为后代人着想，长期重视文化和自然资源。

各种保护文化遗产的措施与经济、环境、社会文化措施是互不抵触的：这些措施互为补充、有效结合，决定了项目能够取得长远的成功。

9.3.2 成功七要素

1. 强有力的政治意志是实现改变的主要载体

历史街区通常代表着城市的形象：它们可以成为推动文化多样性、消除贫困的实验室，可以塑造文化身份与提高居民的生活质量，引导城市的区域发展。

历史街区的复兴总能吸引新的居民和新的经济活动，可造成地价一定程度的增长。因此，复兴让人寄希望于经济的快速发展。

政治决策者、市区领导者和他们的团队要发挥重要的作用。他们可以指导制定复兴战略，使居民处于所有复兴过程的中心，试着通过适当的措施补偿地产压力带来的后果，或者由放弃街区所带来的后果。

复兴就是在有关经济发展的法律、居民的权利与需求和突出城市作为公共财产的价值之间找到一个满意的平衡点。

复兴是一个城市的职责，是城市各阶层参与者之间通过对话达成一致的产物。为此，需要根据各地方的具体情况明确提出问题、商讨政策，在充分为后代着想的前提下，通过可行性项目来贯彻这些政策。

1）注意事项

历史街区的复兴过程能够改善居民的生活条件，能够在避免以下事项的前提下突出文化遗产的价值。

- 不要驱逐人口（居民和传统商贩）。
- 不要取消传统职业。
- 不要切断社会文化联系。
- 不要取消附近的已有商业。
- 不要为流动商贩将住房改为保留性住房。
- 不要将历史街区与城市的其他地方隔离。
- 不要在不考虑居民因素和忽视项目对城市其他地方影响的情况下拆除建筑。
- 不要将旅游业发展为单一的经济活动。

以上是 Yves Cabannes 与伦敦大学“发展规划单元”工作小组在 2007 年 5 月联合国教科文组织指导委员会召开的关于城市复兴的社会方法会议上作为驻联合国专家的发言。

2）具体成功案例

(1) 同里（中国）。“除修复复原高质量的建筑与风景之外，十分重视维护文化背景、自然环境和地方传统，同时寻找新的经济增长点。为了改善居民的生活条件，通过实地调查对社会问题进行了研究。同时还制定了基础系统规划以提高居住区的舒适度。为了防止老街区周边的自然风景遭到潜在破坏，为了保护有该地区特色的农业和水产养殖业活动，划定了市郊的保护区并制定了特别法规。目标是在文化遗产保护和旅游业带来的快速发展之间找到合理的、可持续的平衡点。”（Alain Marinos 和邵甬，中法合作：上海同济大学国家历史文化名城研究中心、法国文化与交流部，法国建筑与文化遗产中心。）

(2) 各市政府倾听的能力。突尼斯城市马迪亚（Mahdia）就曾经放弃一项港口娱乐项目，因为其选址不当，随后实施了沿着海滩建沙丘的典型复兴项目。黎巴嫩的城市塞达（Saida）也曾经通过减少占用公地和控制公用土地合理使用的措施，减少了沿海大街对北部海滩的负面影响。

(3) 圣雅克-德-孔波斯泰尔（西班牙）。“已经考虑到历史城市的复兴要先从重建作为城市业绩的文化价值开始，从平衡城市功能开始。恢复城市的居住功能不仅解释了需要维护的元素和希望保护的文化遗产。而且最有效地防止了城市现代化转变，如旅游业带来的社会现象。用这种方式提出的问题具有比单纯保护建筑更广的意义。……在圣雅克-德-孔波斯泰尔通过尝试性政策希望优先维护、加强和保护的是城市代表的文化影响，在其历史范围内恢复城市功能和质量，而后才是城市的砖石、建筑、材料，或者建筑的价值和规模。”

以上是 Jose A. Sanchez Bugallo（西班牙）圣雅克，于 2005 年 3 月 18 日，在联合国教科文组织与联合国人居署的“城市政策与城市权利”项目启动仪式上的讲话。

2. 居民成为复兴工程的中心

男人、女人、孩子、年轻人、老人、世代居住的家庭，或者新迁家庭、因生活不稳定而移民的家庭、流动商贩、小餐厅、社团活动参加者、艺术家、商人、官员、游客，以及其他人……有如此多的居民和市民、街区居民以不同的方式生活着，他们有着不同的期望和需求。

全国性和地方性的战略必须有利于帮助居民解决住房问题，提供服务、鼓励建立能够创造就业机会的小型企业，以及满足老少贫困居民的需求。

对老建筑的维护离不开如今居住在历史街区的居民，他们赋予了历史街区特殊的含义。

有必要让所有人都了解他们的生活质量，支持他们通过各自的参与以多种形式展现街区的特色。现代城市的新功能必须与历史氛围相兼容。为此，有必要鉴别和推动历史街区非物质方面的发展（习俗、适应空间、手艺、价值观）。

“社会团结与经济竞争力不是相互排斥的目标，事实上，它们是相辅相成的目标。为了在两者中找到平衡点，管理是关键。要拥有战略眼光，考虑城市的每个区域，协调不同参与者的多种目标。”

以上是辖区发展与公共管理主任（OCDE）L. Kamal-Chaoui，于 2005 年 3 月 18 日，在巴黎联合国教科文组织的关于“城市政策与城市权利”的辩论会上的讲话。

3. 历史街区与城市、区域发展相结合

历史街区复兴项目的经验显示很多行动仅以老建筑为重点，而没有考虑居民、城市网、各个场所，以及城市和区域间的互动。市郊和市中心之间的规划必须使流动便利，这是市中心生存与发展的条件。历史街区的复兴过程必须与城市多样性发展的特点和实际情况相一致，也即必须满足居民和使用者的需求。

历史街区不能成为被孤立的区域：应支持地方项目，将其纳入城市发展的总体规划中，避免使历史街区在空间和社会层面与整个辖区分离。这是基于以下原因。

(1) 在许多国家，历史街区成为农村迁移人口与避难者的栖息之所。

(2) 在整个城市辖区和地区内以平衡、和谐的方式分配不同社会团体是关键。

(3) 在以城市旅游业快速发展为特点的世界背景下，历史街区依靠通往整个区域各处的交通线路而具备很强的旅游吸引力。

“为了有效保护城市和历史街区，要将其纳入与经济、社会发展一致的政策中，要在规划方案和城市化方案中多方面考虑保护城市与历史街区”。为此，“维护规划要将历史街区与整个城市和谐地结合起来。”

以上摘自国际古迹遗址理事会（ICOMOS）《保护历史城镇与城区宪章》(1987 年)。

历史街区与城市、区域发展相结合的具体成功案例有蒙特利尔（加拿大）。

“城市设计工作室（2006 年 10 月建立）的工作被纳入到将规划、商讨和沟通融为一体的大型城市活动中，目标是在 Griffintown 的可持续复兴工程的相关人士（居民、城市代表、倡导者、企业和机关、规划治理方面的专业人士等）中建立一个建设性对话机制。”

作为“城市设计工作室”的候选资格城市，蒙特利尔市正在筹划治理兵器广场（2007 年）。蒙特利尔也是国际法语国家市长协会（AIMF）的合作伙伴。

4. 重视发展公共空间，长期保护文化自然资源

无论是从功能上，还是从形式上，公共空间在城市中都起着中心作用，对城市空间的质量至关重要。其既是会面、交流、传递信息、文化的场所，而且还构建了街区的身份，推动了城市的多样融合。

同时，对确保城市的再次平衡而言，良好的交通流动管理是不可或缺的：减少私家车出行、增加环保公共交通工具、修建更多的人行道，要既严格又灵活地调整去往中心旅游景区的通道。

发展城市公共空间要达到的目标是：重新找到和维持城市中心的活力；将绿色空间与城市的主要构造相结合；肯定文化，连接对话；限制能源消耗、限制污染；减少移动的需要；改善城市形象。

重视发展公共空间，长期保护文化自然资源的具体成功案例有里昂（法国）和雷恩

(法国)。

“里昂城实施了以下措施：制定一部宪章，突出公共场所的利用；通过地方法规让居民更好地生活在一起；将文化遗产警戒区域列入地方城市化方案中；了解最‘普通’的历史文化街区；通过烘托城市氛围突出文化遗产；白天氛围（色彩计划）、夜间氛围（光计划）或在有节日庆祝活动时的氛围（每年12月8日的灯光节）；占地10公顷、5公里长的罗纳河坡地就是通过减少车辆获得的。”

以上是“里昂历史遗址”项目主任Bruno Delas，于2007年1月21—23日，在北京由联合国教科文组织和清华大学共同举办的关于“社会联合与历史遗迹保护相协调的城市复兴”的国际研讨会上的讲话。

“交通政策能使文化遗产的价值更好地显现出来，从而使其不仅受到‘保护’，更能得到重视：取消环线交通，逐渐增加市中心的人行道建设，运用公共交通工具有效连接市中心的最好方式是地铁，可以将整个居住区与市中心相连接。这些措施可以推动重新定性公共空间的政策发展，可以揭示该地区的空间质量、城市文化遗产部分的价值，以及在城市旅游业和文化活动方面的潜力。”（雷恩市城市化与治理处，2007年4月，雷恩市也是国际法语国家市长协会（AIMF）的合作伙伴。）

5. 加强功能混合性与改善居民生活条件相结合

城市生活对于数百万人来说，是生存、抗击失业和社会排斥、反对暴力与安全威胁的同义词。复兴项目应该将物质转换、当地主要人员的参与和实际工程、经济活动联系起来，同样还要满足需求与各方利益，如对人群流动、公共设施、就业、住房、商业、水务的管理。城市政策，尤其在贫困的历史街区，要致力于通过向居民提供就业机会吸引雇主，建立混合社会网，改善居民的生活环境和条件（健康、教育、服务、临近店铺等）。推动修建社会经济性住房的工作要与方便中产阶级获得产权、限制社会租房维护费用的工作同步进行。

城市加强功能混合性与改善居民生活条件要达到的目标如下。

(1) 考虑所有居民的基本权利。

(2) 帮助弱势人群拥有住房，通过多种补偿手段来应对在历史街区出现的土地倒卖现象，推动各代人间的融合。

(3) 人群流动与交通相适应，从而将街区与城市其他地方连接在一起。

(4) 创造就业机会、实现商业多样化。

(5) 保持社会联系与文化联系，发展公共设施（学校、健康、社会服务、培训）。

(6) 避免社会排斥，接纳移民。

其具体成功案例有基多（厄瓜多尔）和马拉加（西班牙）。

“为应对变化，已经建立新的基础设施迎接非正式商业活动和流动商业活动，为几十年来不稳定、艰苦的工作条件提供新的解决方案。解决了这个主要问题后，在市政府与私营部门、国际协助的通力合作下，城市翻新速度突飞猛进：改变了道路、广场、餐厅门面、教堂的面貌，改善了城市照明等。此外，强化了新的战略重点，如建立微型企业、店铺自我管理、发展旅游业、普及新的经济活动、接收被城市历史吸引而来的家庭等。”

以上是 Horacio Servilla Borja，于 2004 年 9 月，在联合国教科文组织举办的关于“历史街区社会持久力”的圆桌会议上的讲话。

“马拉加除在住房领域的大量公共投资（新建与修复）、治理公共空间、创建社会文化多功能中心、建设公共设施、特别关注移民等方面取得了相关经验外，最有创新意义的经验就是创建了出租年限为 7 年的公共住房中心，该中心主要是帮助老人和年轻人，尤其是大学生。这些中心可以促进各代人之间的互助，让那些因房价高而无住房的部分人群以合理价格获得住房。”

以上是 Moreno Peralta. J. R. Casero、A. Gutierrez Istria，于 2004 年 9 月，在巴塞罗那由联合国人居署举办的城市论坛中，在联合国教科文组织召开的圆桌会议上的发言。

6. 通过创新与文化多样性提高城市的身份价值

历史归属感、文化归属感、街区归属感的再现与要求是人类身份自我认同和被认同的情感表现。历史街区传承了文明的产物——知识与手艺，在认识和组织城市生活中起着关键作用。创建与创新是历史街区复兴过程中不可或缺的部分。复兴过程的创新有助于采用新方式联系参与者、重新理解领土的项目。维持或创造高品质手工艺的同时要支持创新。

城市创新和文化多样性要达到的目标如下。

(1) 推动调解协商来连接文化、艺术、政治与制度活动。

(2) 方便各层次人群了解文化，拥有保护历史文化遗产的意识。

(3) 传承非物质文化遗产，这是各族人民的身份标志。

(4) 运用考古学更好地了解城市。

(5) 支持创新者和手工业者，创造高质量经营，生产高质量产品。

(6) 通过在历史街区之外的文化展示平衡领土的吸引力。

其具体成功案例有布鲁塞尔（比利时）。

比利吉特大教堂（Brigittines）紧邻混凝土修建的社会住宅区，其建筑美学一直备受争议，自其建成百年后，终于成为了宗教古迹。从 2000 年起，该教堂受到了布鲁塞尔市的高度重视。布鲁塞尔市相信复兴被遗弃的街区对传承文化有十分重要的作用，采取了诸多措施：重新恢复生活文化空间、向修复和美化工程发放津贴、建立新的交流场所、决定制定关于 Brigittines Tanneurs 小岛的街区合同。“比利吉特人（Les Brigittines）”是布鲁塞尔的一个创新艺术街区，如今已经成为进行当代艺术运动、传播艺术声音的中心，在考虑所有的艺术家和尊重每个当地居民身份的前提下开发了自己的艺术项目。（Monique Duren，2007 年 6 月，任布鲁塞尔文化处负责人及“比利吉特人（Les Brigittines）”艺术中心主任。）

7. 持久管控文化旅游业，同时保持多样性经济领域

面对文化旅游业的快速发展，历史名城可以成为喜欢都市氛围游客的游览目的地。城市及历史街区的"品牌形象"，一方面包括文化遗产及其文化历史内涵，另一方面包括居民给各场所带来的氛围与灵魂——街道成为了名副其实的"文化场景"。旅游业通常因其可以带来快速的经济效益、增加外汇收入而备受青睐。实际上，文化旅游业也可以活跃街区气氛、促进当地大范围的商品生产。

然而，对旅游业的发展也要保持高度警惕，因为其可以对环境、社会构成和文化遗产带来不可挽回的影响，制造难以解决的冲突。要避免给游客专门设计产品，要突出已有产品，推动真正的交流。旅游城市应保持或成为生活、工作、学习，可以容纳多样化和开发的地方。旅游线路的多样性应有助于限制大量游客集中在公认的热门景点。

"可持续发展方法及旅游业管理应该通过长远规划、合作、控制结果和不断适应变化来实现。"（2006 年，OMT、PNUE 出版的《实现旅游业的可持续发展：政治决策者的指南》）

持久管控文化旅游业要达到的目标如下。

(1) 在不降低居民生活质量的前提下增强街区的吸引力。

(2) 尊重承载能力、限制负面影响。

(3) 公平分摊所得利益、通过旅游业收入治理重点历史遗迹。

(4) 肯定文化价值、考虑生态条件。

(5) 通过在群众中的宣传与培训提高他们的参与度。

持久管控文化旅游业的具体成功案例有班贝格（Bamberg）（德国）。

"班贝格是旅游热门景点。因此，优先考虑开发和建立一个真正的行人导游系统，以解决因旅游业、交通、历史建筑和遗址之间的互动所带来的问题。在这个特殊背景下，旅游业专家与文化遗产保护负责人的通力合作显得尤为重要。"（Matthias Ripp，2007 年于班贝格市。）

9.3.3 行动的具体实施

1. 每一个历史街区都是唯一的：不存在重建"模式"

每个历史街区都各有特色，复兴策略必须考虑地方的具体情况，依靠那些经过合理方式评估过的文化资源、金融资源、技术资源和可动员的人力资源。没有唯一方案，也没有"奇迹"方案，但是可以有缜密的战略，这是在各辖区价值观及辖区推广这些价值的能力基础上制定的。这些价值和释放元素构成了这些在专家指导下制定的战略。

因此，强烈建议从调查开始，以便全面了解问题。有很多具体的技术和方法可以帮助复兴项目的执行者。

"我们一致认同应该避免或控制富人居住区的发展，应该对社会融合及城市功能多

样性进行长期的研究。城市、街区、广场、街道永远都不能功能单一化：城市就是生活。当人们在历史街区实施一项城市项目时，永远不要忘记‘genius loci’——‘地神’”。(Bruno Chauffert - Yvart，法国文化部建筑与文化遗产总监察员)

2. 项目一开始就组织执行者共同协商，鼓励相关民众参与

良好的地方管理是通过一系列合理的政治、财政和相关部门间的合作实现的。这也是成功实施复兴项目的前提条件，以确保街区和所属区域的协作行动。执行者之间的跨部门工作需要付出更多努力，以超越社会、经济和技术方面的不同逻辑，找到可以共处的领域。

参与过程需要在策略或复兴项目的不同阶段实施。事先向市民征询意见，分享和尊重法规十分重要。找到和运用居民可以理解的通俗语言，避免过于专业的技术语言。

组织执行者共同协商，鼓励相关民众参与的具体成功案例有圣-但尼（法国）和波特兰（美国）。

“在实施城市政策的框架下，居民的参与是重中之重，特别为居民的生活建立了民间教育工作室、创建了街区委员会、加强了街区社会团体领导集体的作用。居民很快自发组织了社会团体、决策团体等。这些团队能够帮助暴露街区问题，让他们获得对待建项目进行交流、参与其中的机会。从地方层面看，这些团队能帮助街区委员会解决问题。”(2000—2006 年“圣-但尼城大型项目”辖区协议。)

建于 1843 年的波特兰市如今必须面对在街区变为“历史街区”复兴过程中出现的富人居住区问题。给街区冠名“历史街区”的初衷是为了实现规划投资、打造街区身份的战略性目标，因为街区居民不稳定、暴力级别高。在教育、住房和经济领域使用各种方法和指导性政策，不仅改善了街区的条件，而且为波特兰的整体规划（整个辖区）提供了经验。

以上是波特兰规划局主任 Gill Kelley，于 2008 年 5 月 7—9 日，在西班牙塞维利亚由联合国人居署与联合国教科文组织共同举办的“大众的历史街区”研讨会上的讲话。

3. 支持多学科方法，推动网络工作和建立合作伙伴关系

复兴的过程十分复杂，需要很好地理解不同领域（环境、社会转变、经济、文化、城市规划、文化遗产、旅游业等）和它们之间的相互作用。所有综合步骤都需要重新组织工作。城市技术和行政服务性能的良好运作需要切合复兴的实际。必须框定这项工作：先进行倾听群众呼声工作、协商工作、解决冲突工作和培训工作。变化是必须共同分享的，而不能把其强令给居民。遵守工作透明化原则，对实施工作进行跟踪调查，根据战略和城市的发展来进行调整。预期工作必须能够满足当代人的需要，而不破坏下一代的需求。

支持多学科方法，推动网络工作和建立合作伙伴关系的具体成功案例有魁北克（加拿大）。

“……在管理者之间，尤其是行政主管人员之间或市政领导者之间，在使用者之间，

不仅包括居民，而且包括开发商和业主，都存在着一种紧密的联系。协商工作必须长期不变。……监察力度的不断增强为保护环境（无论是自然环境、文化遗产或简单的城市环境）提供了主要保证。交流机制要制度化，不能任凭个人意志、政治形势或经济形势所摆布。”

以上是建筑师和城市设计家、魁北克市可持续发展副总负责人 Serge Viau，于 2007 年 10 月，在顺化（越南）举办的国际法语国家市长协会（AIMF）代表大会上的讲话。

4. 拥有独立的行政和技术管理机制

资助复兴的同时要建立独立的管理机制（办事处、事务所形式）、制定策略方案，尤其是那些能够帮助“发展中国家”合理协调使用来自国际援助的资金，尽量减少资金分散现象，具备对当前和中长期发展的策略眼光。最有效的方式是从现有的实用资源开始。

当决策者在已有的技术服务支持下作出第一个选择时，用这些机制管理复兴过程。这些机制必须灵活，以方便跨部门横向工作，也要适时更新，以处理城市综合恢复过程中的经济、社会、文化和环境问题。当总体利益得到了尊重，则合作关系就会显得更有成果，可以帮助摆脱对外部协助的依赖。

5. 采取的工作步骤

争取居民参与每一个阶段的工作并且从复兴过程一开始就如此，这是取得成功的条件。按照先后顺序和横向工作要求所建议的步骤如下。

(1) 进行实地考察：在区域框架内，标明历史街区的资源和问题、分析居民的需求、鉴定和清查文化遗产。

(2) 实施可参与的、战略性的区域诊断：明确提出问题、预计解决措施。

(3) 制订和生效行动方案：根据优先轻重不断推进、预测，进行影响性研究。

(4) 实施行动方案和项目：运用人性化方法和财政方法，提高能力（培训、专门技能）。

(5) 持续跟踪和评估不同实施阶段：为未来的行动总结经验。

(6) 进行宣传工作：保持复兴项目各种选择的明朗与清晰。

其具体成功案例有塞维利亚（西班牙）。

塞维利亚市历史街区复兴的成功经验是拥有两个重要的互补工具：塞维利亚 2010 年战略方案和城市发展新方案。这个（社会—经济的和城市的）双重战略连接了传统与现代、历史与未来的预测，使方案的实施能够在地方决策者、公共和私营部门参与行动的框架下进行，在保持塞维利亚城市形象的前提下创造了利润，改善了生活环境和服务。

塞维利亚市成功的主要因素有：将战略规划与城市规划相结合；各不同行政部门意见统一，有合法的框架，公共行政部门权责分明；提高居民的参与度，虽然复杂但是很有成效；私营部门的参与和与企业谈判；国际定位，通过在国外的营销和促销，同时加强合作。

以上是塞维利亚城市规划中协调员 Jose Carlos CUERDA GARClA-JNCEDA，于 2008 年 5 月 7—9 日，在西班牙塞维利亚由联合国人居署与联合国教科文组织共同举办的“大家的历史街区”研讨会上的讲话。

9.4 案例分析：以丽江模式为主导的文化遗产保护行动

9.4.1 丽江简介

世界文化遗产古城丽江，位于滇西北高原上，距今已有800多年历史。1950年以后，由于丽江政府作出“保留古城、另辟新城”的决策，没在“旧城改造”的概念下进行城市发展工作，使古城得以完整保存，形成了古城与新城并存发展的城市格局。古城以海拔5 596米的玉龙雪山为背景，以世界独有的东巴文化、纳西古乐等为代表的独特的纳西族历史文化为内涵，从而以其城市空间、环境、建筑，以及具有民族特点的民俗、节庆等，成为颇具特色的纳西族历史文化城市。其中，曲折有致的古老街巷，高低错落的民居建筑，淌遍全城的潺潺流水和古桥、绿树构成了人与自然和谐统一的“浪漫空间”，洋溢着“小桥、流水、纳西人家”的诗情画意……因为保护了古城文化的真实性和完整性，带动了相关产业的发展，1999年旅游业收入达到10.9亿元，占国民生产总值的83.3%，旅游从业人员占总就业人数的27.8%。丽江是成功的，而丽江的成功正在于其较好地保护了城市的历史风貌与文化特色，突出了自己的个性。

丽江古城是一座具有较高综合价值和整体价值的历史文化名城，集中体现了地方历史文化和民族风俗风情，体现了当时社会进步的本质特征。流动的城市空间、充满生命力的水系、风格统一的建筑群体、尺度适宜的居住建筑、亲切宜人的空间环境，以及独具风格的民族艺术内容等，使其有别于中国其他历史文化名城。古城建设崇自然、求实效、尚率直、善兼容的可贵特质，更体现特定历史条件下的城镇建筑中所特有的人类创造精神和进步意义。丽江古城是具有重要意义的少数民族传统聚居地，它的存在为人类城市建设史的研究、人类民族发展史的研究提供了宝贵资料，是珍贵的文化遗产，是中国乃至世界的瑰宝。

9.4.2 申报世界文化遗产的理由

意大利那不勒斯时间1997年12月3日，北京时间12月4日，根据联合国专家的评估报告和中国政府先前提交的申报文本与有关资料，世界遗产委员会第二十一次会议的与会代表认为丽江古城符合《执行世界遗产公约的操作准则》(Operational Guide Lines for the Implementation of the World Heritage Convention）规定的世界文化遗产评选标准的第二、四、五条，且具有“突出普遍性”的文化遗产价值，同时也通过真实性(Authenticity）的检验，并且拥有保护维护与经营管理的健全运作机制，因而丽江古城被正式列入世界文化遗产名录。丽江古城符合加入《世界遗产名录》条件，理由如下。

（1）在一定时期内或世界某一文化区域内，对建筑艺术、纪念物艺术、规划或景观设计方面的发展产生过重大影响。

（2）可作为一种建筑或建筑群或景观的杰出范例，展示人类历史上一个（或几个）重要阶段。

（3）可作为传统的人类居住地或使用地的杰出范例，代表一种（或几种）文化，尤其在不可逆转之变化的影响下变得易于损坏。

9.4.3 历史上保护的传统

历史上对于丽江古城的保护是以民间保护为主、官府保护为辅。保护古城就是保护自己的居住环境、生存空间和发展权利。因此，民众的自觉保护意识很强，古城居民对于古城的自发性保护从来没有停止过。民间有许多保护古城水系、道路、桥梁、山体、古树，以及古城市容、卫生等的民谣、诗词和乡规民约，居民们互相监督、严格遵守，至今仍在街头巷尾流传。例如丽江三眼井，丽江三眼井又称三叠泉或三叠水，是丽江特有的一种水井（见图9-2）。丽江三眼井实际上是一个泉眼出水，从高到低分三级地势流淌，用石条或砖分别砌成3个围栏，井水浅而易见，井口大，成水塘状，从高到低三眼井中第一眼为饮用水、第二眼洗菜、第三眼洗衣。因三眼井按地势而成，下塘水不会污染上塘水，又可供不同需求者同时使用，村规民约而成，节约又环保。

图9-2 丽江“三眼井”

9.4.4 现有的保护模式

现有的保护模式被称作“丽江模式”。“丽江模式”是一个系统的框架体系，是联合国教科文组织指导亚太地区文化遗产保护工作的实施纲要，由4个相互关联的部分组成，是可持续性文化遗产管理，以及旅游的投资、决策和行动顺序的总体模式。

1. 文化遗产资源保护的财政管理模式

欧美等发达国家的遗产管理体制比较完善，遗产地（国家公园）一般由联邦政府直属，保护资金由联邦政府按法律拨付且相当充裕，不必依靠旅游业来获得保护资金。而处于发展中国家的亚太地区则不同，遗产管理体制尚不完备，遗产地以地方政府为主进行管理，虽然有时会得到中央政府的资金补助，但主要的保护资金要靠地方政府筹集，而地方财力有限，只得凭借遗产资源发展旅游，从旅游收入中提取遗产保护资金。于是，如何从旅游业中提取遗产保护资金，如何管理和使用就成为大问题。

丽江模式是针对遗产保护、维护和发展的地方性财政管理模式。其核心内容是遗产地所在的市一级政府如何筹集遗产保护的资金，如何管理、分配和使用这笔资金。其步骤如下。

(1) 检讨现行收入产生机制。

(2) 鉴别及利用新增收入的机会。

2. 旅游业对文化遗产保护的兼容和投资模式

文化遗产属于社会公益性的文化财富，属全人类共有，而并非是属于某个团体的旅游资源和经营性资产。作为公益性的文化财富，按理应是人人可以分享的“免费午餐”，但是免费使用将使人们蜂拥而来，不利于遗产的保护，而且免费使用则无从体现遗产的价值。因此，必须让旅游者付费，收费既可以控制游客数量，又能使遗产地获得资金来源。

丽江模式是在文化遗产持续性发展的基础上，利用旅游业对其进行投资，观光旅游与文化遗产的利益共享以获取利益的可持续发展。其核心内容是旅游业如何促进文化遗产保护，主要方法如下。

(1) 对旅游业操作者在文化遗产价值及其保护方面进行教育。

(2) 对能让旅游业贡献于保护活动的方法进行公式化。

3. 对社会团体进行教育和技能培训的模式

必须让居民特别是青少年和旅游从业者意识到，文化遗产是旅游业的基础，旅游业附着和依赖于文化遗产，有了遗产才有旅游业，才有社区的繁荣发展和新的就业机会。如果不能有效地保护遗产，旅游业就难以为继。

丽江模式的核心内容是对当地居民、游客、旅游从业者进行宣传、教育和培训，从而使他们充分认识到遗产的价值，自觉地保护遗产。同时应通过教育和培训，使社区居民掌握文化遗产与旅游业相关的知识、技能包括传统的工艺等，从而有新行业和新的就业机会，让遗产造福于当地居民。并且，特别强调为妇女和青年争取新的就业机会，其主要步骤如下。

(1) 确认新增的当地企业及就业机会。

(2) 设计适当的训练课程，并提供经济上的支持，将潜在的机会转变为事实。

4. 遗产管理者之间的矛盾解决、建立社区共识的模式

与遗产地有密切关系的是政府、企业和个人，细分下去有政府的城建、文化、旅游等部门，有房地产企业、商业企业、旅游企业，有本地居民、外来经商者、游客等，不同的团体（个人）有不同的利益取向，产生冲突和分歧是必然的，若不能及时解决矛盾，将非常不利于遗产的保护。建立一个能协调、沟通利益各方的关系、主管遗产可持续发展的权威部门至关重要，并要设置利益各方能平等参与、各抒己见的论坛，让各方都能参与到遗产保护之中，要对各方的收益进行调节，纳入政府的统一调控之中，建立“双赢或多赢”的机制，尤其要对旅游业、商业的发展进行适度控制，切不可放任而导致过度发展，从而损害遗产。

世界文化遗产丽江古城保护管理局实施的（《云南省丽江古城保护条例》2005 年 12 月），在其中的第十条明确指出，保护区内的历史建筑禁止拆除，进行房屋、设施整修和功能配置调整时，外观必须保持原状；建设控制缓冲区内不得建设风貌与古城功能、性质无直接关系的设施，确需改建、新建的建筑物，其性质、体量、高度、色彩及形式应当与相邻部位的风貌相一致；环境协调区内不得进行与古城环境不相协调的建设。保护维修丽江古城内传统民居要修旧如旧，原貌恢复，与丽江古城文化内涵相结合，与保护丽江古城山、水、田园之间和谐融洽的环境风貌相结合，与保护古城的构成机理与空间合理布局相结合。丽江古城保护管理局实施了《世界文化遗产丽江古城传统民居保护维修手册》，其实用性和可操作性强，通俗易懂，对古城内各类建筑的保护维修具有较强的指导作用，以便保护传统民居的造型、外貌、体量、尺度、色调和风格，这是保持丽江古城真实性和完整性的重要内容之一。并对丽江古镇民居修缮中用《丽江古城民居修缮现场勘查记录表》进行监控。《世界文化遗产丽江古城传统民居保护维修手册》中的规定范例如图 9－3～图 9－6 所示。

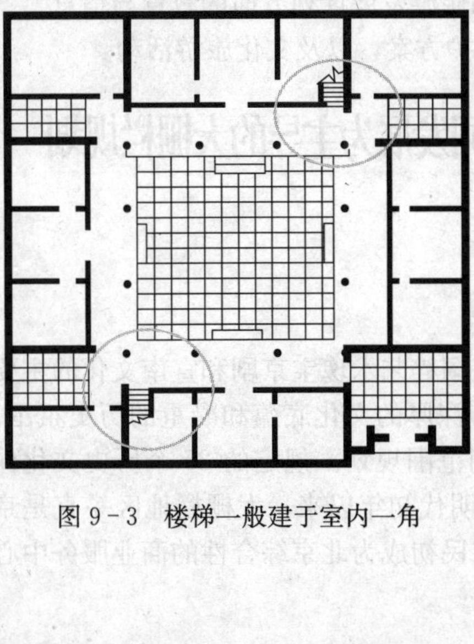

图 9－3　楼梯一般建于室内一角

图 9－4　楼梯不应在主院内设置或对外临街设置

(1) 楼梯设计规则。图 9－3 为楼梯正确示例；图 9－4 为楼梯错误示例。

(2) 结构体系规则。图 9－5 为材料体系正确示例；图 9－6 为材料体系错误示例。

图 9－5　丽江古城内的传统民居皆用木结构体系

图 9－6　钢筋混凝土结构体系禁止用于丽江古城内的传统民居

资料来源：朱良文，肖晶．丽江古城传统民居保护维修手册．昆明：云南科技出版社，2006.

丽江模式是观光旅游业者、房地产开发商、当地居民，以及文化遗产保护专家等各利益方之间化解冲突的模式。解决促进旅游业发展，处理资源开发与保护文化遗产之间的矛盾，建立文化遗产保护专家、政府官方和观光旅游等单位之间的合作，其核心内容是与遗产相关的利益各方加强交流、沟通和合作，消除分歧，达成共识，其主要步骤如下。

(1) 为所有利益方建立一个制度化的场合（Structural Venue），让他们提出讨论各自的处境及相关计划，并接受有关文化遗产保护和旅游发展计划方面的教育与信息。

(2) 鼓励共同参与个案研究、执行文化遗产保护方案，以及文化旅游活动。

9.5　案例分析：以旅游业与商业协同发展为主导的大栅栏规划

9.5.1　大栅栏概况

大栅栏历史城镇是北京旧城最古老的地段，是国粹艺术瑰宝京剧和宣南文化的主要发祥地，士人文化和平民文化的有机交融使其具有深厚的文化底蕴和凝重的历史氛围。该地区属于《北京旧城历史文化保护区保护和控制范围规划》规定的 25 个历史文化保护区之一，建于明永乐 18 年（公元 1420 年），自明代初年以来，大栅栏地区一直是京师商业、服务业、娱乐业和手工业荟萃之地，清末民初成为北京综合性的商业服务中心和金融中心。至今仍然保留着众多名人故居、会馆、寺庙、商号、戏院等风貌较为完整的历史遗存，以瑞蚨祥、同仁堂、六必居、内联升、亨得利等京城30余家百年老字号为代表，成为构成古都风貌的重要要素和最主要的传统商业中心，体现了具有老北京特色的商业文化。而大栅栏西街—铁树斜街、杨梅竹斜街—樱桃斜街等整个城镇的框架体系，反映了从金中都、元大都到明、清几代北京城变迁的历史痕迹，具有很大的历史文化鉴赏价值。从1980年以来，该地区的建设发展相对滞后，但传统建筑、城市肌理、商业老字号、民俗文化等传统的城市元素得以基本保留，并以其风貌的独特性、完整性、观赏性在北京中心城区绝无仅有，是构成北京都城历史记忆和古都风貌的重要组成部分。

本文的研究范围为大栅栏街道的辖区，位于宣武区东北部。东至前门大街与崇文区交界，北至前门西大街与西城区接壤，西至南新华大街与椿树街道相连，南至珠市口大街与天桥街邻接。地域近似正方形，区域内有114条街巷，面积为1.3平方公里。

9.5.2 历史城镇及重要遗存的分布肌理及旅游资源评价

历史城镇的肌理是体现城市历史风貌的重要元素，也是作为旅游吸引物的重要吸引要素。该区的道路肌理特征主要体现在两个方面，一个是整齐的传统胡同，主要分布在北部和东部地区，这些胡同多数宽度介于3～4米，最窄处仅为0.8米；另一个是分布在中部和南部不规则的斜街，这些斜街在北京棋盘式路网格局中独具特色，具有很高的游览价值。区内各重要的历史遗存街巷承担着不同的功能，其中，前门大街是重要的城市道路；大栅栏和琉璃厂是两条重要的商业城镇；杨梅竹斜街、铁树斜街、棕树斜街、樱桃斜街、大栅栏西街等5条斜街分别承担着区内各自的商业功能和旅游功能；而延寿街东侧和煤市街南段东侧则是两片较完整的胡同区（见图9－7）。

图9－7 北京大栅栏的小胡同

区内历史遗存建筑众多，现存重要的历史建筑类型主要包括质量较好的四合院民居、会馆、名人故居、寺庙、茶馆、商铺、银号等，具有较高的历史文化价值和建筑审美价值。历史上区内建筑功能分布比较鲜明，中部、北部以居住功能为主，其间穿插了众多会馆、寺庙等建筑。东部以商业功能为主，大多数为老字号店铺、前店后厂商号，以及众多的银号；南部是以茶室为主的“八大胡同”地区。本地区历史建筑形式主要分为两类：一类为单层清式传统北京民居风格，四合院格局，院落尺度较小，样式朴素，清砖灰瓦；另一类为结合西洋古典形式的“清末民初”风格，二层为主，独栋或中庭格局，外观多为砖、石材质的中西合璧形式，这类建筑多为商业金融设施。按照建筑质量分析，现存可利用的建筑中，质量优良类历史建筑占4.7%，质量一般类历史建筑占26.3%，质量较差类历史建筑占55.2%，而非历史遗存建筑占13.8%。由此可见，该区域基本保持了古典风格的历史风貌。参照世界文化遗产的价值评估标准，大栅栏历史城镇作为旅游资源，主要包括历史文化价值、地域资源价值和风貌观赏价值3个部分，每个价值都存在作为吸引物吸引游客的不同细分特性。其中，历史文化价值为历史城镇向旅游业更新和改造提供了文化背景与发展内涵等载体。事实上，大栅栏历史城镇具有完整的历史风貌和独特的“京”味景观，保证了游客对城镇的认同性和忠诚度，为实现历史城镇可持续发展提供了保障；风貌欣赏价值是旅游开发资源向产品转化的物质基础和外在实体，大栅栏地区风格多样的建筑、丰富的景观画面和紧凑的建筑格局为游客提供了完美的审美体验；城市中心区良好的区位条件和完善的商业环境氛围等地域资源价值为旅游开发融资提供了保障。

9.5.3 基于保护、更新与旅游业可持续发展的历史城镇设计

1. 土地利用方案

在遵循历史文脉的基础上，考虑到本地区历史文化内涵和商业市场的灵活性，在现阶段土地功能规划侧重于特色功能的区域性划分结合现状土地利用实际情况，土地利用按照下列特色分区：传统风貌居住区——北京传统民居形式的居住建筑，占11.9%；传统风貌商业区——清末民初传统建筑形式的商业、传统手工业、商务办公服务业设施，占11.7%；传统风貌商住区——传统形式的商业建筑、居住建筑混合布置或底层商业、上层居住的混合功能建筑，占19.6%；综合商贸区——与传统风貌相互协调的、具有现代化功能的大中型商业、服务业、办公综合设施，占14%；传统文化旅游区——与文化旅游相关的传统风貌建筑，包括旅游商品经营、特色餐饮经营、旅馆、京剧文化展示等，占17.4%；区内干道占地17.3%；学校、市政和其他用地，占8.1%。

2. 历史城镇保护功能分区

历史风貌重点保护区包括大栅栏及东琉璃厂两处文化重点保护区，区内建筑风貌将严格保存现状或恢复原状，禁止一切与文物保护相违背的生产与建设，已经存在的或正在进行的建设项目必须立即停止并按期拆除或搬迁，以保护和恢复城镇及其遗存的历史风貌。

历史风貌控制区是指上述两处地区周边区域，其区内建筑风貌的控制原则与重点保护区一致，但允许有少量与原风貌一致的“仿古”式样建筑，但严禁进行与历史城镇及文物保护相抵触的建设项目。

历史风貌延续区是指在建设控制区与城市主干道一侧建设过渡地段，区内建筑风貌要求与邻近的重点保护区和控制区的风貌特征有明显的延续关系，禁止任何割裂历史城镇文脉及其固有肌理的行为。

历史风貌协调区即沿南新华街、珠市口、西大街及前门西大街一侧的建设地段，区内建筑风貌要求在体形、色调、式样等城市设计要素方面与风貌保护区、控制区相呼应，保护历史城镇的氛围和旅游开发的意境流空间。

3. 景观带与旅游业态的分布与调整

区内道路系统主要以服务当地居民生活、商业和旅游业为主，不考虑过境交通的需求。在此基础上，可以通过对旅游资源的整合，形成点、线、面相互结合的三维立体旅游网络，即形成3条开放型景观廊道、7个特色旅游区片和10个特色旅游景点。

3条景观廊道构成了区内的主要游览线路：前门西河沿大街沿线，以正乙祠戏院、关帝庙、月亮湾景区连成景观带；斜街沿线，以五道庙广场、观音寺、大栅栏街连成景观带，这里也是历史文化最丰富的旅游景观带；东琉璃厂经“一尺大街”至陕西巷沿线，以东琉璃厂广场、厂东门广场、民俗文化广场、万佛寺连成景观带。

7个特色旅游区片按其各自分工和承担的职能主要分为两个部分，一部分是旅游活动的核心部分，用于展示当地不同的民俗风情和商业市井文化，吸引游客，打造为相应的旅游产品簇群，如琉璃厂文化旅游区、梨园文化旅游区、八大胡同民俗区、大栅栏传统商业旅游区、传统四合院胡同展示区；另一部分主要用于为区内旅游活动提供相应基础设施的服务等内容，如既方便本地区旅游者，又服务天安门地区游客的餐饮娱乐区和小型旅馆区。

根据旅游活动的需要，将10个特色旅游景点布置在不同区域内，从而形成完整的吸引物组团体系。

结合区内实际情况，按照历史城镇保护、更新与旅游业可持续发展协同的操作模式，对不同特色旅游区片内的设施及其分布进行必要调整，主要行动计划包括：将部分历史建筑改造为旅游设施，如展览馆、服务中心、特色餐饮点等；胡同游旅游产品增加旅游活动的动态观光特性；旅游商品经营增加价格适中、有特色、高品位的艺术品；强调城镇的传统市井氛围，增加传统风貌的茶馆、酒肆等，营造休闲、舒适的气氛和意境流；增加晚间经营的商业、娱乐设施，恢复该地区日夜繁荣的场景，细分人群形成白天与夜晚不同的经营特色。

本章小结

历史城镇属于人文社会旅游资源，其具有历史性、传统性、融合性和特色性等特点。在对历史城镇进行规划设计时，要把握以下原则：①适度开发，加强保护；②突出主题，强调特色；③区别对待，因地制宜；④以资源为基础，以市场为导向；⑤以人为本，协调发展。历史城镇既然具有值得人们珍存的历史文化和观赏等多方面价值，又由于时间的推移，受到一定程度的损害，对其应在保护的前提下进行适度整治、开发，使它的价值得以更完美地体现。在这个过程中要处理好旅游资源开发与保护的关系，既要合理开发和利用资源，又要保护好生态环境、自然和人文遗产。

历史城镇规划设计要点具体包括：旅游规划可行性分析，可行性分析一般包括资源、经济、政策、市场4个部分；合理定位旅游城镇的功能，突出城镇的特色，旅游城镇规划主要解决两个问题：功能问题和特色问题；旅游交通的组织；旅游设施的配备。

历史城镇保护性利用的基本观念主要有保护观、发展观、市场观和法制观。近年来，过度开发、“拆旧建新”导致历史城镇的破坏严重，在历史城镇的开发与利用中树立科学的保护观，就是要明确保护是利用的前提和重要目标，保护利用的核心是提高人居生活质量，重点是保护传统风貌，维护历史城镇的真实性，最大限度地保护城镇的历史文化价值。在保护性开发过程中要遵循历史城镇的保护原则与方法，积极配合和促进保护工作的开展。发展观包括全面发展观、协调发展观和可持续发展观。为了吸纳资金投入、提升经济效益、提高工作效率和促进公众参与，引入了市场观的观念。在历史城镇的保护性开发与利用中，可以考虑采取引入企业、开发商等多元市场主体的方式，通过市场机制来把握市场信息，调配资源，利用市场调查、定位、策划等多种市场分析方法来确定历史城镇保护性开发与利用的项目及产品，并通过市场营销的方式加以宣传。树立法制观的原因是为了规避风险和符合市场准入的要求。法制观的含义是完善历史城镇保护的法规，严格依照法律、法规执法和引入法律监督机制。保护性利用的原则是可持续利用原则、整体性原则、多样性原则和公平性原则。

对于实现可持续复兴的社会化、人性化方法，具体提出成功的7个要素：强有力的政治意志是实现改变的主要载体，居民成为复兴工程的中心，历史街区与城市、区域发展相结合，重视发展公共空间，长期保护文化自然资源，加强功能混合性与改善居民生活条件相结合，通过创新与文化多样性提高城市的身份价值，持久管控文化旅游业，同时保持多样性经济领域。

本章还列举了以丽江模式为主导的文化遗产保护行动的案例分析，丽江现有的保护模式包括4个方面：文化遗产资源保护的财政管理模式、旅游业对文化遗产保护的兼容和投资模式、对社会团体进行教育和技能培训的模式和遗产管理者之间的矛盾解决、建立社区共识的模式。此外，还列举了以旅游业与商业协同发展为主导的大栅栏规划的案例，结合区内实际情况，按照历史城镇保护、更新与旅游业可持续发展协同的操作模式，对不同特色旅游区片内的设施及其分布进行必要的规划。

练习题

1. 名词解释

自然景观资源　历史人文资源　民俗文化资源　保护观　协调发展观　可持续发展观

2. 思考题

(1) 简述历史城镇的旅游资源特征。

(2) 简述历史城镇规划设计原则。

(3) 简述坚持保护观的原因。

(4) 简述树立发展观的原因。

(5) 简述发展观的含义。

(6) 简述建立市场观的原因。

(7) 试论述历史城镇规划设计要点。

(8) 论述保护性利用的原则。

(9) 论述实现可持续复兴的社会化、人性化方法的要素。

参考文献

[1] 王耀兴．历史街区的保护性利用探索［D］．重庆：重庆大学，2007.

[2] 李祎．论古民居保护中的败笔与人文关怀的流失：以成都宽窄巷子为例．内江师范学院学报，2009（1）：60－63.

[3] http://whc.unesco.org/en/list/811/video.

[4] 联合国教科文组织．大家的历史街区：实现可持续复兴的社会化、人性化方法．2008.

[5] 张巍．以丽江模式为主导的文化遗产保护行动［D］．重庆：重庆大学，2007.

[6] 朱良文，肖晶．丽江古城传统民居保护维修手册．昆明：云南科技出版社，2006.

[7] 马晓龙，吴必虎．历史城镇持续发展的旅游业协同：以北京大栅栏为例．城市规划，2005（9）：49－54.

[8] GOODHEW S，GRÍFFTHS R. Sustainable earth walls to meet the building regulations. Energy and Buildings，2005（37）：451－459.

[9] STENSEKE M. Local participation in cultural landscape maintenance：lessons from Sweden. Land Use Policy，2009（26）：214－223.

第10章 生态旅游开发模式及管理

本章导读

近年来，中国生态旅游快速发展，已成为一种增进环保、崇尚绿色、倡导人与自然高度和谐的深受旅游者喜爱的旅游产品类型。国家旅游局、国家环保部、建设部多次联合召开全国生态旅游现场会，力图将其发展引入健康、规范之路。本章对生态旅游的内涵进行了全面诠释，观点新颖；对生态旅游的管理问题也进行了重点阐述，尤其是对如何塑造“负责任的旅游者”、创造绿色企业，以及发展以当地社区为主的生态旅游和兼顾当地居民利益等方面进行了深入的探讨与分析。通过介绍大量的国内外发展生态旅游的实践活动，力图使学生了解关于生态旅游的概念、基本理论与方法。

10.1 生态旅游概述

10.1.1 生态旅游产生的背景及现状

生态旅游是在20世纪末大众旅游迅速发展的背景下，针对大众旅游活动对资源、文化和环境的负面影响，为解决既要大力发展旅游，又不允许破坏和污染自然、文化及环境，使两者都得到应有发展而提出的旅游模式。

20世纪90年代，随着可持续性旅游的提出和普及，生态旅游作为一种理想的可持续性旅游模式，受到了极大的关注，许多经营者热衷于利用生态旅游这一概念。然而，在生态旅游的实际发展过程中，仍然存在一定程度的不可持续问题。生态旅游在世界各地发展的现实也表明，生态旅游的理想和现实存在诸多矛盾与冲突。世界上著名的生态旅游目的地主要位于发展中国家，如非洲的肯尼亚、美洲的哥斯达黎加和亚洲的不丹等地。这些国家和地区由于拥有丰富而独特的生态旅游资源，较早地发展生态旅游，被视为生态旅游发展的先驱。但是，在发展生态旅游进程中，存在经济收入严重漏损、社区参与严重不足和管理不善等问题，发展生态旅游仍然会产生经济、社会和环境的负面影响。

在实际操作中，生态旅游往往演化成一种市场营销的手段，很多旅游企业并没有从真正意义上坚持生态旅游的基本原则，而是通过“刷一层绿漆（Green Washing）”来迎合市场，获得竞争优势。并且，世界上很多地方都出现了打着“生态旅游”的旗帜破坏生态的现象。正如世界生态旅游学会所指出的那样，尽管生态旅游具有带来积极的环境和社会影响的潜力，但是如果实施不当，将和大众旅游一样具有破坏性。

由于在生态旅游项目开发与生态旅游区的建设过程中缺乏相应的规范和标准来实现其对自然与社会负责的承诺，我国生态旅游发展呈现出令人担忧的局面。据我国人与生物圈国家委员会的一份调查资料显示，一些自然旅游区违反有关管理条例，在缓冲区甚至核心区内开展生态旅游活动。在已经开展生态旅游活动的自然旅游区中，有44%的旅游区存在垃圾公害、12%出现水污染、11%有噪声污染、3%有空气污染，已经有22%的自然旅游区因为开展生态旅游而造成了破坏，11%出现了旅游资源退化的现象。许多旅游企业只是把生态旅游作为一种市场营销的手段加以利用，并没有真正贯彻生态旅游所要求的可持续原则，这对我国生态旅游可持续发展构成了严重的危害。

由于我国地形地貌复杂，生态环境多样，旅游景区特征不一，虽然已经制定了许多相关的法律、法规，但是尚未从综合管理的角度提出一个统一的生态旅游可持续发展的指标体系及评估模型。在生态旅游区标准方面，政府或其他组织并没有制定出全面衡量的标准，出现最多的只是一些环境指标。尽管生态旅游只占旅游业很小的一部分，但是其对环境脆弱地区和文化敏感地区的影响是非常巨大的。由于我国公民的环境意识和平均文化水平还有待提高，生态旅游者群体在国内还没有形成，国内大部分的景区根据大众的需求来规划和设计产品，为了迎合大众旅游者亲近自然的需求，打着“生态旅游”的旗号却不知道真正的生态旅游是什么，不知道该如何设计和经营生态旅游景区。

10.1.2 生态旅游的内涵

1. 生态旅游的概念界定

我国国家旅游局等部门出台的《国家生态旅游示范区管理暂行办法》将生态旅游定义为：以吸收自然和文化知识为取向，尽量减少对生态环境的不利影响，确保旅游资源的可持续利用，将生态环境保护与公众教育同促进地方经济社会发展有机结合的旅游活动。这是第一次以国家政策法规的形式将生态旅游的概念确定下来。

全球最具权威性的可持续旅游认证组织“绿色环球21”联合澳大利亚生态旅游联合会共同制定了《国际生态旅游标准》，根据该组织的建议，生态旅游需要满足以下八大原则。

（1）生态旅游的核心是让游客亲身体验大自然。

（2）生态旅游应该通过多种形式体验大自然，增进人们对大自然的了解、赞美和享受。

（3）生态旅游应该代表环境可持续旅游的最佳实践。

（4）生态旅游应该对自然区域的保护作出直接的贡献。

（5）生态旅游应该对当地社区的发展作出可持续的贡献。

（6）生态旅游应该尊重当地现存文化并予以恰当的解释和参与。

（7）生态旅游应该始终如一地满足消费者的愿望。

（8）生态旅游应该坚持诚信为本、实事求是的市场营销策略，以在消费者中形成符合实际的期望。

可以看出，《国际生态旅游标准》是针对生态旅游产品而设计的。根据产品的特点，生态旅游可以分为以下三大类。①旅游食宿：旅店、度假村、野营地、生态小屋等（指自然区域的固定或半固定的食宿设施）。②旅游形式：驾车、徒步、骑马、漂流、探险等（通常指有导游带领的一日或数日游）。③旅游景点：国家公园、自然保护区、森林公园、地质公园、风景区等（以欣赏大自然风光或野生生物为主要目的的景点或线路）。

目前，生态旅游产品的认证共分3个类型，即达标证书、高级证书、创新证书。根据《国际生态旅游标准》，“绿色环球21”进一步制定了生态旅游达标评估指标体系，使生态旅游产品的认定具有量化的标准。

2. 生态旅游的特点

1）保护性

与传统旅游业一样，生态旅游也会对旅游资源和旅游环境产生负面影响。但是，比较而言，保护性是其区别于传统旅游的最大特点。生态旅游要求旅游者和旅游业约束自己的行为，以保护旅游资源和旅游环境。例如，在卢旺达的原始森林中观赏野生动物时，传统旅游允许旅游者进入野生动物的生活环境并随意地嬉戏野生动物，而生态旅游则采用对旅游资源（野生动物）影响最小的活动——用望远镜进行远距离观察。

生态旅游的保护性体现在旅游业的各个方面。对于旅游开发规划者，保护性体现在遵循自然生态规律和人与自然和谐统一的旅游产品开发设计，充分认识旅游资源的经济价值，将资源的价值纳入成本核算，在科学的开发规划基础上谋求持续的投资效益；对于管理者，保护性体现在资源环境容量范围内的旅游利用，杜绝短期行为，谋求可持续的经济、社会、环境三大效益的协调发展；对于游客，保护性体现在环境意识和自身素质的提高，自觉地保护旅游资源和环境。对于旅游业与其他产业的关系，保护性体现在对当地产业结构进行合理的规划和布局，以谋求长久的最佳综合效益。

2）专业性

生态旅游具有较高的科学文化内涵，这要求旅游设施、旅游项目、旅游路线、旅游服务的设计和管理均要体现出很强的专业性，以使游客在较短的时间内获得回归大自然的精神享受和满足，启发并提高游客热爱、保护大自然的意识，进而自觉地保护旅游资源和环境。同时，旅游管理的专业性也是旅游资源和环境得以保护和持续利用，以及三大效益协调发展的前提条件之一。再者，专业性还体现在游客的旅游心理上。生态旅游者不是没有自己确定的旅游目的、被卷入旅游时尚潮流的盲目旅游者，也不是为追求豪华奢侈的物质享受、认为金钱可以买断自然的旅游者，而是具有欣赏、探索和认识大自然及当地文化的明确要求的较高层次的游客。

3）普及性

在我国，生态旅游的普及性不仅体现在生态旅游者的普及，也体现在旅游资源的普及。生态旅游是建立在传统旅游基础上的，因此，中国的生态旅游不应是高消费和高素质者的特权，只要以了解当地环境的文化与自然历史知识为旅游目的，并能够自觉地保护和珍视旅游资源和环境，普通的工人、农民、职员、学生等都可以成为生态旅游者。从旅游资源方面，西方国家将生态旅游仅仅定位于自然景观，而我国是具有5 000年悠久历史的文明古国，自然已经与文化融为一体，所以，中国生态旅游的对象不仅仅是自然景观，而且包括与自然和谐的文化景观。

3. 生态旅游的实质

目前，关于生态旅游的实质基本上有以下几种说法。

1）产品论

产品论的代表人物有张广瑞、杨开忠等。张广瑞在《生态旅游理论与实践》中认为，生态旅游是一种特殊形式的旅游，或者说是一种特殊的旅游产品，这是毫无异议的。但由于一些学者强调了可持续发展的概念，于是将生态旅游看作是一种规划理念，甚至作为旅游管理经营的方法。杨开忠则认为，生态旅游的出现是作为一种旅游产品向市场推销的，它迎合那批追求自然、本真的消费者群体，生态旅游对环境的影响相对较小，并可以增强旅游者的环境意识，可持续旅游则演变为一种规则，对各种旅游产品普遍适用，可持续思想作为主流发展模式，成为衡量旅游活动持续性发展的准则。

2）模式论

对应产品论，有的学者认为，生态旅游应该是一种发展模式。例如，金波等认为，生态旅游作为一种旅游发展模式，开始考虑如何实现旅游可持续发展，也许以生态旅游为代表的旅游发展模式不完全等同于旅游可持续发展，但它确实在向着这一目标实践着。有人认为，将生态旅游扩展到模式，会给生态旅游概念带来混乱。但金波等人不同意这种观点并指出，生态旅游概念的这种扩展，不仅不会给生态旅游概念带来混乱，而且更加明确了它的概念内涵。在实践中，严格确定什么是生态旅游方式是困难的，而扩展以后，可以根据生态旅游发展模式的基本准则，来加以明确的判断，从而更具有现实意义。

同时，卢云亭、吕永龙、牛亚菲等学者也持有同样观点，把生态旅游看作一种旅游发展模式，将旅游发展与社区发展紧密结合，将生态旅游作为可持续旅游发展的最佳选择之一。

3）产品—模式论

产品—模式论者认为，生态旅游的内涵可以分为 3 个层面，作为旅游发展模式的生态旅游，作为旅游产品的生态旅游，作为旅游消费方式或行为方式的生态旅游。

4）旅游活动形式论

学者中也有人认为，应该狭义地理解生态旅游的概念内涵，把生态旅游看作是一种旅游活动形式。张广瑞强调生态旅游是一种“有目的的旅游活动”。陈忠晓、王仰麟认为，生态旅游通常为一种指向自然区、野生生物和传统文化的小尺度旅游。

4．生态旅游与传统旅游的区别

生态旅游是区别于传统大众旅游的一种新型旅游形式，是可持续发展理论在旅游发展上的具体体现，是旅游业可持续发展的一种基本形式，已经成为 21 世纪国际旅游新时尚。

传统的大众旅游是一种资源供给型旅游形式。旅游者为了满足自己的各种旅游需求，往往无限制地索取旅游资源。旅游企业为了满足游客需求，也最大限度地使用资源，并尽可能地通过人工改造来改变旅游资源的原貌及其环境，以适应旅游者的需求变化，从而获取最大经济效益。这种资源供给型的旅游形式，往往不注意对资源及其环境的保护，甚至以牺牲旅游资源本身及其环境为代价，对资源和环境造成巨大破坏。例如，工程建设中改变原有地貌、移除植被、大规模兴建旅游建筑设施、就地排污等；旅游经营者在开展旅游活动中，盲目模仿、引入外来文化娱乐形式，甚至将外来民俗、歌舞、服装服饰等与本地传统文化融合后呈现给游客；旅游地经营商业化倾向、割断地方文脉的媚俗化倾向等；游人在旅游过程中任意践踏地表植被、采摘花木、在景观对象上刻画留字、随处扔弃垃圾等。这种只顾眼前利益而忽视旅游资源的可持续利用，只注重经济利益而忽视社会效益和生态效益，对资源掠夺性的开发和破坏，对旅游地的景观风貌、自然环境、文化传统等许多方面造成严重破坏，已经严重阻碍旅游业的进一步发展，使不少旅游地面临着生存和继续发展的危机，也给整个旅游业的发展蒙上了浓厚的阴影。生态旅游与传统旅游的比较如表 10－1 所示。

表 10－1　生态旅游与传统旅游的比较

	传统旅游	生态旅游
总特征	发展速度快 无控制 短期	发展速度慢 有控制 长期
旅游者行为	大群体 固定安排 引导旅游者 舒适、被动 无外语交流 探听隐私 喧闹	单人、家庭 随时决定 旅游者决定 艰苦、主动 学习外语 交往得体 安静

续表

	传统旅游	生态旅游
基本要求	度假高峰期 未经训练的员工 常规宣传 强硬促销	交错度假期 训练有素的员工 教育旅游者 精神促销
发展战略	未规划 项目主导 新建筑 外来开发商	规划 观念主导 旧建筑再利用 当地开发商
目标	利润最大化 价格导向 享乐为基础 文化与景观资源的展览	适宜的利润与持续维护环境资源的价值 价值导向 以自然为基础的享受 环境资源和文化完整性展示与保护
受益者	开发商和游客为净受益者 当地社区和居民的受益与环境代价相抵 所剩无几或入不敷出	开发商、游客、当地社区和居民分享利益
管理方式	游客第一，有求必应 渲染性的广告 无计划的空间拓展 分片分散的项目 交通方式不加限制	自然景观第一，有选择地满足游客要求 温和适中的宣传 有计划的空间安排 功能导向的景观生态调控 有选择的交通方式
正面影响	创造就业机会 刺激区域经济增长但注重短期利益 获取外汇收入 促进交通、娱乐和基础设施的改善 经济效益	创造持续就业的机会 促进经济发展 获取长期外汇收入 交通、娱乐和基础设施的改善与环境资源保护相协调 经济、社会和生态效益的融合
负面影响	高密度的基础设施和土地利用问题 机动车拥挤、停车场占用空间和机动车产生的大气污染问题 水边开发导致水污染问题 乱扔垃圾引起地面污染 旅游活动打扰居民和生物的生活规律	短期内，旅游数量较小，但趋于增长 交通受到管制（多数情况下，不允许使用机动车） 水边景观廊道建设阻碍了水边的进一步开发 要求游客将垃圾分类收集，游客行为受到约束 游客的活动必须以不打扰当地居民和生物的生活为前提
住宿设施 地点 规模	高密度地集中在旅游区的某处 大规模的现代酒店 国外公司或跨国企业	分散在整个旅游区，低密度 小规模的、家庭式的小旅馆 当地的或当地居民拥有产权

阅读材料

生态旅游应成为生态保护神

1835年，一位年轻的英国贵族随船来到南美洲厄瓜多尔的一个群岛，立刻被那里独特的生物种群和自然环境所吸引。尽管只停留了短短5个星期，但是他的研究却改变了西方科学的进程。那个年轻人就是达尔文，而这个叫作加拉帕戈斯的群岛，不仅为进化论的诞生提供了重要实证，也在日后成为第一个世界遗产地，以及全球公认的生态旅游发源地。多年来，厄瓜多尔政府制定了严格的法规和制度，力图确保将旅游发展对生态环境的负面影响降到最低。曾有学者指出，如果这里的生态旅游不能成功，那么其他地方就更值得怀疑了。然而就是在被世人推为典范的加拉帕戈斯群岛，随着大量游客的涌入，生态环境受到破坏，稀有海龟数量减少，外来物种入侵增加，为此在2006年被联合国教科文组织列入“濒危的世界遗产名单”。2008年年初《华尔街日报》也刊出文章，称“蓬勃发展的‘生态旅游’业已给加拉帕戈斯群岛的生态环境造成巨大威胁”。自从某环保NGO负责人赫克托1981年在一则广告中用其母语西班牙文创造了“生态旅游”一词以来，围绕它的争论就不曾停止过，全球各地打着“生态旅游”旗号的更是不计其数。倡导者称生态旅游不仅能够实现生态保护与旅游发展的双赢，亦使当地社区受益，并令游客受到教育和启迪。然而遗憾的是，生态旅游越来越多地被当作“标签”和幌子，甚至在一些地方成为破坏环境的罪魁祸首。

生态旅游概念引入中国已有数十年，学界、业界议论甚久，也已引起有关部门重视。从含混不清到日渐明确，从默认无为到积极引导，从各自为政到联合治理，生态旅游登堂入室，正式进入政府部门的管理视野，而不再仅仅是一个学术词汇和营销招牌。特别是近两年，国家旅游局、国家环保部（前国家环保总局）、建设部多次联合召开全国生态旅游现场会，力图将其发展引入健康、规范之路。

时光流转，世事轮回。10年前国家旅游局将1999年命名为“生态环境旅游年”，现在再次将2009年全国主题旅游年确定为“中国生态旅游年”。从名称的变更似可看出，其理解日渐走出混沌而趋于明确。不过，从现实的角度，在政绩导向、经济导向的社会运行体系下，如何避免生态旅游概念不被泛化和盗用；对于人口众多、国内市场占主导地位而国民环境素养有待提高的发展中大国而言，如何确保生态旅游成为生态的保护神而不是破坏者；如何在借鉴国外已有经验教训的同时，寻求一条适合中国的发展道路，既不原样照搬，又不异化曲解，这些都是目前亟待解决的难题。

资料来源：人民日报海外版，2008-12-25.

10.2 生态旅游的规划、开发

10.2.1 生态旅游的规划

1. 生态旅游的规划种类

体现生态旅游思想的旅游规划早于生态旅游本身的历史，主要表现是旅游规划引入生态学的思想。20 世纪 80 年代中期提出了基于社区之上生态发展的理念，认为生态旅游业成功的关键是地方居民对生态旅游的态度和生态旅游机会的可得性。20 世纪 90 年代，国外有关生态旅游规划的一些专著问世，如《生态旅游：规划者、管理者指导》、《生态旅游：规划者和管理者们的参考文献注解》、《生态旅游介绍》等，并将“岛屿理论”、“环境容量”、“游憩地等级理论”等引入生态旅游规划。功能分区是生态旅游规划的一个重要内容。普遍认为，最早的分区模式是美国景观建筑师 Richard Forster（1973）所倡导提出的同心圆模式，将国家公园从里往外分成核心保护区、游憩缓冲区和密集游憩区。该模式曾得到世界自然保护联盟（ICUN）的认可。在此基础上，C. A. Gunn（1988）提出了五圈层国家公园旅游分区模式，将公园分成重点资源保护区、荒野低利用区、分散游憩区、密集游憩区和服务区，并被广泛应用于加拿大国家公园。L. B. W. Nieuwkamp（1996）将生态旅游地分为四大区域：野生保护区、野生游憩区、密集游憩区和自然环境区，他还总结了生态旅游功能分区的重要性：①能使生态旅游区得到优化利用，并有利于保护自然资源；②便于管理人员根据游客的需要对其加以分流，并用图说明了生态旅游功能分区模式的可行性。

2. 生态旅游区的空间构架

生态旅游区空间构架由以下 4 个区域组成。

1）核心区（敏感区）

核心区是未受到干扰或仅受到最低限度干扰，并代表某种生物地理区域的自然生态系统。核心区是保护生物多样性的核心区域，是严格保护生态旅游资源的核心区域。核心区为绝对保护区，只能允许少量的科研人员进入，禁止任何旅游设施的建设和旅游者进入。

2）缓冲区（分散游憩区）

缓冲区处于核心区的外围，是受到一定人类干扰的自然生态系统。在缓冲区内进行环境监测、开展试验研究等，在不影响保护的前提下进行有限资源的利用。只能允许少量的旅游者进入，禁止任何车辆的进入。

3）密集游憩区

密集游憩区处于缓冲区的外围，与居民聚落有密切的联系，土地利用强度较大，控制一定的旅游服务设施，是主要的景观游览区，提供优良的自然环境，实现定点、定线的旅游活动。

4）服务区

服务区位于密集游憩区的外围，是旅游基础设施和服务设施较为集中的区域，是旅游者和经营管理者的生活区域。服务区要严格按照有关规范处理生活垃圾和固体废弃物。生态旅馆的构建可以按照图 10－1 进行布局（星状代表生态旅馆）。例如，加拿大英属哥伦比亚省著名滑雪胜地 Assiniboine 雪山的生态管理就是按照这种观念，将住宿区和景区隔离开，以利于对其的保护。

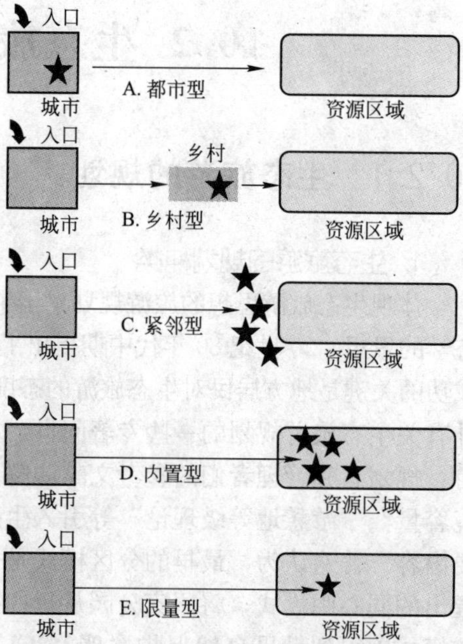

图 10－1　生态旅馆的空间关系

资料来源：冈恩，瓦尔．旅游规划理论与案例．大连：东北财经大学出版社，2005.

3. 生态旅游规划的原则

一些学者还就生态旅游规划的原则、生态旅游区界限的划定进行了探讨。世界旅游组织顾问爱德华·英斯基普（1997）曾提出严格保护、限制容量、就地取材、控制路径等生态旅游规划原则。Hubert Guilinek 等人（2001）以津巴布韦布拉瓦约（Bula Wayo）附近的一个库区作为案例，探讨了生态旅游规划中如何划定生态旅游区问题，认为生态旅游区界限的划定主要考虑景观多样性（Landscape Diversity）、文化资产（Cultural Assets）、当地利益优先等方面。

康云海等根据生态旅游的特点认为，可持续发展观是发展生态旅游的理论基础，提出生态旅游的发展是可持续发展观指导下的一种具体实践活动。生态旅游建立于自然和人文旅游资源基础上，其开发原则包括综合性原则、特色性原则、美感原则和生态性原则。吕永龙则从实践操作的角度，提出生态旅游规划应考虑以下 4 个主要因素。

（1）旅游资源状况、特性及其空间分布。

（2）旅游者的类别、兴趣和需求。

（3）旅游地居民的经济、文化背景及其对旅游活动的容纳能力。

（4）旅游活动和当地居民的生产、生活与旅游环境相融合，规划应与当地的社会经济持续发展目标相一致。

10.2.2　生态旅游区开发模式

1. 开发成功的因素与理论框架

B. A. Masberg 和 N. Morales（1999）提出生态旅游开发的 5 个成功因素：综合方

法、规划和缓慢的开始、教育与培训、当地利益最大化、评估与反馈。

Shery Ross 和 Geoffrey Wall 提出了一个成功的生态旅游开发的理论框架，认为生态旅游开发必须协调好当地社区、生物多样性和旅游三者之间的关系，而三者之间关系的协调要靠合理的管理。

2. 生态旅游开发模式

纵观生态旅游的发展历程，可以将生态旅游开发总结为 3 个主要模式：功能分区模式、社区参与模式和环境教育模式。

1）功能分区模式

生态旅游地主要包括自然保护区、风景名胜区、国家公园、森林公园等生态环境比较好但脆弱的区域，为了避免对当地生态环境和传统文化的破坏，同时为了生态旅游资源的优化配置，功能分区显得尤为重要。功能分区模式尤其适用于自然保护区的生态旅游开发。生态旅游地主要由旅游吸引物综合区、娱乐区、服务区 3 部分构成，各个区域间都有交通线路相连，这些区域与外界也有交通干道相连。其中，旅游吸引物综合区由核心区、缓冲区、试验游憩区 3 个主要区域组成。核心区是区内未经或很少经人为干扰过的生态系统所在，集中分布着珍稀的自然生态环境或文化遗产，区内一般要实行全封闭保护，仅供观测研究。缓冲区是指环绕核心区的周围地区，是对各生态系统物质循环和能量流动等进行研究的地区，也是生态旅游活动的主要进行区域，但仅限于观光，且对游客数量有严格的控制。试验游憩区是一个多用途的地区，除了开展与自然保护区的缓冲区相类似的工作外，还包括有一定范围的生产活动，还可有少量居民点和旅游设施；旅游活动的形式也不只拘泥于观光活动，可包括漂流、滑雪等。娱乐区配置了高密度的娱乐设施，进行各种娱乐活动。服务区为游客提供各种服务，如饭店、餐厅、商店等。娱乐区和服务区是游客最为集中的区域，允许汽车等机动车辆进入。功能分区是对游客进行分流和对旅游资源进行可持续开发的旅游开发模式，有利于对生态旅游资源进行科学合理的开发管理。

美国国家公园管理局的温特（Wendt）列出了以下在平衡旅游使用与资源保护上较成功、较可行的控制措施。

入口处：管理机构所在，并为游客提供信息。

游客中心：对游客进行环境教育，提供信息，这样能避免很多冲突。

有效、完善的法律保障：和其他地区一样，大量游客需要警方的治安保护。

资源管理：对动植物及土地资源不能“放任自流”，以获得其可持续的利用价值。

环境解说及教育：有解说的游径、晚间活动、环境教育、附近社区的拓展培训计划、生动的历史解说、自导式汽车旅游、攀岩学校、展览橱窗等，能够丰富游客的旅游体验，而且不会对环境造成破坏。

图 10－2 为美国得克萨斯州农机大学游憩、公园与旅游管理系教授克莱尔·A·冈恩博士结合生态旅游、国家公园和保护区的旅游功能整合的规划框架。

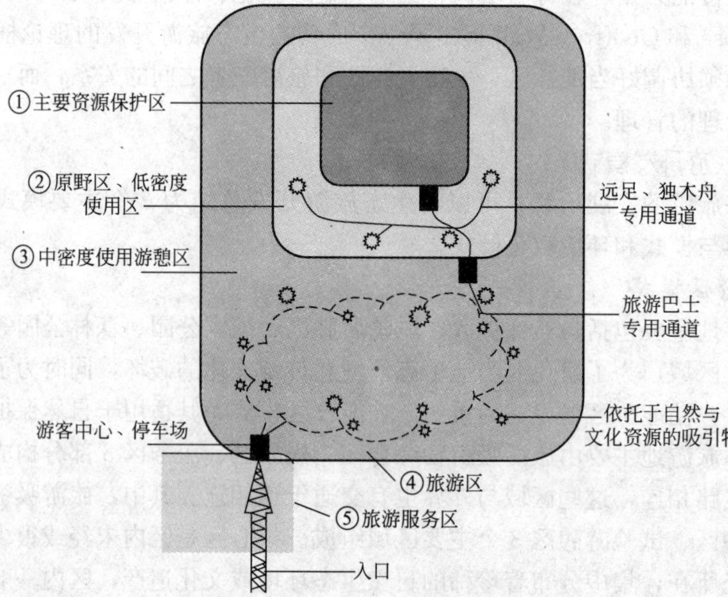

图 10－2　国家公园旅游模型

资料来源：冈恩，瓦尔. 旅游规划理论与案例. 大连：东北财经大学出版社，2005.

2) 社区参与模式

生态旅游区的社区往往具有独特的社区文化、优美迷人的社区环境和合理有效的社区结构，它是生态旅游的文化载体。因此，在生态旅游的开发中，社区居民参与是生态旅游发展中发扬优势、克服劣势、抓住机遇、迎接挑战的一种行之有效的开发、保护模式。社区参与旅游发展具体包括旅游发展决策和旅游发展利益分配两个阶段。社区居民参与到旅游发展决策中，可以充分保证他们的利益和维护他们正当的权利。

社区参与的程序如下：对社区的基本情况进行实地调研；在社区，对居民进行生态旅游开发的民意测验，广泛征求居民意见；深入分析调研结果，并提出相应的开发规划和策略；公示开发计划，再次征求居民意见；协调各方意见，作出最终开发部署（见图 10－3）。旅游发展利益分配主要包括经济利益分配、培训与教育、就业和商机等。整个过程需要专家的帮助和引导，以及政府部门官员的协助。通过社区参与模式，可以保持当地居民的主人地位，维护当地居民的权益；避免生态旅游开发过度商业化，保护本土文化；增加当地人对旅游发展的认同感，并促进当地资源的充分利用；促进旅游地居民的经济收入增加和素质提高；有利于生态旅游产品包括自然环境和当地文化环境的完整性。

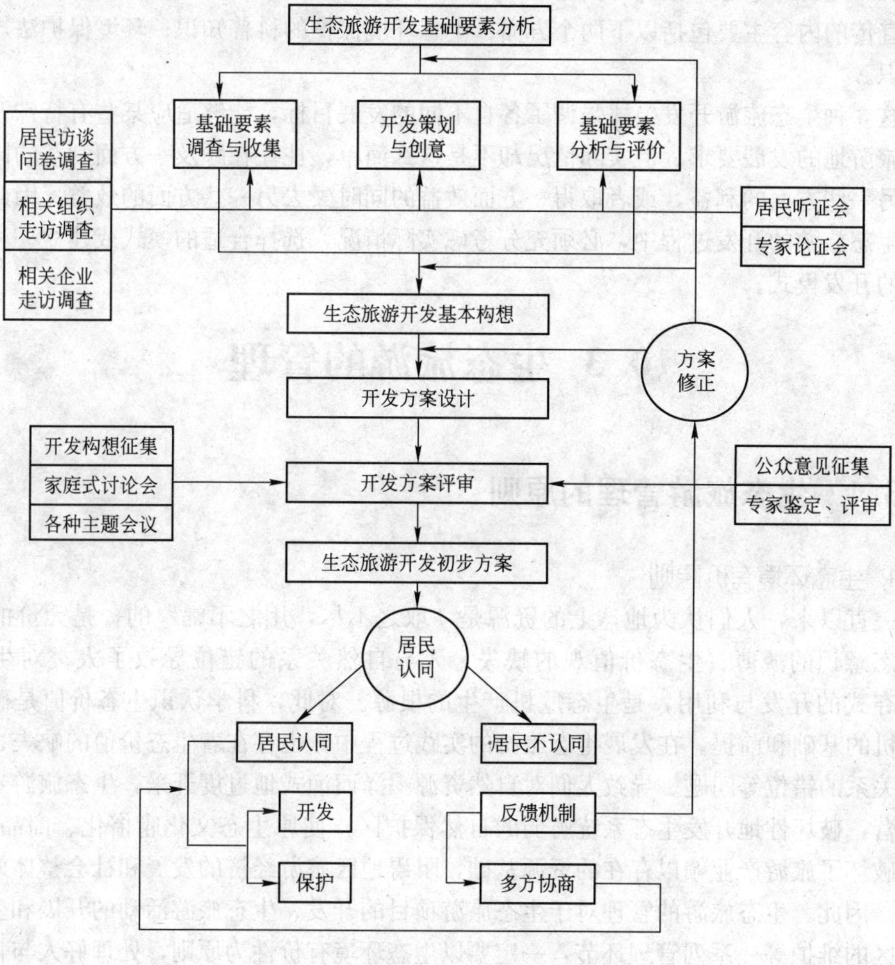

图 10－3　生态旅游开发社区参与模式

3）环境教育模式

环境教育是着眼于人类同其周围的自然和人工环境之间的关系，为使人们正确地理解人口、污染、资源分配与资源枯竭、自然保护、技术、城市与地方的开发规划等各种因素与整个人类环境究竟具有什么关系的一种教育。环境教育以提高当地社区和旅游者的自然生态环境保护意识为主要目标。生态旅游地良好的生态环境是生态旅游赖以生存的基础，环境保护是开展生态旅游的重要环节。生态旅游环境教育模式将旅游与环境科普知识结合，旅游规划以生态旅游地环境保护为导向，设计各种旅游项目，使当地居民拥有“保护”意识并参与生态旅游开发，旅游者以对自然负责的态度进行旅游活动，防止可能导致环境破坏等问题的出现。首先，从实际生活入手，对生态旅游地居民和旅游者进行环保教育，让他们体会到良好的环境和生态旅游地的发展带来的好处。其次，利用电视、电台、杂志、报刊等大众传媒，或者通过图片展示、现场演示等方法进行宣传。宣传的内容主要包括以下两个方面：生态环境保护的科普知识；环境保护法规方面的常识。

这3种生态旅游开发模式强调了各自不同的发展目标，能够适应某些有特殊开发需求的旅游地的发展要求。但实际情况却不是这么简单，往往在顾及一方面利益的同时伤害到另一些方面的利益，或者取得一方面效益的同时失去另一些方面的效益。因此，在各地生态旅游的开发过程中，必须充分考虑实际情况，选择合适的模式或建立一种更为优越的开发模式。

10.3 生态旅游的管理

10.3.1 生态旅游管理的原则

1. 生态环境有价原则

一直以来，人们认为地球上的资源是“取之不尽，用之不竭”的，是无价的。人类生态意识的淡薄、生态价值观的缺失、人与自然关系的错位导致了人类对生态资源掠夺式的开发与利用，是生态危机产生的根源。对此，科学认识生态价值是破解生态危机的基础和前提。在发展生态旅游的实践过程中，也存在着生态价值的缺失、人与自然关系的错位等问题。导致人们对自然资源竭泽而渔式地过度开采，生态旅游景区超载经营，破坏性地开发生态系统脆弱的自然保护区，使原生态文化庸俗化、商品化等。结果破坏了旅游产业赖以存在的资源基础，阻碍地区旅游经济的发展和社会整体效益的提高。因此，生态旅游的管理对于生态旅游项目的开发、生态旅游活动的开展和生态旅游景区的维护等一系列管理环节，一定要以生态环境有价性为原则，处理好人与自然的关系。

2. 生态旅游本土化原则

中国的生态旅游发展绝不能仅仅是克隆西方版本，任何盲目的照搬、效仿都是不可取的，要因地制宜，只有客观科学地根据本国国情研究问题，才能使中国的生态旅游走上一条可持续发展之路。

3. 坚持与社区共建的原则

很多景区景点在开发和管理过程中，往往忽视当地社区居民的利益和感受，而实际上，社区居民显然是旅游活动中不可忽视的一个利益相关体。如果在生态旅游开发和管理过程中不顾及当地社区居民的利益，则在开发、经营和管理中就很容易遭到当地居民的反对和敌意，致使旅游企业与当地社区关系紧张，旅游整体效益就会降低，就不可能得以可持续发展。

所谓社区生态旅游（Community-Based Ecotourism，CBE），就是强调当地社区参与旅游开发经营管理，并从中获得各种利益，促进旅游区生态环境和传统文化得以保护的生态旅游发展形式。重视社区居民的参与，合理解决旅游发展给当地居民带来的影响，允许并尽量吸引社区居民参与旅游规划、景区建设和管理、旅游活动的组织等方面的活动，有利于多元主体利益合理分配，缓解居民传统生活方式与保护自然环境之间的矛盾，让社区居民通过生态旅游得到实惠，支持旅游区的工作，使双方受益，从而达到有效保护自然资源的目的。

4. 区域管理原则

就生态旅游目的地来论，生态旅游管理应该坚持区域管理的原则。这不仅取决于旅游活动特定的空间属性，更主要的是因为生态旅游的发展具有多目标与多主体的特性。生态旅游管理既不是单纯的企业经营管理，也不是单纯的地方行政管理；既需要规划，也需要协调与控制。生态旅游管理需要旅游者、旅游经营者、社区居民、地方政府的共同参与。各种管理职能不可能由任何单一主体独自承担，密切相关的各行为主体既是生态旅游管理主体，也是生态旅游管理的对象。

5. 政府介入原则

生态旅游资源与生态环境的保护需要政府介入。谢彦君从旅游产品与旅游资源依托关系的角度探讨旅游资源保护的问题时指出：资源脱离型旅游产品，由于其产权明晰，因此其保护完全建立在市场机制之上；而资源依托型旅游产品，离开了资源其本体就一文不值，由于构成这类产品主体部分的资源在产权上往往不够明确，其保护就必须纳入国家特殊政策之下。强调政府介入的原则，有利于解决在生态旅游资源产权不清的情况下如何有力地保护生态资源与环境的问题。并且，从生态旅游发展需要取得经济效益的角度，仍然离不开政府介入。政府利用行政体制动员掌握的经济资源，可以决定超前发展与优先发展的部分；政府在旅游法规、规章、条例方面的努力促进了旅游业的健康发展；政府可以有力地担负起协调社会各方面力量的职能。

6. 量度依赖原则

生态旅游管理是一种依赖于“量度”的管理，把量度标准与管理手段相结合，避免了生态旅游管理始终停留在概念化、观念化的层面上。与生态环境保护相关联的量度概念可以用来表明旅游活动确实存在一个内在的、可以确定的极限，如果不超过这个限度就不会使生态环境出现恶化或变化的情况；与旅游者生态感知与审美体验相关联的量度，可以用来解释旅游消费行为与满意程度之间的关系；与社区接纳能力相联系的量度，可以用来预期社区居民对生态旅游效应可能作出的各种反应。

7. 信息传播原则

近年来，政府与旅游企业之间关于生态旅游的各种研讨活动与日俱增，这些活动反映了政府和学术界竭力传播真正科学意义上的生态旅游信息的努力。只有当生态旅游主要利益相关者确实意识到各自的利益与生态环境息息相关，意识到自己的行为可能对生态环境造成影响，并随时准备承担自己应尽的责任时，生态旅游管理的有效性才有可能迅速提高。向旅游者增加收费，对游览人数进行限制，在管理手段上简单易行，但是未必能够得到旅游者的认同。同样，对于旅游经营者和社区居民的生态旅游管理措施，同样需要得到被约束对象在理念上的认可，才能达到切实的管理效果。因此，生态旅游管理必须重视生态保护与生态持续利用等信息的传播，以生态理念的信息传播作为生态管理的必要前提，通过信息传播来加强不同群体之间的认同与默契。

10.3.2 生态旅游管理的内容与措施

1. 对旅游者的生态管理

旅游者的旅游活动对环境影响颇大，为了保护生态环境不受破坏，有必要对游客的行为进行规范性管理，其中对旅游者的生态管理尤为重要。这种管理的基本目标是科学区划分流和疏导游客，合理确定与控制生态容量和经济容量，避免生态旅游区超负荷接待游客。对旅游者的生态旅游管理主要从以下方面进行。

1) 对生态旅游者提出明确的环境要求

(1) 要事先学习访问地域的有关知识。

(2) 尊重访问目的地的文化。

(3) 不给目的地的自然环境造成不良影响。

① 不干扰野生生物的正常生存。要求服从景区管理人员及自然保护主义者的管理，如不接近、不追逐、不投喂、不搂抱、不恐吓动物，不踏踩珍贵植物群落等。

② 不采集被保护植物。

③ 不购买被保护生物及制品。游客购买当地的纪念品，要本着支援当地人生活、有利于物种保护的态度，购买经认可的纪念品。

④ 不丢弃垃圾、不污染水土。

(4) 积极参加保护自然生态的各种有益活动，如向访问地域捐助资金，提供知识技术，参加保护环境的宣传和义务劳动等。

(5) 通过旅游实践，提高道德修养。游客要通过对当地人生活方式及传统文化的观察，培养尊重自然、尊重不同文化的良好行为。

2) 通过导游和宣传手段对旅游者进行教育

对生态旅游者管理的基本点应立足于通过宣传教育，提高旅游者的环境保护意识，将一个普通旅游者逐渐塑造成一个能够自觉维护生态环境、具有良好的生态保护知识、积极参加保护生态的各种有益活动、能遵守生态旅游特点的负责任的旅游者。生态旅游的组织者不但要严格地管理好游客，使之不要因游览而破坏生态，更应该用丰富的生态和环保知识感染游客、教育游客，让游客不但“游”出快乐，也“游”出知识和责任。教育旅游者懂得新的旅游伦理，时刻牢记“善待自然”，并在生态旅游活动中，使自己的行动真正符合生态旅游准则。此外，通过生态体验教育可以充实旅游者的知识、改变其态度和行为。

3）通过法律、法规、制度等手段对旅游者行为进行制约

一些旅游协会和旅行社制定了生态旅游者遵守的准则。下面以美国旅行社协会（American Society of Travel Agents，ASTA）提供的生态旅游者十条“道德标准”作为参考。

（1）尊重地理的脆弱性，意识到如果不保护环境，后代可能不会再看到独特而美丽的目的地。

（2）只留下脚印，只带走照片。不乱写乱涂，不乱扔垃圾，不从历史遗迹和自然景观上取走纪念品。

（3）了解目的地地理、习惯、风俗和文化，使旅程更有意义。倾听当地人的谈话，鼓励当地居民参加环保活动。

（4）尊重别人的隐私和尊严。征求对方意见后再拍照。

（5）不买由濒危动植物制成的产品，如象牙、龟壳、动物皮毛等。阅读美国海关不能进口物品清单——《行前须知》。

（6）走设计的路线，不打扰动物及其栖息地，不破坏植物。

（7）了解并支持环保计划和组织。

（8）尽量徒步或使用对环境无害的交通工具，鼓励司机停车时关闭发动机。

（9）支持节约能源、环保的企业（饭店、航空公司、度假区、游船、旅行社）及其行为，包括改善水和空气的质量，废物利用，安全管理有毒材料，消除噪声，鼓励社区参与和雇用致力于环保且经验丰富的员工。

（10）询问美国旅行社协会会员，找出赞同美国旅行社协会关于航空、陆地和水上旅游环境指南的组织。建议这些组织采用自己的环境规范，保护特殊景点和生态系统。

4）通过技术手段加强对生态旅游者的管理

对生态旅游者的技术管理包括合理划分保护区功能分区，根据不同保护区段的特点采取限制使用、降低使用甚至是封闭或关闭的办法，以减少游客不当行为对旅游资源环境的冲击。

总之，生态旅游需要有一支素质高、责任感强的旅游者群体，即所谓“负责任的旅游者”，这样的旅游者是可以通过生态旅游本身的教育功能和管理者的管理、引导共同努力塑造而成的。

2. 对生态旅游区的生态管理

旅游区是接纳生态旅游者的基本场所。各旅游区的管理机制、旅游项目和产品、生态系统的各种因素、旅游建筑设施，以及环境污染物的净化和排放措施等，是否与生态管理的要求和标准相符合，这些都是旅游区生态管理的内容。

生态管理的内容是由旅游从业者组织策划出来的，因此，旅游从业者的生态意识与素质，直接影响旅游区的生态环境管理质量。为了提高旅游区的生态管理水平，必须对旅游从业者进行生态环境意识教育。旅游区的管理者既是旅游区生态环境的建设者和策划者，又是旅游者进行生态旅游活动的引导者、教育者和管理者，他们的一举一动、一言一行对游客的影响都很大，从这个意义上，对旅游从业者的生态意识教育比对旅游者的教育更为重要。对旅游从业者的生态管理主要从以下方面进行。

(1) 引进现代技术和方法，健全生态管理机制。旅游经营者要不断引进世界先进的生态旅游管理技术和方法，逐步建立完善的生态旅游管理机制。例如，改变生态旅游消费模式，实行增收生态环境费用的措施；加强生态旅游可行性研究，组织一批可持续发展生态旅游的示范工程；注意交通工具对环境的影响，运用经济手段限制对不可再生资源的使用；积极参与生态旅游信息的交流工作，不断引进生态管理可持续发展技术。

(2) 对建设项目进行环境影响预评价。环境的破坏往往是不可逆转的，为了把生态旅游区的建设项目对生态环境的破坏程度降低到“生态标准”允许的范围内，在审批建设项目时必须“重视环境影响的预评价”。预评价的内容主要包括对大气环境、水环境、土壤环境、噪声环境、生存环境和社会经济环境等进行单因子影响评价和综合评价，此外还有“视觉资源影响评价”，即以地形、植被、水体、人工设施和地表等形成的线、形、色、质地为考察对象，分析视觉环境状况，进行建设前后的比较，然后对比分级。目前，我国已有成套的评价技术标准。

(3) 对生态环境和生态因子的生态管理。对生态环境和生态因子的生态管理主要包括植被和动物两个系统。植被管理系统的基本目标是保持生态旅游区植被的原野特性，如对植物生态群落发育良好的地区，采用不干涉植物的方式，随其自然生态发展；对植物生态群落受到人为和自然破坏出现异化的地区，要控制和调整植物物种与群落的发展，采用适当的人为干涉方式，使其更接近原野自然生态与生境；对植物生态大部分或局部受到破坏的地区，要建立新的生境，引进新的物种，或者模拟自然生态，或者按人类的需要引进物种，以配置新的生态群落。在防治植物病虫害时，不得使用化学农药，而应采用生物防治和综合防治的生态防治技术。

野生动物生态管理系统主要是根据自然地带性的特点，保护野生动物不受生态旅游者的干扰。在生态旅游区内规划道路和游览场所时，要与动物栖息地保持一定距离。在建立动物观察所、站或架设动物瞭望台时，以不破坏生境和景观质量为度。在允许狩猎的生态旅游区，要严格按照国际和国家狩猎规定进行管理，如不在动物哺育期狩猎，狩猎的数量要视动物繁殖的年度变化而定，并要考虑动物越冬的死亡率等因素。

(4) 对旅游设施、设备和场所的生态管理。在进行生态旅游区总体规划时，必须考虑设施、设备和场所对生态环境的影响，从生态角度严格控制其规模、数量、色彩、用料、造型和风格。例如，加拿大的生态旅游区多采用5层区划模式，从内到外分为特别保护区、原野区、自然环境区、游憩区和公园服务区。各层区内配置的设施、设备都有严格规定：特别保护区没有道路和设施；原野区没有道路，仅有宿营基地和登山者掩蔽处；自然环境区提供非永久性的宿舍和低度运动设施与信息中心；游憩区和公园服务区集中布局旅游、娱乐、体育等服务设施。

(5) 对垃圾、污水等污染物的生态管理。生态旅游区内必须保持无垃圾、无污水、无污物。区内要设置专门卫生管理机构和人员，由保洁队伍专门负责清扫，并将垃圾及时清运出风景区。区内还要建立严格的卫生管理检查制度，对违反风景区卫生规定的旅游者要进行必要的教育和处罚。饭店、旅社的生活污水必须经过净化处理后方可排放。对风景区燃煤设备排出的烟尘要进行技术治理。景区厕所必须保持干净，要有严格的消纳处理措施。

3. 对生态旅游企业经营者的生态管理

生态旅游的企业经营者对旅游生态环境的保护负有极大的责任。他们在旅游地开办的旅行社、宾馆、饭店、交通等企业，无不对生态环境产生各种影响。若采用“绿色”开发模式，则会产生符合生态管理要求的产品和服务；反之，则会对生态环境带来负面影响。所谓“绿色”开发模式，是指为生态旅游者提供的产品和服务符合充分利用资源及生态环境保护的规范，并对人体没有害处。凡是以这种模式经营的企业，统称为“绿色企业”。经营的内容包括绿色营销、绿色产品、绿色服务等。

1) 旅行社企业的绿色经营

生态旅游的发展要求旅行社树立和营建可持续发展的绿色营销观念，通过绿色营销，使旅游企业从与旅游者、社区居民和相关主体的利益对抗，走向企业与社会生态系统的融合与协调发展。为此，绿色经营理念要求旅行社在营销过程中加强对生态导向的旅游产品的研发和创新。具体而言，旅行社应在以下几方面实行生态旅游的可持续发展管理。

(1) 建设旅行社绿色产品体系。旅行社绿色产品是指符合可持续发展要求和生态环境保护的所有生态旅游产品。

(2) 选择生态特性浓郁的旅游目的地。旅行社在选择旅游目的地上必须改变单纯追求旅游规模和经济效益的传统营销观念，树立全新的绿色经营思想，引导旅游者到那些生态旅游资源优越而又重视生态保护、绿色接待体系比较完备的生态旅游区去旅游，尽量避开那些生态脆弱和敏感的地域。

(3) 在旅游策划的各个阶段充分听取地域生态科研人员和自然保护团体的意见。

(4) 将团体人数控制在适当的规模内，最好是15人左右的小团队，以便于生态管理，减少对自然生态的破坏概率。

(5) 对旅游者进行事前教育。教育内容包括对生态保护重要性的认识，目的地的生态、人文情况，进行生态旅游的行为规范及注意事项，目的地有关生态保护的法律和规定，符合生态旅行的行李物品及垃圾处理措施，有助于旅游目的地的生态保护和经济发展的援助计划等。教育方式包括情况介绍、发放宣传材料、利用交通工具上的视听设备等。

(6) 培养造就生态旅游的专业领队。这些领队要有事业心、有专业知识和责任感。

(7) 聘用熟知地域自然及文化的有责任心的导游。

(8) 提倡选用当地人经营的住宿设施和购买当地土特产。

(9) 指导游客加强与当地人的交流。在与当地人的接触中，有意识地宣传当地生态旅游资源的优势和对旅游者的吸引力，使社区居民树立起保护家乡自然生态和文化传统的良好意识。

(10) 组织各种有助于自然生态保护的公益活动，如组织游客参加修复自然的植树造林活动，向社区居民进行生态保护的广告宣传，向自然保护区提供资金、技术和教育方面的援助等。

2) 旅游交通企业的绿色经营

旅游交通是旅游者实现外出旅游的必备条件，是旅游地旅游业发展的命脉，生态旅游要求建立绿色旅游交通体系。绿色旅游交通体系从种类上大致可分为五大类：陆路交通、水上交通、空中交通、城市观光交通和索道交通。从功能上，绿色旅游交通体系不仅要具备交通运输的功能，还要具有观光、娱乐功能。并且，无论是交通道路、交通设施的建设，还是交通工具的选择，都应充分考虑其对生态环境可能产生的冲击。根据自然保护区的不同要求，减少或彻底限制机动交通工具，提倡畜力、人力、自然能交通工具或徒步旅行，以减少对自然生态的污染。应鼓励游客多使用公共交通工具，尽量少使用私人交通工具。

另外，在交通线路和工具的设计、旅游宣传品的设计上都应体现生态原则。例如，航空公司可在飞机上准备一些关于生态旅游、可持续旅游的普及知识读本和小册子，也可在主要旅游航线的班机上播放有关环境保护和可持续旅游发展录像带，把对游客的教育宣传贯穿到旅游服务的各个环节中去。

3) 旅游饭店的绿色经营

在旅游行业转变经营观念、创建绿色企业的重点应是旅游饭店。当今，发展旅游与保护环境所构成的矛盾已成为世界各国所面临的严重挑战。饭店业是旅游业的三大支柱之一，饭店作为高消费场所必然要占用、消耗大量自然资源，排放大量的废弃物，导致人类赖以生存的生态环境日益恶化、自然资源日益枯竭。有的开发者在缺乏调查、论证和总体规划的条件下，在市区外大量营建度假村，造成植被破坏，以及某些珍贵的不可再生资源的衰退和灭绝，同时也对自然景观造成了破坏；各旅游饭店纷纷兴建野生风味餐厅，从而大量猎杀野生动物和珍贵动物，引起动物结构的改变，甚至某些珍稀品种开始衰退和灭绝；旅游饭店任意排放生活垃圾，使周围地区水、土、气和人类健康受到不同程度损害等。

20世纪90年代，世界已进入环保时代、绿色时代。为此，创建绿色饭店、实行绿色营销已成为饭店业发展的必然趋势和当然选择。所谓绿色营销，是要求企业把“无废无污”和“无任何不良成分”及“无任何副作用”的原则贯穿于整个营销活动中的一种营销方式。从世界范围看，饭店业正进行着一场“创建绿色饭店，倡导绿色营销”为主题的绿色饭店革命。对于创建绿色饭店，生态旅游对住宿设施的要求如下。

(1) 生态旅游目的地的住宿设施不应设在脆弱敏感的生态区域。

(2) 以方便、简洁为宗旨，规模不应太大，不应追求豪华，不对游客提供过分舒适的服务。

(3) 住宿设施要由当地人自主经营管理，以保持地域文化的完整。

(4) 采用节能设备，所用能源及物质不要给周围的自然生态造成不良影响。

(5) 提供以地域产品为主的饮食（最好是绿色食品）、旅游纪念品。

(6) 提供宣传服务，成为宣传地域生态保护的重要窗口。例如，向游客介绍地域自然与文化，提供导游、资料及展示物等。

(7) 加入地域的经济、文化、生态保护网络，加强与地域教育部门的联系与交流。

4. 对社区居民的生态管理

世界旅游组织（WTO）在1997年提出的提高社区居民对旅游可持续发展认识的8条办法如下。

(1) 通过定期的广播节目，解释现有的旅游活动和一些基本概念。在传统的、分布广泛的旅游目的地，广播通常是最有效的方式。

(2) 在当地的电视中定期或不定期地播出有关部门旅游规划和旅游活动的节目。

(3) 在报纸上刊登有关旅游活动的文章，或者定期开辟每周一期的专栏，介绍旅游活动。

(4) 印制可广泛分发的介绍旅游业的宣传册和宣传单。

(5) 把旅游业作为社会科学课程的一部分，在当地的学校中加以介绍。旅游部门也可以在学校开设专门的讲座。

(6) 让旅游部门与当地居民直接接触，引导他们参与旅游活动，并从中受益。

(7) 出版旅游期刊，向公众及直接从事旅游业的组织和个人介绍旅游活动。

(8) 就旅游业发展中的具体问题举行公共研讨会或会议，这些会议也可以定期举行，如年度旅游会议。

10.3.3 政府对生态旅游的管理

1. 实行“依法治旅”

为了使我国生态旅游业获得持续、快速和健康发展，必须要有健全的生态旅游管理机制，用完善的法规、条例来规范企业和个人的行为，建立一整套检查、评估和监控企业与个人对环境作用及影响的制度，实行"依法治旅"。实行"依法治旅"需要制定有关生态旅游发展的法律、法规和各项规章制度。

2. 对生态旅游的规划与促进

生态旅游规划由于涉及面广及在旅游业发展中的重要性，一般要由政府来制定。生态旅游规划包括为旅游业的增长与管理制定短期和长期的指导方针与目标，以及设计实现这些目标的战略。国家旅游管理机构及有关政府部门应就旅游业的可持续发展规划，以及生态旅游的性质和内涵对旅游业有关部门、企业和从业者进行培训与教育，从而提高认识，强化其旅游可持续发展的思想和行为。

3. 对生态旅游业的控制与监督

为防止生态旅游发展过热或不合理的发展而对生态环境造成危害，政府必须发挥其控制监督作用，限制生态旅游业的过热发展，维护质量标准，确保供求平衡，保护旅游者和旅游企业及当地居民各方的利益。认证管理制度是政府对生态旅游承办商实施控制的有效手段。各国政府应将境内承办生态旅游的从业者或团体统一纳入管理范围，建立完善的稽核制度。

4. 对生态旅游的资金援助

为了促进生态旅游的发展，政府应给予资金上的大力支持。对于有些生态旅游项目的开发，政府可考虑给予政策性倾斜或通过提供利息优惠的贷款或全部由政府拨款来资助这些部门实施符合政策的规划与开发，也可由政府出面争取一些国际机构的援助。

5. 进行科学的监控

生态旅游是科技含量较高的产业，本应有科研投入。但调查表明，我国的一些自然保护区出于经济的目的，热衷于旅店、餐饮、游乐等设施的建设，极少给予科研投入。为了加强生态旅游区科学监测和研究工作，旅游行政管理部门应会同有关单位研制和确定一套全面、科学的生态旅游发展评估与统计指标体系，并责成有关机构及时监测和评估，定期公布，及时分析，发布预警，以形成一种社会力量，全民、全方位地控制旅游污染，确保生态旅游的社会、文化、环境效益协调发展。

10.4 案例分析：桂林生态旅游功能分区及产品开发的相关模式

根据 Richard Forster 在 1973 年提出的生态旅游区的功能分区模式——同心圆模式，桂林城市生态旅游地的功能分区如图 10-4 所示。

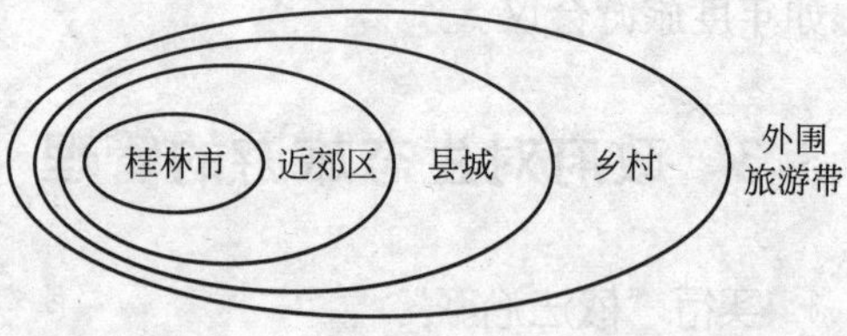

图 10-4　桂林生态旅游地的功能分区

将城市中心外围的区域通称为郊区，将城市中心与县城之间的旅游带称之为近郊区旅游带，将县城旅游带、乡村旅游带及其外围旅游带称之为远郊区旅游带。其具体划分如下。

10.4.1 桂林城市生态旅游区

(1) 桂林城市中心旅游区。桂林城市中心旅游区包括桂林市区各公园、景区点的自然风光及文化古迹旅游资源，以及人造景观，包括漓江、芦笛岩、七星公园、象鼻山、叠彩山、伏波山、穿山、西山、桂湖、榕湖、杉湖、木龙湖、漓江民俗风情园、靖江王陵、桂海碑林、桂林博物馆等。

(2) 近郊区旅游带。近郊区旅游带位于城市与县城之间。郊区一般作为城市的粮食、蔬菜供应地，同时拥有受干扰较少的自然风光，可开发现代观光农业、教育等类型生态旅游活动，如桂林市区与阳朔、兴安等县城之间的部分，可开发观光农业生态旅游活动。

10.4.2 远郊区旅游带

(1) 县城旅游带。每个城市都有若干个县城，也就是中心城市的卫星城，这些卫星城没有中心城市的经济、商业发达，但却保留一些古老的建筑和淳朴的民风民俗，如桂林阳朔西街、桂林古东大圩古镇等，适合开发教育型、寻古探秘型、文化型生态旅游。

(2) 乡村旅游带。县城周围分布着乡村，乡村由于远离城市工业化的污染，有较好的原生态田园风光和自然风貌，可开发乡村旅游、"农家乐"旅游和观光农业生态旅游。例如，桂林阳朔兴坪"渔村"、恭城观光农业生态示范园等可开发为乡村旅游的典型。

(3) 乡村外围旅游带。乡村外围旅游带是基本未受干扰的原生态旅游区，如桂林龙胜国家森林公园、桂林兴安猫儿山自然保护区等，这些区域处于城市生态旅游区的最边缘，受干扰程度最小，原生生态保存得最完好，是"严格意义上的生态旅游者"的好去处，适合开发科考、探险型生态旅游。

10.4.3 乡村旅游模式

(1) 乡村田园风光型。乡村田园风光型主要以阳朔县及周边各镇的自然风光为主，满足游客回归自然、返璞归真的需求。吸引旅游者前来阳朔的主要原因是这里的山水田园风光、良好的生态环境及其浓郁的民俗风情文化。

特征：浪漫的田园气氛；诗境家园；宁静自然、亲切；奇山秀水、倒影。

发展区域：阳朔古榕公园、田家村风光、龙潭幽境、遇龙村田园风光游、农村集市、兴坪渔村、白沙旧县村、周寨、田园风光。例如，龙脊梯田位于广西龙胜各族自治县县城以南的和平乡，经国家批准已列入我国中西部旅游资源开发与生态环境保护重点项目，成为国家级的生态示范区。梯田风光和美丽的侗瑶壮家风情满足了旅游者休闲、求知和回归自然等需求，进而也使旅游地获得了经济效益和社会效益。

客人类型：向往田园风光的观光、度假型游客；自行车旅游者和背包旅游者。

游览方式：以阳朔为大本营，团体乘车游览；骑自行车、徒步、乘三轮摩托，穿梭于阳朔的农乡之间，呼吸着混有泥土芳香的空气，游览锦绣般的田园景致。

(2) 民居旅游型。由于都市的人们生活节奏越来越快，工作的压力越来越大，更多的人希望能体会农村生活的悠闲与恬静，以及对传统生活方式的向往。

特征：质朴的生活方式；一派清幽、恬静的田园风光；淳朴热情的村民；古老而传统的民舍，渔家之乐，漓江渔猎。

发展区域：阳朔县周围的乡村，如丽村、古镇福利、兴坪渔村等。

客人类型：知识体验型的游客。

游览方式：住农家屋，吃农家饭，干农家活，享农家乐；体验农事活动，组织游客与农民一同采摘品尝，或者参加四时农事活动；农家访问，到少数民族村的民家做客；考察生态农业、生态村。

(3) 地域风情文化型。阳朔县有壮、苗、瑶等多个少数民族，文化内容丰富多样。同时，阳朔又是地方文化与外来文化交汇的最前沿，有两种文化的交汇地——西街。

特征：历史悠久，文化发达；古代中原文化与岭南文化的交融；阳朔古镇深厚的民族文化底蕴；中西文化交融。

发展区域：阳朔西街；县城内的新石器时代遗址和古墓群；摩崖石刻、碑刻；白沙旧县村；兴坪古镇、福利古镇。

客人类型：有文化跨度的境外游客，以参观考察为主的旅游者。

游览方式：以秀丽的自然山水为背景，将特色的历史文化融入旅游环节中；参加各乡镇"社日"，壮族歌圩、瑶族盘王节活动；开展中外文化交流，中国人学英文，外国游客学中国功夫、中文、太极拳、烹饪等。

阅读材料

印象刘三姐（锦绣漓江·刘三姐歌圩）

《印象·刘三姐》（锦绣漓江·刘三姐歌圩）是世界上最大的山水实景剧场，全球最具魅力的导演，传唱最久远的民族山歌，史无前例的漓江风情巨献。

大型桂林山水实景演出《印象·刘三姐》是锦绣漓江·刘三姐歌圩景区的核心工程，由张艺谋出任总导演，历时3年半制作完成。它集漓江山水、广西少数民族文化及中国精英艺术家创作之大成，是全国第一部全新概念的"山水实景演出"。

传统演出是在剧院有限的空间里进行，这场演出则以自然造化为实景舞台，放眼望去，漓江的水、桂林的山，化为中心的舞台，给人宽广的视野和超然的感受。传统的舞台演出，是人的创作，而"山水实景演出"是人与上帝共同的创作。在《印象·刘三姐》，山峰的隐现、水镜的倒影、烟雨的点缀、竹林的轻吟、月光的披洒随时都会进入演出场景，成为美妙的插曲。晴天的漓江，清风倒影特别迷人；可烟雨漓江，赐给人们的却是另外一种美的享受；细雨如纱，飘飘沥沥；云雾缭绕，似在仙宫，如入梦境……演出正是利用晴、烟、雨、雾、春、夏、秋、冬不同的自然气候，创造出无穷的神奇魅力，使那里的演出每场都是新的。

演出以“印象·刘三姐”为总题，大写意地将刘三姐的经典山歌、民族风情、漓江渔火等元素创新组合，不着痕迹地融入山水，还原于自然，成功诠释了人与自然的和谐关系，创造出天人合一的境界，被称为“与上帝合作之杰作”。演出把广西举世闻名的两大旅游、文化资源——桂林山水和“刘三姐”的传说进行巧妙地嫁接与有机的融合，让自然风光与人文景观交相辉映。演出立足于广西，与广西的音乐资源、自然风光、民俗风情完美地结合，人们在看演出的同时，也在看漓江人的生活。

《印象·刘三姐》的观众席由绿色梯田造型构成，180 度全景视觉，可观赏江上两公里范围的景物及演出。观众席设位 2 200 个，其中普通席 2 000 个，贵宾席 180 个，总统席 20 个；演员阵容强大，由 600 多名经过特殊训练的演员构成；演出服装多姿多彩，根据不同的场景选用了壮族、瑶族、苗族等不同的少数民族服装；整个演出时间约为 60 分钟。

刘三姐歌圩坐落在漓江与田家河交汇处，与闻名遐迩的书童山隔水相望。《印象·刘三姐》由著名导演张艺谋工作室制作，国内著名作曲家作曲，著名灯光设计师设计。

现在，歌圩几乎全部被绿色覆盖，里面种植有茶树、凤尾竹等，加上所植草皮，绿化率达到了 90%以上。其中，《印象·刘三姐》的灯光、音响系统均采用隐蔽式设计，与环境融为一体，水上舞台全部采用竹排搭建，不演出时可以全部拆散、隐蔽，对漓江水体及河床不造成影响。观众席依地势而建，梯田造型，与环境协调，同时也考虑到了行洪的安全。另外，100 多亩建设用地上，鼓楼、风雨桥及贵宾观众席等建筑散发着浓郁的民族特色。据建设单位介绍，整个工程不用一颗铁钉，令人叹为观止。刘三姐歌圩集广西壮、侗、苗、瑶文化于一体，形成漓江新的人文景观，让游人漓江之旅饱览山水秀色之余，实地感受壮乡文化之精髓。

资料来源：http://destguides.ctrip.com/china/yangshuo/sight22077/.

阅读材料

桂林：过把瘾就死的悲情开发

1. 事件一：谁是贻害桂林的罪魁祸首

桂林的旅游业依托的就是桂林“甲天下”的山水，也就是桂林奇特秀丽的自然环境。如果连这个起码的优势都没有了，桂林的旅游业就无从谈起了。所以，绝对不能为了片面地追求经济效益而无限制地利用甚至破坏自然环境。现在，每年的节假日都有大批的游客涌入桂林的各大风景区，使风景区患了“节假日综合症”，导致风景区内的植被、水、大气和土壤超负荷使用，遭致破坏。例如，著名的芦笛岩风景区因为游客的大量涌入，人们呼出的大量二氧化碳影响了岩洞的发育。

在桂林发展旅游的同时，需要保护的可能不仅仅是环境，更多的时候是一种民族和历史的文化。例如，要是芦笛岩岩洞内的二氧化碳含量过高了，可以对游客加以限制；漓江上的机动船对河堤造成了危险，可以用小船来代替机动船。但是，如果一个地区积累了成百上千年的文化和历史都丢了，就什么都没有了，这是无论如何都补不回来的。可是，桂林的现状是：杉湖上具有历史和文化蕴意的亭台楼阁在两江四湖工程中都因为湖面的水位上升而被淹没了，代之而起的是两座高达 30 多米的仿古塔。桂林杉湖中的迎宾桥模仿欧洲的景观与周围的环境极不协调（见图 10－5）。

历史上存留的建筑，特别是那些一直保存得很好的有历史意义的建筑被随便处理。外国游客来中国就是冲着中国悠久的历史和别具一格的自然风景与文化遗迹来的。如果这些都没有了，他们也就不会来了。现在中国到处都可以看到欧洲建筑的踪影，到处都弥漫着欧陆风，桂林也不例外。如果再不加以注意，桂林 2 000 多年的历史和文化也会随着桥梁的变更而逐渐地淡化和消失。

特别值得一提的是，两江四湖工程为了追求水位的统一，竟然把水位过低的杉湖水位人为地提高了 1.4 米，这样湖区许多具有历史和建筑价值的亭台楼榭就得全部拆除，代之而起的是两座与周围环境格格不入的日月双塔（见图 10－6）。去过杉湖的人都会觉得这两座塔与周围的环境极不协调。

图 10－5　桂林杉湖中的迎宾桥

图 10－6　桂林杉湖的日月双塔

资料来源：http://scene.sycla.com/sceneinfo_6876.html.

2. 事件二：10 亿元“买断”桂林山水

2002 年 1 月，一个消息在民间悄悄流传开来：新希望集团董事长刘永好与阳朔县政府签订了漓江支流至八公里遇龙河，以及遇龙河畔 303 亩土地 50 年经营权的框架协议。新希望集团计划在这 303 亩的土地上开发旅游房地产，建小别墅出售或出租；还计划建一座豪华国际会议中心，一座供中外情侣举办婚礼的教堂，一个中国最大的露天古典音乐广场。经过与阳朔县政府两年的艰辛谈判，新希望集团还签下了桂林山水中最著名的月亮山风景区，以及榕树公园、美女梳妆、骆驼过江等一批最好景点50年的租赁协议。新希望集团将花10亿元投资重新“包装”桂林山水。一时间，“国内首富刘永好10亿元‘买断’桂林山水”、“桂林山水中最优美的景点将全部纳入新希望账下”等“媒体语言”不胫而走，让人大有桂林山水就要改姓刘氏之感。

新希望集团与阳朔县政府经过两年的谈判达成了上述协议，那么像桂林级别一样的风景名胜区的权属归谁所有，是归县政府吗？风景名胜区的土地也像一般房地产用地一样可以批租吗？10亿元“买断”桂林山水的法律依据是什么？在遇龙河两岸搞旅游房地产，会不会破坏桂林风景区的整体风貌，污染问题怎样解决，有没有经过环境评价？企业经营与政府规划的关系怎样协调，开发和保护的矛盾如何处理，谁对桂林的未来负责？10亿元就能把桂林最美的景点纳入新希望账下是怎样计算出来的，阳朔县政府从中得到多少实际利益，桂林的老百姓能得到什么？协议达成后，新希望集团是否可以再转让这部分土地和景点的经营权与租赁权，政府要统一规划时是否需要再买回来，买回来要花多少钱？50年经营权和租赁权协议的实际内容究竟有哪些，一卖就是50年，很多未知的因素如何考虑？众多疑问浮出水面。

像桂林这样以自然山水为主的风景名胜区，最宝贵的是自然原貌和人文价值，这种自然文化遗产是属于全民族的东西，是属于不可再生的资源，应该非常慎重地对待。“甲天下”会不会成为“家天下”，对名胜景区的过度开发，是人们对经营权“外包”的最普遍担心。但“不过度”的开发也未必就没有问题。

此后，建设部开始过问10亿元“买断”桂林山水，市里也开始调查这件事，使得原定于4月15日签约的新希望集团将购买桂林山水最核心风景区50年租赁权的签约仪式终于“流产”。

3. 事件三：2004年的桂林又遇到一劫

2004年4月1日，广西壮族自治区建设厅、交通厅，以及其他相关部门和单位在桂林召开了一个座谈会。主持会议的交通部调研组提交了一份关于桂林到阳朔高速公路建设方案的调研报告。被邀请的地质学专家对现有线路提出的建议是，鉴于该高速公路位于大桂林旅游区，在建设过程中要充分注重环境保护和绿化工作，要将该路建成集交通、旅游、观光为一体的旅游线路。然而，这条高速公路的修建使得桂林丧失了申请世界自然保护遗产的基本条件，从而造成不可挽回的历史性失误。专家们愤怒了：要高速还是要世界遗产，这是一个问题。在专家们看来，桂林—梧州高速公路桂林到阳朔段路线设计不合理，这条长67公里的高速公路将彻底破坏具有世界意义的峰林地貌的原始性和完整性。

穿行景区的高速公路，以其庞大的身躯将岩溶峰林分割断裂，极大地破坏了峰林地貌的完整性和整体环境景观。修建高速公路势必破坏山体、土壤、植被及其他生物的自然生态环境；一些路段山坡“穿”上水泥块石“裙”边，一些路段黄土暴露或切成深沟。

同时，高速公路带入的种种声响，打破了山乡的宁静，取代了鸟语、虫鸣、鸡啼、狗吠以至田野笑声，人与自然隔离、疏远，奔驰在高速公路上的旅客，无法领略大地母亲怀抱的温馨。

申报世界自然遗产除了应具有独特性、不可再生性和不可替代性之外，还需考虑是否有足够的面积、能否反映该区域自然整体特征、能否自我维持生态平衡和维护物种的生存等。

阳朔—桂林峰林地貌核心景区是以岩溶自然地貌为边界的完整性、生态性、系统性很强的自然单元，作为申报世界自然遗产的基本条件，绝不允许庞大的永久性人工建筑的高速公路穿越其间而丧失其自然整体特征、自我维持生态平衡功能和系统协调的美学价值。如果高速公路一旦在此修建，就将丧失申报世界自然遗产的基本条件。

关于桂林的负面新闻接踵而来，一个比一个振聋发聩——一切都是在明目张胆地破坏性开发，这好像是个过把瘾就死的悲情岁月。真的，就旅游时代而言，桂林山水现在既不是“甲天下”也不是“家天下”，而是“假天下”!

资料来源：老枪. 大败笔：中国风景黑皮书. 北京：中国友谊出版公司，2006.

本章小结

生态旅游是在20世纪末大众旅游迅速发展的背景下，针对大众旅游活动对资源、文化和环境的负面影响，为解决既要大力发展旅游，又不允许破坏和污染自然、文化及环境，使两者都得到应有发展而提出的旅游模式。我国国家旅游局等部门出台的《国家生态旅游示范区管理暂行办法》将生态旅游定义为：以吸收自然和文化知识为取向，尽量减少对生态环境的不利影响，确保旅游资源的可持续利用，将生态环境保护与公众教育同促进地方经济社会发展有机结合的旅游活动。

生态旅游需要满足以下八大原则：核心是让游客亲身体验大自然；通过多种形式体验大自然以增进人们对大自然的了解、赞美和享受；代表环境可持续旅游的最佳实践；对自然区域的保护作出直接的贡献；对当地社区的发展作出可持续的贡献；尊重当地现存文化并予以恰当的解释和参与；始终如一地满足消费者的愿望；坚持诚信为本、实事求是的市场营销策略，以在消费者中形成符合实际的期望。生态旅游的特点是保护性、专业性和普及性。生态旅游的实质有以下几种说法。①产品论：认为生态旅游是一种特殊形式的旅游，或者说是一种特殊的旅游产品。②模式论：把生态旅游看作一种旅游发展模式，将旅游发展与社区发展紧密结合，将生态旅游作为可持续旅游发展的最佳选择之一。③产品—模式论。④旅游活动形式论。同时，介绍了生态旅游与传统旅游的区别。

生态旅游区空间构架由4个区域组成：核心区（敏感区）是未受到干扰或仅受到最低限度干扰，并代表某种生物地理区域的自然生态系统；缓冲区（分散游憩区）处于核心区的外围，是受到一定人类干扰的自然生态系统；密集游憩区处于缓冲区的外围，与居民聚落有密切的联系，土地利用强度较大，控制一定的旅游服务设施；服务区位于密集游憩区的外围，是旅游基础设施和服务设施较为集中的区域，也是旅游者和经营管理者的生活区域。生态旅游开发的5个成功因素是：综合方法、规划和缓慢的开始、教育与培训、当地利益最大化、评估与反馈。可以将生态旅游开发总结为3个主要模式：功能分区模式、社区参与模式和环境教育模式。生态旅游管理的原则是生态环境有价原则、生态旅游本土化原则、坚持与社区共建的原则、区域管理原则、政府介入原则、量度依赖原则和信息传播原则。

生态旅游管理的内容首先是对旅游者的生态管理。旅游者的旅游活动对环境影响颇大，为了保护生态环境不受破坏，有必要对游客的行为进行规范性管理，其中对旅游者的生态管理尤为重要。具体实施方法是对生态旅游者提出明确的环境要求；通过导游和宣传手段对旅游者进行教育；通过法律、法规、制度等手段对旅游者行为进行制约；通过技术手段加强对生态旅游者的管理。其次是对生态旅游区的生态管理。旅游区是接纳生态旅游者的基本场所。各旅游区的管理机制、旅游项目和产品、生态系统的各种因素、旅游建筑设施，以及环境污染物的净化和排放措施等，是否与生态管理的要求和标准相符合都是旅游区生态管理的内容。生态旅游管理的实施方法为：引进现代技术和方法，健全生态管理机制；对建设项目进行环境影响预评价；对生态环境和生态因子的生态管理；对旅游设施、设备和场所的生态管理；对垃圾、污水等污染物的生态管理。再者是对生态旅游企业经营者的生态管理。生态旅游企业的经营者对旅游生态环境的保护负有极大的责任，包括旅行社企业的绿色经营、旅游交通企业的绿色经营和旅游饭店的绿色经营。最后是对社区居民的生态管理。政府对生态旅游的管理措施体现在实行“依法治旅”、对生态旅游的规划与促进、对生态旅游业的控制与监督、对生态旅游的资金援助和进行科学的监控。

本章以桂林生态旅游功能分区及产品开发的相关模式为例，将城市中心外围的区域通称为郊区，将城市中心与县城之间的旅游带称之为近郊区旅游带，将县城旅游带、乡村旅游带及其外围旅游带称之为远郊区旅游带。

练习题

1. 名词解释

生态旅游　核心区　缓冲区　密集游憩区

2. 思考题

(1) 简述生态旅游的特点。

(2) 简述生态旅游的实质。

(3) 简述生态旅游开发模式。

(4) 简述生态旅游管理的原则。

(5) 简述政府对生态旅游的管理措施。

(6) 简述对旅游者的生态旅游管理主要包括哪些方面。

(7) 简述 WTO 提出的对社区居民生态管理的 8 条办法。

(8) 论述生态旅游区的空间构架。

(9) 论述生态旅游与传统旅游的区别。

(10) 论述生态旅游管理的内容与措施。

参考文献

[1] 龚雪辉. 生态旅游岂能破坏生态. 光明日报，1998-05-5.

[2] 诸葛仁. 可持续发展生态旅游产品. 人民日报：海外版，2003-10-6.

[3] 金波，王如渊，蔡运龙. 生态旅游概念的发展及其在中国的应用. 生态学，2001 (3)：56-59.

[4] 吕永龙. 生态旅游的发展与规划. 自然资源学报，1998 (13)：63-65.

[5] 牛亚菲. 可持续旅游、生态旅游及实施方案. 地理研究，1999 (18)：180-185.

[6] 宋子千，黄远水. 对生态旅游若干理论问题的思考. 林业经济问题，2001 (21)：12-14.

[7] 陈忠晓，王仰麟. 生态旅游刍议. 地理学与国土研究，1999 (18)：55-59.

[8] 张建萍. 生态旅游理论与实践. 北京：中国旅游出版社，2003.

[9] 冈恩，瓦尔. 旅游规划理论与案例. 4 版. 大连：东北财经大学出版社，2005.

[10] 王金伟，李丹，李勇，等. 生态旅游：概念、历史及开发模式. 北京第二外国语学院学报，2008 (9)：24-30.

[11] 孙英杰，赵忠宝. 生态旅游管理原则探析. 产业与科技论坛，2008 (4)：56-57.

[12] 叶文，蒙睿. 生态旅游本土化. 北京：中国环境科学出版社，2006.

[13] 李海防. 桂林生态旅游热的冷思考. 湖北生态工程职业技术学院学报，2008 (3)：

5－8.
［14］卢云亭，王建军. 生态旅游学. 北京：旅游教育出版社，2005.
［15］郭舒，曹宁. 生态旅游管理初步研究. 北京第二外国语学院学报，2002（6）：89－92.
［16］MACLAREN F T. Implementing ecosystem management：mount assiniboine lodge mount assiniboine provincial park，British Colunbia//IRENE M. Herrenmans，cases in sustainable tourism，an experiential approach to making decisions. The Haworth Hospitality Press，2006：31－40.
［17］ORAMS M，TAYLOR A. Making ecotourism work：an assessment of the value of an environmental education programme on a marine mammal tour in New Zealand//RYAN C. Taking tourism to the limits：issues，concepts and managerial perspectives. Netherlands：Elsevier，2005.
［18］http://destguides. ctrip. com/china/yangshuo/sight22077/.
［19］老枪. 大败笔：中国风景黑皮书. 北京：中国友谊出版公司，2006.

第 11 章 旅游循环经济模式与环境审计

本章导读

旅游资源是有限的，如何有效地利用这些有限的旅游资源是旅游业面临的一大问题。因此，要求运用循环经济的理念来指导旅游资源的开发和利用，使旅游资源得以再生、循环和持续。目前，尤其在发达国家，循环经济正成为一种潮流和趋势。发展循环经济是实施可持续发展战略的重要载体和最佳模式，是 21 世纪旅游资源开发保护的战略选择。旅游环境审计是大势所趋，其与环境影响评价相得益彰、相互补充，对于实现可持续旅游具有可操作层次上的意义。通过本章的学习，使学生认识到旅游业实现循环经济能够促进旅游资源的保护与循环利用；了解针对旅游业循环经济发展而采用的新的管理工具——环境审计的实施策略；认识环境审计在旅游循环经济评估体系中的重要地位。

11.1 循环经济和旅游业的关系

11.1.1 实施旅游循环经济战略的必要性

旅游资源是旅游业的基础，是旅游经济的支柱。循环经济是建立在地球资源的有限性基础上，要求以环境友好的方式利用自然资源和环境容量，实现经济活动的生态化转向。循环经济是一种全新的经济增长方式，以达到实现物质资料的有效利用和经济与生态的可持续发展。循环经济的这种要求是与以旅游资源为依托的旅游业发展模式相一致的。因此，为了实现旅游业的可持续发展，需要发展旅游循环经济。

1. 发展旅游循环经济有利于旅游资源的开发保护

旅游业在发展过程中，由于环境保护工作力度不够，其生态环境的恶化和受污染的程度正在加剧，给旅游业的持续发展造成极大的负面影响。这些问题的解决有待于运用旅游循环经济的原理与方法。

2. 发展旅游循环经济有利于提升旅游业的核心竞争力

旅游资源的优劣是旅游业发展的最根本条件，而旅游资源的保护性利用则是旅游企业参与市场竞争的最大资本，走旅游循环经济道路，旅游业就会在产业体系中站稳位置，在经济系统各子系统之间的竞争中保持优势，获得核心竞争力。

3. 发展旅游循环经济有利于促进旅游活动健康发展

旅游循环经济发展要求有效地利用各种资源，并将环境保护理念用于资源的开发利用中，保护日益稀缺的资源，实现环境与经济的共赢，从而最终实现可持续发展，有利于促进旅游活动的健康发展。

4. 旅游循环经济发展有助于改进现有经济模式，实现旅游业的可持续发展

旅游可持续发展的模式不是简单地开发自然资源以满足当代人类发展的需要，而是在开发资源的同时保持自然资源的潜在能力，以满足未来人类发展的需要。因此，实现旅游可持续发展是发展旅游业的基本目标和基本任务。其以“低消耗、低排放、高效率”为基本特征，符合旅游可持续发展理论的经济增长模式，是在实现人类社会可持续发展进程中解决资源环境制约问题的最佳途径。

11.1.2 旅游业和循环经济的现实冲突

1. 旅游资源的粗放开发和盲目利用

一些地方缺乏深入的调查研究和全面的科学论证、评估与规划，急功近利，对旅游资源盲目进行探索式、粗放式，甚至过度性、掠夺性开发，造成许多不可再生的珍贵旅游资源的损害与浪费。

2. 旅游景区生态环境系统失调

旅游景区的人工化、商业化、城市化倾向，使景区生态环境受到严重破坏。开山炸石、砍树毁林，导致山洪暴发、水土流失、塌方挡路、毁景伤人，以及久旱无雨、水源枯竭，饮用水短缺的现象屡屡发生，破坏了旅游地野生动植物的栖息和生存环境，改变了文化遗产赖以保存的人文生态环境。

3. 旅游景区环境污染日趋严重

一些景区管理粗放，超负荷接待游客，加上部分游客生态环境意识不强，景区内生活污水和废弃物剧增，水土、大气受到污染，噪声、烟尘超标，文物古迹遭受踩踏、攀登、抚摸、刻画等损坏。

11.2 循环经济原则在旅游部门的贯彻运用

11.2.1 在旅游发展项目、旅游资源开发和景区建设过程中贯彻循环经济原则

旅游资源是一种有限的、稀缺的资源，其开发利用必须符合科学发展观的要求，融入循环经济的原则。

1. 保持原真性

保持原真性应尽量避免大兴土木，能不建的设施坚决不建，能建在景区外部的坚决不建在景区内，规模能小则小，以更好地保持自然景观的原始性。

2. 进行环境影响评估

每个项目都必须进行环境影响评估，要从生态学的角度严格控制旅游服务设施的规模、数量、色彩、用料、造型和风格，提倡以自然景观为主，就地取材、依景就势，体现自然之美，对那些高投入、高污染、高消费等刺激经济增长的项目坚决制止。

3. 考虑环境承载力

尽管旅游环境具有自我调控功能，能够获得自身的正常运转和良性循环，但前提必须是旅游环境在自身的能量和物质的转化过程中，其内部的变化和外部的干扰均不能超过其自身净化的能力，即所谓的环境容量。因此，旅游规划设计必须科学测定环境容量，考虑旅游资源及其环境的承载力，在承载力允许的范围内对旅游资源进行开发利用。

11.2.2 在旅游酒店、餐饮业经营管理中贯彻循环经济原则

在旅游酒店和餐馆的设计建设时就要考虑减量原则，不要一味追求高档豪华，在选址上也要考虑减少对环境和景观的破坏，所使用的材料应该考虑环保和回收的可能，尽量使用环保材料。循环经济的“再使用原则”，提倡对物品、资源进行维护和修复而非频繁更换，因此，要求开发商考虑设备修复的简便性，以及易于升级换代。同时，酒店和餐馆应积极采用节能、节水的技术和设施，降低自身的资源消耗。对于酒店的生活用品配备也应该考虑减量、再用和循环，既保护环境又降低成本。旅馆达标废水可浇灌植物园，粪便可制作沼气供照明使用，沼气渣用作植物肥料等。酒店和餐馆的垃圾要切实实行分类收集与回收，尤其是电池的回收，在污水处理上也应该和专业处理厂家合作。现在比较流行的绿色饭店和生态餐馆就很好地体现了循环经济的要求。

11.2.3 在旅行社经营管理中贯彻循环经济原则

1. 产品设计

旅行社在产品设计上应贯彻循环经济原则，重点开发推介生态旅游产品和低能耗的旅游产品，在旅游要素的组合中偏向注重循环经济的企业，如绿色饭店、餐馆等。旅行社的这种产品导向作用对整个产业发展能起到重大的作用。

2. 接待服务

在接待服务的过程中通过导游员的作用能够对游客施加相当的影响，从中推广循环经济的理念。导游员处于旅游接待工作的中枢地位，是旅游活动开展的全程组织者、引导者和指挥者，导游员在导游词的创作、导游服务的提供、自身的示范行为和制止游客的非理性行为等诸多方面都能宣传和讲解循环经济的要求与理念，让游客在潜移默化中接受和形成新的旅游观。

11.2.4 在旅游商品生产中贯彻循环经济原则

旅游商品尤其是旅游纪念品的生产应该在产品设计和生产工艺上下工夫，提倡就地取材，尽量减少自然资源的开采，对当地的土特产品进行精深加工，在生产中增加手工的因素，增加艺术文化的附加价值。

11.2.5 在旅游设施建设中加强循环经济理念教育

在旅游区内设立环境教育的设施，如在生态景观旁设立科学解说、提醒游客注意环境卫生的指示牌、与环境协调的废物收集箱等。利用多种媒介使游客接受多渠道的环保教育，如在门票导游图上添加生态知识和注意事项等。特别提倡“留下的只是你的脚印，带走的是美好的回忆”，在游客进入景区时即配发印有上述口号的废品收集袋，出门时将之返还。提倡在适当地方开展游客植树或种植会议纪念树等，增加游客的参与意识，有意识地增加与环境保护有关的内容，使游客在大自然中唤起绿色的激情、绿色的愉悦、绿色的思考，体验大自然的和谐、有序，从而促进新的旅游观的形成。

11.3 旅游业不同层次上的循环经济模式

旅游业循环经济在不同的层面上有不同的模式。在旅游企业是以清洁生产为中心，称为企业层面的小循环；产业组合循环发展模式称为区域层面的中循环；在区域或城市实施循环经济是社会层面的大循环。

11.3.1 旅游企业层面上的小循环

以循环经济理念为指导的旅游企业的设计目标是：保证旅游产品是按污染小、效能高、社会文化适宜的原则而设计的。从旅游企业长远发展看，采用清洁生产技术，最大化减少旅游资源的使用量，可以尽量减少或避免人类活动造成对旅游资源的滥用和破坏、对旅游景区环境污染和生态的干扰与破坏，从而保证旅游区的生态性和吸引力。旅游企业的建筑设计应充分考虑地形、气候、生物、水、土壤、人文风情等地理因素，在设计上趋利避害，充分将这些要素的有效价值纳入到企业未来的生产经营中去。

11.3.2 区域层面的中循环

区域层面的中循环要求旅游的相关利益群体按照生态学原理，通过企业间的物质集成、能量集成和信息集成，形成企业间的物质代谢和共生关系，发展生态经济，做到系统内与系统外的生态平衡，提高资源的利用率，减少污染物的产生量与排放量，千方百计改善利用旅游资源的技术水平，使有限的旅游资源得到最大限度的充分合理利用。将一系列彼此关联的产业链组合在一起，通过企业和产业间的废物交流、循环利用和清洁生产，减少或杜绝废物的排放。对此，可以依托乡村民俗开展农家乐旅游、小城镇旅游。

11.3.3 社会层面的大循环

社会层面的大循环即循环型城市。循环型旅游城市的建设体现的是一种可持续的发展理念，以优质的产业生态服务、优美的自然生态景观、悠久的人文环境，借鉴国内外的发展经验，发展生态旅游城市，探索循环型城市的发展。旅游业循环经济的发展模式大致可以分为以下几种。

1. 清洁生产模式

清洁生产是指既可满足人们的需要又可合理使用自然资源和能源，并保护环境的生产方法和措施，其实质是一种物料和能源消耗最少的人类生产活动的规划与管理，将废物减量化和无害化，或者消灭于生产过程中。在旅游风景区采用清洁生产方式来发展旅游业，必须从旅游资源的规划与开发、旅游产品与设施的设计到整个旅游过程，都要最大化地减少旅游资源的使用量，尽量减少或避免人类活动造成的对旅游资源的滥用、对旅游景区环境的污染和生态的干扰，从而保证旅游区的生态性和吸引力，同时也不断提高自身发展循环经济的能力，实现景区旅游业的可持续发展。

2. 生态园区模式

生态园区是依据循环经济理论和生态学原理设计而成的一种新兴组织形态，是循环经济在区域层面上的实践模式。在生态园区的基础上，加入人类的旅游活动，通过人工设计生态工程，协调发展与环境之间、资源利用与保护之间的矛盾，既能够发展生产又能够满足人类休闲旅游的需求，实现物质闭路循环、劳动力资源再生和能量的多级利用，达到生态上和经济上的两个良性循环，经济、生态、社会三大效益的统一。目前，生态农业旅游园区主要有以下模式。

(1) 种养殖业复合模式。种养殖业复合模式以基塘复合模式（如桑基鱼塘、蔗基鱼塘、果基鱼塘）和稻鸭（鱼）共生模式为基础，做到物质的循环利用，既降低成本、生产绿色环保食品，又为旅游者提供了休闲的场所。

(2) 以沼气为纽带的各种模式。以沼气为纽带的各种模式主要是农产品消费过程中和消费之后的物质与能量循环。沼气是再循环原则在农村的典型运用，其前端可以促进农业向畜牧业转化，后端能够促进农村能源结构的调整，并且增加高效有机肥，本身又构成一个小型的产业链条。沼气用于饭店的照明、做饭，可节约电费和燃料费，沼液、沼渣肥田可节约化肥、农药，实现物质和能量的循环利用。

(3)“前店后园”的生态旅游模式。“前店后园”的生态旅游模式是依托高科技、无污染的有机农业，营造一个田园风光式的绿色生态环境，吸引游客前来休闲度假。农业生产的农产品可以及时供应度假区餐厅和各种娱乐场所，突出产品有机、环保、健康的特点，保证食物的新鲜，以满足游客的消费需求，形成一个以园养店、以店促园，农游结合的生态农业旅游园。

生态农业旅游园区可依据具体情况，选择建立在城市郊区，开发成为城市居民的“后花园”，也可建立在旅游景点等附近，配合“大旅游”延长游客滞留时间。

3. 产业间多级生态链连接模式

通过不同产业之间有效连接来实现资源的高效利用和劳动力资源的循环再生。其主要有以下两种方式。

(1) 从工业到农业的产业多级生态链连接。例如，将啤酒厂、葡萄酒厂与农业耕作和水果种植进行有效的产业连接，酿酒残余的麦渣作为饲料，酿酒过程中产生的热水用于养鱼、虾。

(2) 从农业到工业的产业多级生态链连接。构建“种植—饲养—食品加工—污水和废物回收利用”等产业链，带动粮食、水果、畜禽饲养加工企业的发展。产业链向上延伸带动玉米、大豆、苹果、橘子和饲草种植，玉米、大豆分别向饲料和食品工业转化，苹果、橘子分别向食品工业和饲料加工转化，饲草、秸秆、玉米芯分别向饲料和化工原料转化；产业链向下延伸带动畜禽精细加工程度不断提高，实现向分割制品、熟肉制品、含肉食品转化，拉长饲养加工链条。

11.4 案例分析：普者黑旅游循环经济示范区规划

11.4.1 示范区概况

普者黑景区位于云南省东南部、文山州西北部丘北县境内，距县城11公里，地貌景观为高原喀斯特峰林、峰丛、湖群组合，被专家誉为“世间罕见，国内独一无二的山水田园风光”，景区常年生长的野生荷花被称为东南亚之最（见图11-1）。普者黑，1993年，被云南省人民政府批准为省级风景名胜区；1996年被云南省人民政府批准为省级旅游区；2001年7月，被国家旅游局批准为国家AAA级旅游区；2002年5月，被云南省人民政府批准为省级自然保护区；2004年，被批准为国家级风景名胜区；2005年，被云南省政府确定为全省唯一的旅游循环经济试点。目前，普者黑已成为云南省的重要旅游景区之一，旅游业成为丘北县经济发展的重要产业，对当地经济、社会发展起到极大的促进作用。

图11-1 云南普者黑景区

资料来源：普者黑旅游局.

11.4.2 示范区有利条件与制约因素

1. 有利条件

1）丰富的资源

示范区自然资源和人文旅游资源数量丰富，为发展旅游循环经济提供了赖以生存的物质基础，集自然风光、农村、民族文化建设与保护、小城镇建设、旅游于一体的旅游区，发展旅游循环经济具有典型性。

2）优越的社会环境

各级政府对示范区建设都极为重视，公众环境意识不断提高，旅游循环经济发展的社会环境较好。

3）良好的发展基础

普者黑旅游发展10余年，基础设施、接待设施、景点建设方面具有较好基础，积累了一定的管理经验，有利于发展模式的转型。

2. 制约因素

(1) 生态环境问题日益突出。普者黑生态环境极其脆弱，目前出现的生态环境问题主要包括上游地区渔业导致河水富营养化、部分村寨生活污水不经处理直接排放到水中、大片湿地退化、机动车大量进入影响空气质量等。

(2) 资源利用率不高。规划区旅游资源丰富、功能齐全，但是目前旅游产品较为单一，基本是观光型，休闲度假功能没有很好地发挥出来。

(3) 旅游产业竞争力较弱。目前，示范区旅游产业链的基本特点是布局散、规模小、实力弱、竞争力差。

(4) 经济条件制约。受区域社会经济条件的限制，资金投入不足，对旅游循环经济发展有一定的制约作用。

(5) 循环经济实践经验不足。旅游循环经济是一个新生事物，尚未形成成熟的理论和方法，也没有先例可供借鉴。

11.4.3 示范区资源与环境复合系统分析

1. 资源利用可持续性评价

1) 物质资源利用及可持续性

(1) 水资源。示范区雨量充沛，水资源丰富便于开发，但上游鱼塘污水、区内生活污水未经处理直接排入湖中；上游湿地和面山植被遭到破坏，水土流失严重，大量泥沙流入湖内，导致湖盆变浅、水质浑浊；大量农业回归水使水体面源污染严重。以上多种原因造成普者黑湖水体污染呈恶化趋势，目前水质已从Ⅱ类下降为Ⅲ类。

(2) 土地资源。示范区土地集中连片易于开发利用，土地垦殖强度高，农田存在不同程度的退化；由于地处脆弱的喀斯特地区，土层薄且容易产生水土流失，加之人为活动强烈，区内出现大面积连片分布的石漠化地区；较多农田沿湖分布，雨季洪水沿平缓的河道倾泻而下，常形成洪涝灾害。

(3) 森林资源。亚热带常绿阔叶林是本区的地带性植被。由于长期的垦殖和采伐利用，原生性植被已所剩无几。现状植被以农地人工植被为主体，自然植被基本都是次生型植被，品种和数量极其有限。当地居民已基本不能从森林中获取薪柴，转而使用农作物秸秆为燃料。植树造林绿化了局部的荒山，但林种以对生态环境不利的桉树为主。

(4) 旅游资源。本区地貌景观为高原亚热带喀斯特湖泊景观，以喀斯特湖群，喀斯特峰林、峰丛、孤峰，以及野生荷花、少数民族风情为主要旅游资源。独特和丰富的地貌资源为旅游业发展创造了有利条件。

2) 非物质资源利用及可持续性

示范区非物质资源主要包括戏曲、体育竞技活动、服饰、民居建筑、民族民间舞蹈、节庆、民族民间传统工艺美术、民族民间传统习俗等。随着游客的大量涌入，外来文化的影响已经导致许多民俗的变化和丧失，如由于居民经济收入的增加进行村寨屋舍改造，破坏了村寨原始风貌，造成了不协调气氛（见图 11－2、图 11－3）。民居民房所保留的特色已很少。

图 11－2　原始的黄坯红瓦民居

图 11－3　改造后的民居破坏了原始风貌

2. 物质流模式分析

在示范区资源与环境复合系统中，物质流主要是由太阳能、降水、游客、建设资金及信息构成输入源。太阳能、降水大部分流入湖泊生态系统和农田生态系统，还有一部分流入森林和居住地生态系统，为这些系统提供初级生产所必需的物质和能量；游客主要进入湖（河）滨湿地生态系统和居住地生态系统；建设资金则流入居住地生态系统。物质输出主要由农产品、林副产品、畜产品和旅游产品构成。其中，农田生态系统对外输出农产品、作物秸秆和农业废水等，农产品包括输出到系统外的农业商品、当地居民食用的食物、作种子返回农田的作物品种及加工生产成的饮料 4 部分。农作物秸秆包括用于饲料的、粉碎还田的、用作燃料的 3 部分。农业废水成为污染源进入湖河湿地生态系统。森林生态系统的主要功能是涵养水源、净化空气和保持水土等生态服务功能，同时也输出包括木材、薪炭材和林果等林副产品。居住地生态系统主要提供生活服务并输出畜产品。整个大系统所提供的旅游产品和旅游服务功能则通过旅游者的旅游行为基本输出到系统外（如图 11－4 所示）。

3. 存在问题

（1）湿地旅游资源遭到破坏。由于历史垦殖、围湖和筑埂坝等活动的影响，以及近年来农业和旅游开发中偏重索取、漠视保护，湿地资源欠账严重，部分湿地功能丧失，湖滨带景观及生态价值降低。

（2）无序开发导致湖泊水质下降。由于临湖村寨众多，没有预留湖泊保护缓冲带，

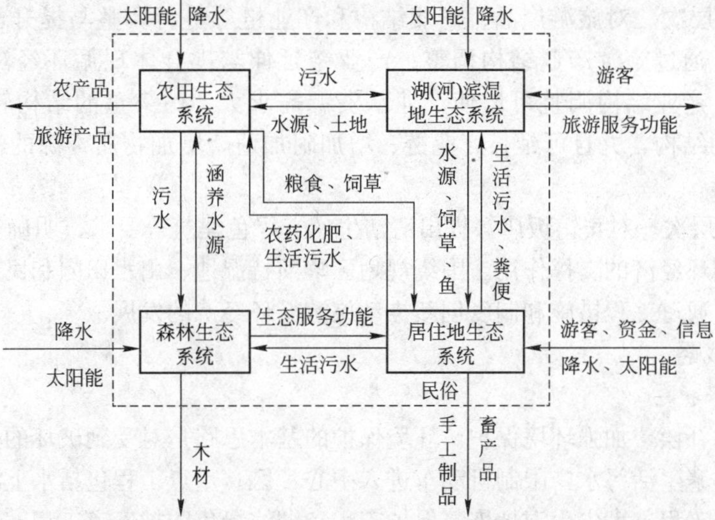

图 11-4　普者黑旅游循环经济示范区资源与环境复合系统物质流示意图

饭店等接待设施临湖或商街占用水面，导致示范区面临着复合型水环境污染问题，水质已由 1997 年的Ⅱ类下降为现阶段的Ⅲ类。

(3) 陆生生态退化。由于长期垦伐，示范区原生性植被已经不存在，森林覆盖率较低，水土流失面积扩大，石漠化局部继续发展，陆生生态环境呈恶化趋势。

(4) 旅游业发展层次较低。示范区旅游产品单一，产业链短。游客滞留时间短，消费量小，旅游产品附加值低，吸引力和竞争力不强，发展模式属于粗放型，旅游业整体水平还处于初级阶段。

(5) 经济发展滞后。示范区经济仍以农业为主，单位土地经济增加值有限，缺乏农产品深加工，工业基础薄弱，农民增收缓慢，旅游业对地方经济的带动作用没有能够充分体现出来。

(6) 管理体制有待理顺。示范区旅游管理体制尚未突破政企不分、条块分割的局面，很难适应云南旅游业“二次创业”时期“高品位规划、高档次建设、高水平经营管理”的要求。

11.4.4 示范区发展战略框架

1. 指导思想

示范区规划的指导思想如下。

(1) 区域层次。以景观生态学为理论基础，对旅游业赖以生存发展的自然资源和人文资源进行统筹布局，明确旅游功能分区。通过旅游资源使用强度的减量化和生态资源的培育再生，体现循环经济的减量化和再资源化原则。

(2) 产业层次。对旅游产品、产业结构和产业链等进行调整与提升，建立新型旅游产业体系。通过旅游产业结构调整、产业链延伸与耦合体现循环经济的资源循环和再资源化。产业结构调整可以使产业从资源需求大、污染重的结构转向资源需求小、污染轻的结构，并且可延长产业链、增加附加值，增加物质资源的耦合利用机会和效率。

(3) 企业层次。对宾馆饭店等提出清洁生产、绿色建筑等要求，明确其作为基础设施对旅游业循环经济的支撑作用。围绕规划区喀斯特湿地、山水田园和民族风情特色组织规划项目，通过工程措施和制度创新推动旅游循环经济的发展。

2. 发展战略

1) 环境保护

实施生态补偿，加强环境保护。环境保护的基本思路是对受到破坏的生态环境进行修复，治理村寨生活污水，限制机动车进入中心片区。重点工程包括水上游路（湖泊南段）景观生态工程、大尖山湿地恢复保护工程和湖滨绿色防护廊道工程。

2) 资源培育

防止湿地退化，实现持续利用。旅游资源培育的重点是新沟农场（湖泊中段）湿地，恢复及保护湿地资源，建设湿地植物园。防止湿地退化的同时，为下一步旅游产业的可持续发展奠定资源基础。

3) 产品调整

环境友好型产品设计、休闲度假功能发挥。按照旅游循环经济发展区的要求，合理利用资源，强化民族文化旅游资源的开发，建设环境友好型民族村寨，推出环境友好型产品；关注摆龙湖、新沟农场等旅游资源的开发，注重休闲度假功能的发挥，形成观光与休闲度假并重的发展格局。

4) 清洁生产

建设旅游小镇，实施清洁生产。根据产业集聚原理，将示范区内接待设施搬迁至区外，集中建设普者黑旅游小镇，并对餐厅、饭店等主要接待设施进行清洁生产改造，建设公共中水处理回用系统、垃圾分类收集系统和污水处理系统。

5) 产业耦合

延长产业链，增强产业耦合。延伸旅游产业链可以有效带动第一产业、第二产业和第三产业的发展，增加产业附加值，实现物质流动与循环。具体思路是通过三七观光园、葡萄酒庄园等项目实现旅游业与农业、加工业的耦合，促进旅游产业链向农业、加工业的延伸。

6) 布局调整

延长游览线路，合理分流游客。将游路延长至落水洞、新沟、摆龙湖、尖山布宜松林等地，组成完整的旅游线路，提供类型多样的旅游产品，有效利用其他旅游资源，同时减小对中心片区（普者黑湖）的环境压力。

7）体制创新

完善管理、科技、税收、投融资、公众参与的体制和机制，并随着循环经济发展遇到的新问题进行不断创新和改革，保障循环经济的发展和规划目标的实现。

11.4.5 示范区总体设计

1. 发展模式

普者黑旅游循环经济示范区发展模式如图 11－5 所示。

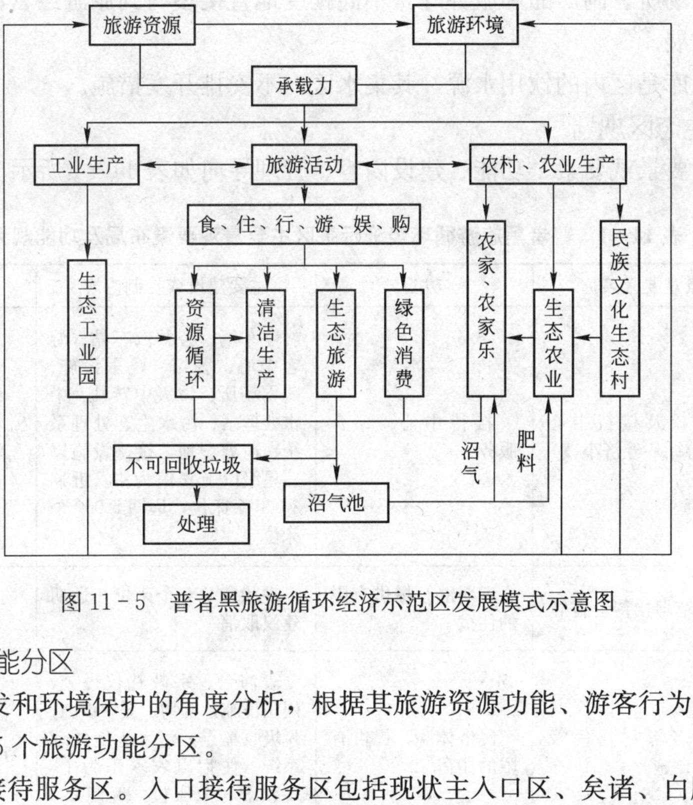

图 11－5　普者黑旅游循环经济示范区发展模式示意图

2. 旅游功能分区

从旅游开发和环境保护的角度分析，根据其旅游资源功能、游客行为规律，将示范区划分为以下 5 个旅游功能分区。

（1）入口接待服务区。入口接待服务区包括现状主入口区、矣诸、白脸山等，位于旅游区东南角。通过湿地恢复、旅游循环经济示范小镇开发、村寨改造等，建设为旅游区的接待中心。从事住宿餐饮接待，同时发展较高档次的休闲度假、商务会议、文化娱乐、特色购物等服务。

（2）普者黑山水民俗游览区。本区包括从仙人洞湖到普者黑湖及其周围景点、村寨，是整个旅游区的核心游览区。发展喀斯特湿地观光、观荷采莲、民俗体验、水上娱乐、特色食品等，以水上游线为主，辅以陆上游线。面向各种层次的消费者，逐步取消区内接待住宿功能。

(3) 大尖山—布宜松林康体休闲区。本区包括大尖山湿地、布宜松林等，位于示范区东北部。发展湿地生态游赏、观鸟、森林康体、攀岩、水上体育等康体休闲产品，主要目标群是有一定支付能力、愿意投入较多时间与精力体验自然生态和野趣的游客。

(4) 湖泊中段湿地生态游区。本区主要起稳定湿地生态质量的作用，包括原新沟农场的大部分土地和水面。适宜发展喀斯特湿地观光、生物资源参观研究、种苗贸易和特种旅游等。

(5) 辅助发展区。辅助发展区为其他区域，其主要功能包括提供旅游接待所需的食物、劳动力、场所、副产品和服务等，不同程度地直接参与到旅游经营活动中，带动地区经济社会发展。

摆龙湖水库是区内的饮用水源，其集水区内不安排开发措施。

3. 景观生态区规划

示范区主要景观要素、功能、建设内容、管理导向如表 11-1 所示。

表 11-1　普者黑旅游循环经济示范区主要景观要素布局及功能规划

要素类型	景观要素名称	功能	主要建设或控制内容	管理导向
负生态效应斑块	入口及接待中心（旅游循环经济小镇）	接待中心、综合服务	停车场、公共汽车站、游客中心、餐馆、娱乐设施、购物场所、垃圾中转站、中水处理站、污水生态处理系统、荷塘湿地，接待设施以三星级以上宾馆为主。近期 2 000 个床位，远期 5 000 个床位	实现“区内游、区外住”，逐渐取代蒲草塘接待设施群
	蒲草塘接待设施群	近期继续提供有限的住宿	现状共 800 个床位，远期建议取消	逐步置换、取消
	普者黑村居民及接待设施	民俗体验，提供有限的住宿	表演台、宗教礼仪设施，娱乐设施，购物、餐饮设施，垃圾收集点，污水土地处理系统。住宿以农家乐为主，现状 800 个床位，近期 600 个床位，远期 200 个床位	通过湖滨生态缓冲与湖泊隔离，逐步减少村内接待床位数
	仙人洞村居民及接待设施		表演台、娱乐设施，购物、餐饮设施，垃圾收集点，污水土地处理系统，荷塘湿地。住宿以农家乐为主，现状 569 个床位，近期 500 个床位，远期 150 个床位	

续表

要素类型	景观要素名称	功能	主要建设或控制内容	管理导向
正生态效应斑块	大尖山湿地	旅游资源及生态资产保值增值	恢复湿地 390 亩，保护 500 亩	生态及旅游资源保护、培育
	湖泊中段		恢复湿地和陆生系统约 2 万亩	
	湖泊南段湿地		恢复湿地和陆生系统 500 亩	
	普者黑湖、落水洞湖等水面		保护海拔 1 446.46 米以下的水面和水量、水质	
廊道	蒲草塘、落水洞河段	水上游线	主要游览通道	
	布宜—新沟农场道路	陆上游线	新开发的游览通道	
	流域外沿乔木隔离带	物理隔离及缓冲	乔木林带、道路	
基质	旅游区农田		部分退耕还湖还湿地，发展循环型农业	发挥景观作用，控制对生态的影响

4. 实施对策

为了切实推进示范区建设，实现规划目标，规划建议如下。

(1) 加大循环经济宣传教育力度。

(2) 成立示范区管理机构，协调有关部门关系，负责规划实施。

(3) 完善环境污染约束机制，制定循环经济激励制度。

(4) 出台优惠政策，加大招商引资力度。

(5) 立法确定湖泊运行水位。

(6) 设立资源补偿基金。

(7) 倡导社区参与，建立科学合理的利益分配机制。

11.5 旅游循环经济的管理工具：环境审计

在旅游业内实施循环经济发展战略，是科学发展我国旅游业、促进旅游业可持续发展的实践要求和重要途径。发展旅游循环经济需要有效的对策和管理模式，需要通过环境审计这一管理工具对旅游企业的环境绩效加以评估，以促进旅游业循环经济的建设。

11.5.1 基于循环经济理念的旅游循环经济运行机制

随着旅游业的不断发展，以及在短期利益的驱使下，出现了旅游资源被无节制、无规划开发和破坏的现象，给生态环境造成了负面影响，旅游资源的永续重复利用已经受到威胁。旅游业对生态环境造成污染和破坏的原因，除了对旅游资源的不合理开发和利用外，对旅游区的无序管理、粗放式管理也是其主要原因之一。

而旅游循环经济系统是一个复杂的综合系统，具有内在的联动运行机制。旅游区循环经济模式在旅游循环经济理论指导下，在动力系统、支持保障系统、参与系统的共同作用下，实现旅游区循环经济的发展目标，最终指导旅游区实现旅游可持续发展，促使旅游区循环经济的良好运行，如图 11－7 所示。

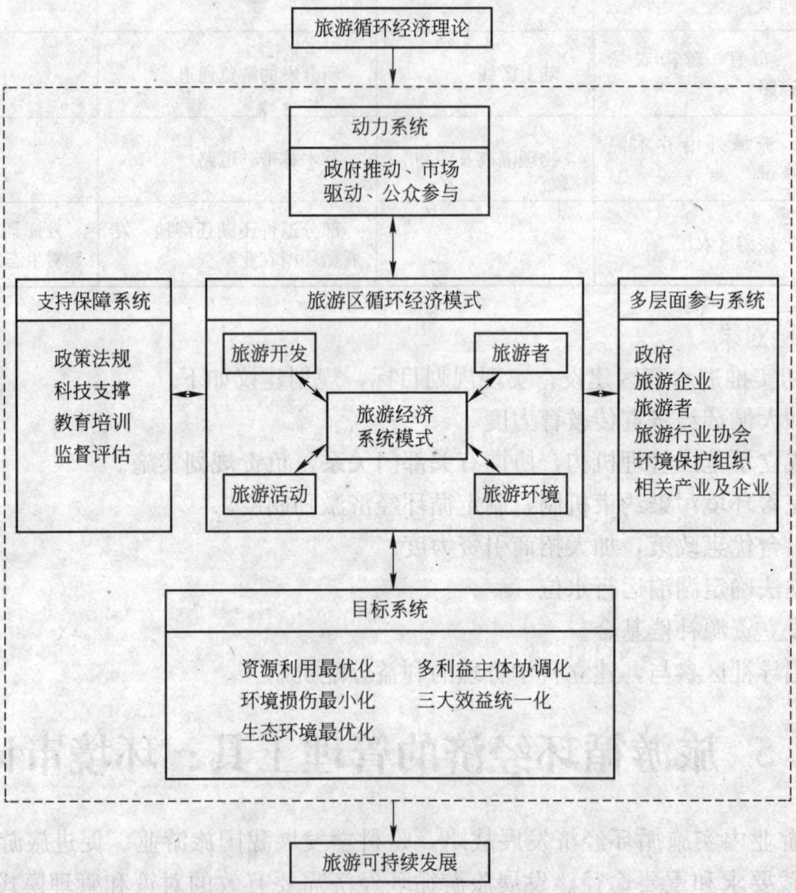

图 11－7 旅游循环经济系统运行模式

11.5.2 环境审计的内涵

1. 环境审计的概念

环境审计一般被认为是一个监测企业或组织的运行过程，以确定其是否依从已制定的环境规章制度、标准和政策。这个过程主要包括以下3个步骤。

（1）评价：确定审计对象的实际状况。

（2）检验：比较审计对象的实际状况与预测状况的差距。

（3）证实：确认比较结果。很明显，环境审计应成为环境管理的一个重要组成部分。在处理环境绩效和环境问题的过程中，环境审计是一个重要的反馈机制（Buekley)。

2. 环境审计的对象

环境审计对象即环境审计的客体，按照职责范围和权限大小划分，包括制定环保政策和措施的政府及其有关部门，承担具体管理和监督职能的各级环保部门，负责环保专项资金投入的财政部门，以及其他涉及环境保护的部门，如环保监察单位、排污收费监管部门等，还包括生产性企业、商业性企业、医疗卫生部门、城市公用事业单位和各类基本建设项目单位等，它们是实施环境治理的主体。按照具体行为活动划分，环境审计的对象主要包括政府环保等行政管理部门的环境管理监督行为；国有环境资源的规划、开发、利用行为；国家环境保护的规划、实施、管理行为；工业企业及其他企事业单位的生产经营活动；改建扩建项目、技术改造项目、房地产开发项目和旧城区改造项目等建设项目的施工建造行为；交通运输部门、能源供应部门等公用事业单位的服务供给行为；人类作为群体在社会经济生活中的其他可能对环境造成破坏的具体行为和活动。旅游业的活动有很多项是属于审计对象范围之内的。

11.5.3 环境审计的内容

1. 对法规体系和环保政策的评价

中央国家审计机关实施环境审计，应注重对国家的环境法规体系的完善、有效性，以及环保政策的科学、合理性作出独立评价。地方审计机关和其他审计主体实施环境审计，要对各级政府环境规划和政策，企业的环境会计政策，环保制度、计划是否充分、有效和遵循等情况作出评价或提出建议；评估拟议中的环境政策的影响，使新的环境政策或修改后的环境政策更具有规范性、科学性和可操作性。

2. 对环境管理体系的审计评价

环境管理体系是整个管理体系的有机组成部分，是对经济建设部门所产生的环境、生态问题进行监控和管理的综合措施。对环境管理体系的审计主要分为3个层次：首先，检查其是否建立；其次，检查其是否健全和完善；最后，检查其是否得到有效遵循，并对环境管理机构设置情况和工作效率、遵守环境制度和整治环境效果、生产经营现状可能带来的环境风险作出审计评价。

3. 对遵循环境法律、履行环境责任的审计评价

遵循环境法律、法规，履行环境责任是每一个被审计单位义不容辞的义务和责任，国家审计机关有权对被审计单位遵守国家环保法律、法规、制度的情况，单位环境管理责任和工作绩效进行审计与评价，特别是对被审计单位的环境保护项目计划的管理和实施活动的真实性、合法性、效益性进行审查与鉴定；一些地方、部门、单位或个人有法不依、有章不循，或者执法不严、违法不纠、敷衍塞责，反映了缺乏第三者独立监督的严重后果。因此，必须尽快建立环境审计体系，从环保责任制出发实施环境审计。

4. 对环保专项资金的筹集、使用和管理中的真实性、合法性和效益性的审计

用于环保的各项资金较多，管理部门和环节也多，在资金的筹集、管理、使用中存在许多问题，因此，必须就其真实性、合法性、效益性作出审计评价。

5. 对环境负债的评价

"环境负债"是指某项生产或交易行为给生态环境造成的潜在的、破坏性的后果，体现了环境责任和环境成本的量化。从狭义角度看，环境负债植根于企业和有关部门的微观经济活动中，微观经济活动往往是环境负债的载体，并应承担起环境治理的责任。因此，必须对生产和交易这些微观经济活动的环境风险作科学的评估，并作为计算生产或交易成本的依据。从广义角度看，环境负债贯穿于人类社会的发展进程，对人类社会的可持续发展提出了更高的要求，促使人类以历史的眼光关注社会发展的"成本—效益"问题，最终作出功在当代、利在千秋的明智抉择。

11.5.4 环境审计在旅游循环经济运行体系中的重要地位

由图 11－7 可知，监督评估是旅游循环经济系统运行模式中支持保障系统内的重要环节。监督、评估体系是发展旅游循环经济的保障和管理机制，对旅游区内的旅游企业或景区进行约束，保证其行为符合旅游循环经济的发展要求。发展旅游循环经济提倡建立绿色认证体系，制定旅游循环经济企业的规范化、标准化、科学化的管理系统。

旅游业实施循环经济要求对旅游景区和旅游企业的环境绩效进行合理的监督评估管理，这将有助于降低潜在的矛盾。这些矛盾存在于旅游业本身、旅游者、环境和当地社区组成的复杂综合体内。这就要求能找到一种可靠的方法来评价和监测旅游业发展的环境影响。环境审计是目前国外针对旅游业持续发展中出现的环境问题而采用的新的管理模式，其可以运用于旅游循环经济的实践中，作为旅游循环经济监督、评估体系的有效手段和环境管理工具。

11.5.5 旅游循环经济中的经营主体环境审计类型

1. 企业审计

企业审计的范围是整个企业的环境影响及管理体系的所有方面。此种审计覆盖企业全部运营过程中与环境政策有关的问题。例如，评价一个国家公园的环境管理有效性，以及是否在整个组织中都很了解其环境政策。对于一家拥有完整的综合性环境管理体系的旅游公司而言，企业审计可能是多余的。他们可以通过其综合体系贯彻实施公司的环境政策，与利益相关者协商，建立环境绩效指标、审计程序和评审目标，并且其环境绩效每年都要接受外部审计的审验。企业审计不太适合于旅游业的大部分小企业。因此，单独的小企业如果能将执行行为、产品和目的地审计作为其规范经营管理的一部分便已足够了。

2. 生命周期审计

生命周期审计的范围是对产品或服务整个生命周期环境影响“从摇篮到坟墓”的评估。例如，汽车租赁公司用以评估车队中车辆的购买、使用和报废处理。

3. 地点审计

地点审计的范围是业务经营对特定地点的环境影响。此类审计一般针对建筑设施，特别是宾馆。例如，宾馆对其能源效率和废物处置回收利用是否达到适当的标准。又如，洗车公司对用水及循环利用、能耗及排放处理评估。

4. 环境状况审计

环境状况审计的范围是对某一地区的环境质量评估。例如，应用“环境状况审计”对希腊米提里尼（Mytilini）岛上的一个度假胜地莫利沃斯城（Molyvos）进行审计，对其环境状况作出了详细的结论：此景区受限于水质、饮用水供应和废弃物产生与处理的问题。

5. 合规审计

合规审计是确保企业遵守当前与其经营相关的环境法规。例如，生态旅游设施要监测其活动、噪声强度和废物管理符合环境法的要求。

6. 产品审计

产品审计是保证现有及预期产品满足环境政策原则。旅游经营商的包价旅游对目的地资源影响的评审，如对旅游运营商的野生动物观赏包价游可评审其旅游人数、设施和住宿类型等。企业设计能满足高质量环境要求的产品，如以无铅汽油为燃料的机动车辆运送旅客，或者追求“绿色”，如徒步或自行车旅行。

产品审计将揭示该企业产品系列的环境负责状况，同时对如何改进产品使之具有更好的环境友好性提出建议。例如，如果旅游经营者将汽车租赁作为包价度假的组成部分，他们就能确保其经营使用无铅汽油；汽车长途旅行经营商在历史城镇可以选择路线以避开对古老建筑设施的破坏。旅行商们还可以鼓励使用废弃的当地房产，将其稍加修缮用于住宿。为了保护环境，新的改良旅游产品正在出现，如野生动物保护公益劳动假期、对关注特种野生动物和自然历史的游客人数进行限制等。由此，产品审计或许可以让企业在计划中制定清晰的环境绩效披露报告，并且采用内外双重审计方法来建立简单有效的环境监控体系。

企业在成立之初，就应以前瞻性地眼光制定生态旅游环境政策。位于加拿大艾伯塔（Albert）的一家名为 Treadsoftly 的家族经营的山地车旅行私营企业就采用了这一制度，并且随着业务的扩大，逐步完善其环境管理体系，整合正式的管理系统（如环境政策、规范和程序）与非正式的管理系统（信仰与伦理），把环境管理体系变成现行自评系统的一部分，从而持续改进。

7. 行为审计

行为审计是对企业内部行为及流程的审计。例如，评审连锁酒店员工的公差（或许可以延伸包括上班旅程）。

8. 问题审计

问题审计是企业对特定环境问题的影响评估。例如，航空公司对 CO_2 和 N_2O 等温室气体的考虑。“问题审计”看上去更趋于采用另外的方式，尤其是因为其不在规范的环境审计监测日程实施之列，只有当一个专门的或新的环境问题被意识到时才会提出专题审计。在所有别的方面，如果企业已经采取了规范的环境监测，使用了其他形式的审计，则“问题审计”将完全多余。旅游业内的许多企业，尤其是旅行商，正向世人证明其具有诸如野生动物保护和全球升温之类广泛环境问题的意识。这些具体问题都可以作为企业对特定环境问题影响评估的内容。例如，莫斯温旅行公司（Moswin Tours）向那些参观德国黑森林的游客提供学习酸雨知识的机会。因此，可以审计在导游过程中的教育内容。

9. 伙伴或供应商审计

伙伴或供应商审计是针对相关的公司，范围涉及供应链。例如，宾馆食品、家具等供应商；航空公司检验其飞行餐饮服务的环保程度等。

11.5.6 环境审计在旅游循环经济中要达到的目标和益处

1. 环境审计在旅游循环经济中的目标

环境审计在旅游循环经济中的目标是确认公共和私营部门在旅游循环经济中的作用和责任；促使旅游经营主体遵守循环经济区内的环境政策；评价政府部门管理旅游业的环境绩效过程的有效性；寻求旅游业增强环境正效应和减少负效应的机会；评价旅游业环境规划和管理过程的有效性；在旅游业中达到最佳的环境管理，实现循环经济条件下的资源环境内化为经济体系的内生变量，也即使每个经济主体其经济活动的外部性（包括正的外部性和负的外部性）必须从人类福利总体增减的角度来确定损益，因为生态经济效率是对经济活动主体效率的主要评价标准，自然资源消耗、环境影响要内化为具体经济主体的收益和成本。

2. 环境审计对旅游循环经济的益处

环境审计为最佳环境管理实践提供基础数据，并且由此引入了绩效及流程基准。最佳实践经验可以促使旅游业经营者环境绩效显著提高，同时也将减少其环境负面影响。基准提供了一个持续的管理程式，通过这个程式，旅游企业可以对自己的环境绩效水平及其提升率与最佳或领头企业作出比较，这称为“竞争性基准”。

环境审计为循环经济运行体系的环境管理提供了一个程序框架，在这个框架之下可以对旅游公司或旅游组织目前的经营和产品的环境负债程度作出判断。这是一种有效手段，可以对当前行为带来的环境破坏作出后期发展评估。审计是为了持续的改进，这才是审计过程的真正价值。

本章小结

循环经济要求以环境友好的方式利用自然资源和环境容量。近年来，旅游资源的开发与保护越来越受到学术界的关注，环境保护理念已经开始运用于旅游资源的开发与保护中。旅游资源的粗放开发和盲目利用、旅游景区生态环境系统失调和旅游景区环境污染日趋严重使得在旅游业中发展循环经济成为必然。发展旅游业循环经济有利于旅游资源的开发保护；发展旅游业循环经济，有利于提升旅游业的核心竞争力；发展旅游业循环经济，有利于促进旅游活动健康发展；旅游循环经济发展有助于改进现有的旅游经济模式，实现旅游业的可持续发展。在旅游发展项目、旅游资源开发、景区建设过程中，旅游酒店、餐饮业经营管理中，旅行社经营管理、旅游商品生产中贯彻循环经济原则，同时加强生态旅游和循环经济理念的宣传和教育，促进新的旅游观的形成。

旅游业循环经济在不同的层面上有不同的模式。在旅游企业是以清洁生产为中心，称为企业层面的小循环；产业组合循环发展模式称为区域层面的中循环；在区域或城市实施循环经济是社会层面的大循环。旅游业循环经济的发展模式大致可以分为：清洁生产模式、生态园区模式和产业间多级生态链连接模式。

本章以普者黑旅游循环经济示范区规划为旅游循环经济案例进行分析，结果表明，为了切实推进示范区建设，实现规划目标，需要加大循环经济的宣传教育力度；成立示范区管理机构，协调有关部门关系，负责规划实施；完善环境污染约束机制，制定循环经济激励制度；出台优惠政策，加大招商引资力度；立法确定湖泊运行水位；设立资源补偿基金；倡导社区参与，建立科学合理的利益分配机制。

本章还介绍了旅游循环经济的管理工具——环境审计，以及基于循环经济理念的旅游循环经济运行机制。环境审计一般被认为是一个监测企业或组织的运行过程，以确定其是否依从已制定的环境规章制度、标准和政策。这个过程主要包括以下 3 个步骤。①评价：确定审计对象的实际状况。②检验：比较审计对象的实际状况与预测状况的差距。③证实：确认比较结果。在处理环境绩效和环境问题过程中，环境审计是一个重要的反馈机制。

环境审计内容包括对法规体系和环保政策的评价，对环境管理体系的审计评价，对遵循环境法律，履行环境责任的审计评价，对环保专项资金的筹集、使用和管理中的真实性、合法性、效益性的审计和对环境负债的评价。“环境负债”是指某项生产或交易行为给生态环境造成的潜在的、破坏性的后果，体现了环境责任和环境成本的量化。环境审计有效地增强了有关部门的环保意识，严格执行环保政策。同时，通过对旅游企业经营活动对环境影响的审计，促使企业从自身长远发展和承担社会责任出发，努力实践循环经济的理念，使旅游循环经济顺利实施，从而实现经济、环境、社会三大效益统一的旅游发展可持续化的目标。

练习题

1. 名词解释

循环经济　环境审计　合规审计　生命周期审计

2. 思考题

(1) 简述旅游业和循环经济的现实冲突。

(2) 简述实施旅游循环经济战略的必要性。

(3) 简述在旅行社经营管理中如何贯彻循环经济原则。

(4) 简述旅游循环经济中的经营主体环境审计类型。

(5) 论述实施旅游循环经济战略的必要性。

(6) 论述旅游业不同层次上的循环经济模式。

(7) 论述环境审计在旅游循环经济中要达到的目标和益处。

参考文献

[1] 魏莉，汤颖松. 基于循环经济的旅游业发展模式研究. 产业观察，2008 (18)：87-88.

[2] 明庆忠，李庆雷. 旅游循环经济学. 天津：南开大学出版社，2007.

[3] 吴光玲. 基于循环经济的旅游业发展战略探讨. 现代企业教育，2006(8)：125-126.

[4] 王丽娟，李云霞. 基于旅游循环经济的丽江古城旅游业发展研究. 重庆工商大学学报，2007 (17)：35-38.

[5] 李庆雷，杨敏，李秋艳，等. 旅游循环经济：从理论到实践. 北京第二外国语学院学报，2008 (1)：11-16.

[6] 严亦雄. 浅析循环经济在旅游业中的应用. 南宁职业技术学院学报，2006 (11)：77-79.

[7] 明庆忠. 旅游循环经济发展的新理念与运行的系统模式. 云南师范大学学报：哲学社会科学版，2006 (5)：58-62.

[8] BUCKLEY R. Perspectives in environmental management. Berlin and New York：Springer-Veriag，1991.

[9] 许全军. 环境审计目标及内容探讨. 焦作大学学报，2008 (4)：65-67.

[10] DIAMANTIS D，WESTLAKE J. Environmental auditing：an approach towards monitoring the environmental impacts in tourism destinations，with reference to the case of molyvos. Progress in Tourism and Hospitality Research，1997 (3)：3-15.

[11] DIAMANTIS D. Environmental auditing：a tool in ecotourism development. Eco-Management and Auditing，1998 (5)：15-21.

[12] HERREMANS I M. Welsh C. Developing and implementing a company's ecotourism mission statement. Journal of Sustainable Tourism，2001，9 (1)：76-84.

[13] HERREMANS I M. Cases in sustainable tourism，an experiential approach to making decisions. New York：The Haworth Hospitality Press，2006.

[14] 石怀旺. 循环经济条件下环境审计实施的创新构想. 科技信息，2008 (13)：7-14.

[15] GOODALL B. 环境审计：一种提升旅游环境绩效的途径. 天津：南开大学出版社，2006.

[16] KRAUS J L，PLATKUS W. Incorporating continuous improvement principles into EMS auditing strategies. Environmental Quality Management，Wiley Periodicals，2007 (7)：7-12.

[17] 谢芳，张艳玲. 环境审计：旅游循环经济的管理工具. 环境保护，2009 (6)：69 - 71.

[18] 李伟，黄远水. 基于循环经济的旅游资源开发与保护. 资源调查与环境，2004 (2)：131 - 134.

[19] 云南省环境科学院，云南师范大学旅游与地理科学学院. 云南丘北普者黑旅游循环经济示范区规划. 丘北县环保局，2006.

第12章 旅游企业的社会责任与生态经营战略

本章导读

企业的可持续发展在实践中必须构建在可持续发展的“三个基本点”的基础之上，包括经济的可持续、社会的可持续和环境的可持续。旅游企业应该把企业的社会责任当作机会并转化为企业可以获利的内在动力，将生态经营纳入到企业的经营战略之中，并且担负起“企业公民”不可推卸的社会责任。通过本章的学习，使学生认识到可持续发展是企业社会责任的重要领域，旅游企业应采用伦理规范治理的方式，创建绿色学习型组织；掌握ISO 14001环境管理认证体系的内容，认识到ISO 14001有利于提高旅游企业的环境意识，树立可持续发展的思想。绿色环球21是目前旅游业唯一全球性公认的可持续旅游标准体系，绿色环球21已在全球五大洲的50多个国家开展了认证业务。通过本章的学习学生能了解绿色环球21（Green Globe 21）环境管理认证体系的实施，以及旅游企业的环境绩效评价的方法。通过案例分析了解环境管理认证体系的实施程序和效果。

12.1 旅游企业的社会责任

12.1.1 可持续发展是企业社会责任的重要领域

在经济全球化的浪潮中，企业之间的竞争日趋激烈，对企业社会责任的关注也成为现代企业竞争的新潮流。企业的可持续发展问题已明确列入几乎所有大公司的议程。企业的可持续发展在实践中必须构建在可持续发展的“三个基本点”的基础之上，即经济的可持续、社会的可持续和生态的可持续，如图12-1所示。在环保意识高涨的今天，企业再也无法消极地回避整个社会对环境保护的期待，而应正视保护环境和资源的世界趋势，将可持续发展纳入到企业的社会责任和经营战略之中。

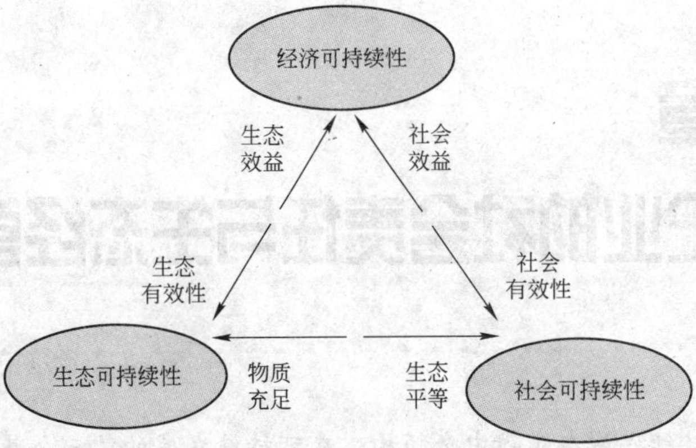

图 12－1　可持续发展的 3 个基本点和 6 个标准

12.1.2　旅游企业应担负起“企业公民”不可推卸的社会责任

1. 旅游企业实践企业公民行为的必要性

“企业公民”（Corporate Citizenship）这个词的提出及在全球流行，反映了一种强烈的社会期望：人们期望企业应该能够像公民个人那样，成为对社会的福利与发展负有社会责任与社会义务的社会团体公民。企业公民说使人们意识到，为了社会的发展，需要强化企业与其他社会力量进行对话的机制，发掘企业的社会潜力。由于与当地社区和环境直接接触的特点，旅游企业承担社会责任、履行企业公民的义务更凸显出其重要性。

2. 企业公民的内涵

美国波士顿学院给出的企业公民定义是：企业公民是指一个公司将社会基本价值与日常商业实践、运作和政策相整合的行为方式。一个企业公民认为公司的成功与社会的健康和福利密切相关，因此，它会全面考虑公司对所有利益相关方的影响，包括雇员、客户、社区、供应商和自然环境。

简言之，“企业公民”就是把企业看成是社会的公民，为了表达出企业对人类、社区和环境的尊重，向社会各方显示他们应该承担的责任，并作出符合道德及法律规范的发展策略。“企业公民”的理念很好地概括了企业参与社会的思想和策略，将对环境保护的道德冲动和利益驱动转化为理性规范的企业行动，可以说是企业社会行动的一个理论指南和行动参考。企业自觉地构建推动社会进步主流价值观的企业价值体系，争当一个有社会责任感的企业公民，并以这个道德或价值抉择为主线，贯穿于企业战略发展规划与日常运作之中，必将有利于企业健康与持久的发展，同时也必将是企业未来的发展趋势。

3. “经营许可”与“企业公民”

经营许可（Licence to Operate）意味着企业公民的行为要符合社会环境的要求，平衡各利益团体的关系，负责任地处理外部性问题和可持续发展的问题，如图12-2所示（John Znki）。

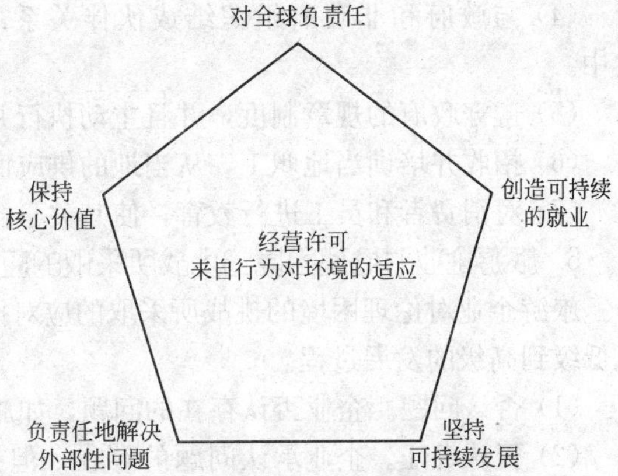

图12-2　“经营许可”所负的责任

4. “企业公民”说的重大意义

(1)“企业公民”说冲破了传统的企业伦理观，建立了现代企业与多方社会主体之间的利益网络。在传统观念下，企业对待社会责任的方式是以经济责任取代社会责任。所谓企业的社会责任，是对股东负责的经济责任。传统企业观和现代企业观对企业的社会责任在伦理、道德、法律等方面的冲突，理论根源是传统企业需为之负责的责任人只有一个股东群体，企业对于股东之外的其他社会群体和环境没有责任，所以，对股东尽责就算是完成了企业的社会责任。企业公民说揭示了股东、雇员、顾客、供货商、社区、政府和环境都与企业经营密切相关，企业只有满足了不同相关利益人对企业的需求，才能够在变幻莫测的世界中生存和发展。

(2)“企业公民”说视企业为社会系统，建立了整体方法论的思维模式。“企业公民”说代表整体方法论的思维模式，将企业视为一个社会系统，一个具有多种责任、多项功能的社会主体。这个社会主体具有社会公民的功能和责任，即将社会功能与经济功能相整合。社会责任整合的方式一个是嵌入，即社会功能嵌入经济功能和经济责任；另一个是包容，即社会责任包容经济责任。作为社会公民，企业的认知、行为规则和惯例都因功能与责任的变化而发生改变，企业的经济资源和社会资源的来源及其配置方式也因企业与利益相关者关系的变化而改变。社会期望企业应该能够像公民个人那样，成为对社会的福利与发展、对生态环境的保护负有社会责任与社会义务。

5. 旅游企业如何践行“企业公民”的社会责任

旅游企业涉及为旅游者提供吃、住、行、游、购、娱等全方位的产品与服务，由于许多旅游企业与当地社区和环境直接接触的特点，使其企业社会责任的计划和措施能够很容易地被识别、实施和评估。对社会负责任的旅游企业在其各项运营中被期望做到以下几点。

(1) 要公开发表有意义、可测量的社会和环境目标与指标，并且定期报告其进展程度。

(2) 制定政策以避免其运营给社会和环境带来负面影响。

(3) 投资并参与社会福利和环境保护项目。

(4) 与政府和非政府组织结成伙伴关系，包括社区的组织，并参与到各项项目之中。

(5) 遵守政府的规章制度，并且主动执行并超过这些要求。

(6) 招收并培训当地职工，从当地的供应商购买商品和服务。

(7) 对消费者和员工进行教育，使其关心社会和环境方面的问题。

6. 旅游企业对伦理困境的挑战所采取的应对措施

旅游企业对伦理困境的挑战所采取的应对措施有一个从被动应对到积极采取措施的从低级到高级的发展过程。

(1) 否认问题。企业否认存在的问题，如旅馆否认对环境造成影响。

(2) 否认责任。企业承认问题的存在，但是强调解决此问题是其他人的责任。例如，旅游经营者会说旅游所产生的环境问题应由政府加以解决。

(3) 强调问题的另一方面。企业强调其运营活动所产生的正面影响来弥补其导致的负面影响。例如，旅游企业也许会谈论旅游产业所创造的就业机会，而忽视其给环境带来的损害。

(4) 符合法律要求。企业遵守相关法律，但并不做到比法律要求更高的程度。

(5) 象征性策略。企业采取一些小的行动以防止批评，并使消费者购买产品时感觉较好。例如，企业也许捐献假日价格的 2 元钱给某保护项目。

(6) 公共关系。企业做那些能够提供最大潜能的事情。就公共关系而言，即被看作是帮助一项慈善事业。

(7) 降低成本。企业也许采取激进的措施，但只有这些措施能够带来成本的降低。例如，一家旅馆引进节省能源的措施。

(8) 竞争优势。企业采取必要的措施认真履行企业公民职责。企业在自觉承担社区、公众和环境等社会责任时，可以提高获取经营资源和社会认可的能力。因此，企业公民行为将成为企业竞争力的源泉。

12.2 企业可持续发展导向的生态经营战略

12.2.1 企业社会责任的价值体系

企业社会责任时代，企业经营的价值体系可以体现为 3P 框架，如图 12-3 所示。首先是利润 (Profit)，即企业经济价值的创造，不仅要考虑目前的需要和利润最大化，更要从未来持续发展的角度，看待企业经营的效益和价值，只有满足长远持续发展的需要，才能实现企业强大的竞争力，并且在同质竞争的状态下，展现出独特的企业核心竞争力。其次是地球 (Planet)，企业经营所依赖的环境不仅包括各种经济环境（如竞争、经济政策、企业组织结构和经营体系等)，也包括各种社会环境和自然环境，生态系统平衡的破坏，各种物种组成的有机链锁的破坏，也会使经济社会走向负增长，终将毁灭人类社会。第三是社会（People)，社会和相关方利益的满足是企业得以生存的保障。正因为如此，企业需要在经营管理过程中追求企业内外环境、经济环境与社会环境的协调发展。

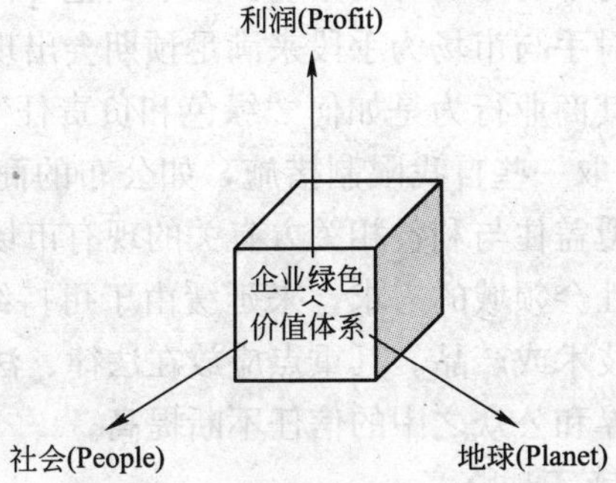

图 12-3　企业可持续发展的绿色经营价值体系

12.2.2　基于可持续发展的生态经营战略

企业可持续发展经营战略可依据战略导向和战略行为的不同而分类。按照 Dyllick 等的论点，战略导向可分为公众和市场；战略行为可分为被动反应和积极应对，如图 12-4所示。

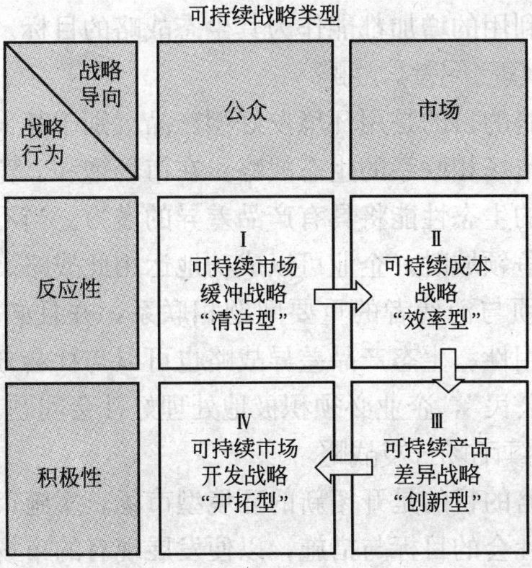

图 12-4　可持续生态战略类型

企业的生态战略要根据一个公司具体的可持续发展战略而定。这些战略是根据Dyllick提出的生态竞争战略而定的。在现实中，这些类型是互相交叉的，并不可能区分得很明确。图12－4所描述的顺序表明公司环境学习的曲线顺序。因此，类型Ⅱ和类型Ⅲ中的元素也被包括在类型Ⅳ中。

1. 清洁型——可持续市场缓冲战略

清洁型战略的目的是为了防守现有的市场。为了实施可持续市场缓冲战略，企业必将以遵守法规和观察竞争对手与市场为手段来满足预期会出现的利益相关方的需求。企业千方百计地向公众表明其商业行为是如何“绿色和负责任”，因为企业不想失去其获得的“营业执照”。企业采取一些自我限制措施，如公布的商业原则、行为准则、使用标准或生态标签，目的是覆盖住与利益相关方有关的现有市场和业务运营。这一战略通过事先占取公众在生态和社会领域的需求，来延缓由于可持续发展而引致的结构改革。此战略适用于生产场地、技术或产品。其重点应放在法律、法规的遵守和与公众保持经常的对话，使企业在政治界和公众之中的信任不断提高。

2. 效率型——可持续成本战略

效率型战略的目的是获得成本效率和环境效率的双赢。企业实施效率型的可持续发展战略将把主要的力量放在为减少成本而制定环境和社会目标及采取环保措施。企业将努力地寻求“双赢”的可能性，采取措施评价其是否能以最低的成本来达到环境和社会标准。

在环境领域这就包含着生态效益的战略。其主要目的是在考虑成本的情况下减少每一个单位的产品或服务对生态的影响，主要靠节省原料、能源、水和减少废物。节约成本所采取的措施是污染预防而不是末端处理的方法。

此战略注重的是优化生产和流程内部目标的实现。除此之外，有毒废物和污染事件的减少，以及废物回收利用的增加都能作为其生态战略的目标。

3. 创新型——可持续产品差异战略

创新型产品差异战略的目的是用环境友好型产品区别于其他产品。实施这一战略的企业试图积极地采用与市场相联系的生态战略。在市场饱和、竞争者的产品和服务能互相替代的情况下，产品的生态性能将具有产品差异的潜力。当不断变化的法律、技术和消费者行为引发新的竞争领域时，企业可以成功地运用此战略。为了实现竞争优势，产品的生态和社会特性必须与消费者的重要问题相联系，并且必须被潜在的购买者所认可，并且其产品具有耐用性。生态产品差异战略也可以与社会方面相联系，为了满足社会所要求的“好的公司公民”，企业必须积极地处理好社会问题。

4. 开拓型——可持续市场开发战略

开拓型市场开发战略的目的是开拓新的环境型市场。实施市场开发可持续发展战略的企业将集中于环境和社会的目标与措施，以便发展现有的市场和开发新市场。由于最近几年实施其他战略已较成熟，这些企业体会到许多流程和产品的创新没有得到回报是因为市场没有遵循可持续发展的准则。为了使其可持续发展的技术能够获得经济上的成功，这些企业千方百计地对政治、公众和消费者施加影响来扩大竞争领域，并且推动市场上消费者的“拉式”行为。因此，企业使用这样的战略：在其业务领域获得更多的关于生态和社会问题的知识，通过对公众进行可持续发展的教育而获得公众的支持；说服立法朝着可持续发展的方向努力；在市场中建立新的行业标准，支持零售商的“推式”战略。

在可持续发展理念的推动下，企业发展目标开始与环境目标融合；企业管理理念、营销理念开始与绿色生态理念融合。生态经营战略可为企业可持续发展战略管理提供可靠的保障。事实上，增加利润与实施可持续发展的生态保护不仅可以统一，还有利于发展个性化企业。

12.3 创建绿色学习型组织

企业环境责任和环境管理的内容与方法对于大多数企业来说还十分陌生，因此，有必要学习国际上的先进经验和环境管理方法。为了有效地实施企业环境责任，围绕企业社会责任和绿色管理与经营进行组织学习，创建“学习型组织”，使企业形成一种有效的学习机制，更好地了解利益相关方的要求，以便提高企业的环境管理水平。

12.3.1 围绕企业社会责任进行的组织学习

1. “组织学习”加快企业认识社会责任

“组织学习”这一管理学理念将有助于企业加快实施企业社会责任，使企业认识到随着环境的变化，企业要重新定位，并且要有前瞻性，决定采取什么样的环境和社会措施来加以应对。为了要在这些因素（对环境责任、社会责任的新要求）所造成的环境中生存下去，企业必须不断地学习、灵活地预见未来。

2. 企业社会责任需要“组织学习”作支撑

实施企业社会责任一定会对一个企业的企业文化有很大的影响。这需要新的共享价值观、规范和态度，要求将 3 个支柱（People，Planet，Profit）“人类”、“地球”和“利润”嵌入到组织中。以往在运营层面所实施的分散行动现在必须在组织的各层面进行协调。

12.3.2 关于组织学习的几个基本问题

1. 学习型组织

哈佛商学院教授戴维·A·加尔文（Garvin）在对有关学习型组织的文献进行综合

研究的基础上，提出了学习型组织的定义：学习型组织是一个能熟练地创造、获取和传递知识的组织，同时也要善于修正自身的行为，以适应新的知识和见解。戴维·A·加尔文还从学习型组织的学习内容角度，指出其基本特征：①系统地解决问题；②试验；③从自己的过去与经验中学习；④向他人学习；⑤促进组织内的知识扩散。

2. 组织学习的步骤和模式

埃德温·C·内维斯等人更明确地将组织学习过程分为3个步骤，而学习型组织正是自觉地运用知识的获得、共享和利用3个步骤的组织。

(1) 知识的获得——技能、观察力、关系的发展或创造。

(2) 知识共享——学习内容的扩散。

(3) 知识利用——学习如何将知识运用到新的实践中，使其产生效益。

1978年，阿吉瑞斯和舒恩（Chris Argyris & D. A. Schon）提出组织学习的两种学习模式，分别为单环路学习（Single-loop Learning）和双环路学习（Double-loop Learning）。单环路学习也称适应性学习（Adaptive Learning），是组织学习的起步阶段。按照阿吉瑞斯的界定，单环路学习只有单一的反馈环，当发现错误时，组织按照过去的常规和当前的政策、规范对错误进行修改。修改行为不触动组织规范本身，有关产品质量、销售额或工作绩效的规范等保持不变。这种学习是在一系列被承认和被理解的限制下进行的，这些限制反映了组织对其环境和自身的假定。双环路学习也称创造性学习（Creative Learning），是组织学习的发展阶段。这种学习能够对组织规范进行探索与重建。根据阿吉瑞斯等人的研究，当组织在学习时，由于注意效果而与规范本身产生冲突时，为了解决这种冲突，首先，组织的管理者必须对冲突本身有所认识；其次，组织的管理者必须探索、寻求如何解决冲突；再次，其探索结果集中于重建组织规范，与这些规范相联系的策略和假定也需要重新制定；最后，组织需要将这些重建的规范和假定等都植根在组织的愿景之中。这就意味着，在这样的组织中，组织成员已经培养起一种对组织本身批评的态度，并且组织成员具有意愿和能力改变已往既定的一系列规范。创造性的学习充分体现了学习的本质意义。

12.3.3 社会责任的学习是产生变革的学习

阿吉瑞斯和舒恩的组织学习模式与所要探讨的关于社会责任的学习特别有关联。这是因为将企业社会责任纳入到企业总的战略管理中不是一个在原有的规范和原则下单环路学习的问题，而是需要像阿吉瑞斯和舒恩所称的双环路学习，即改变原有的价值判断、企业文化、经营理念和经营战略。需要不断地采用新方法并及时获得反馈，来满足利益相关方对企业社会责任的要求。

学习可以把焦点放在当前战略的具体化上逐步进行，也可以用改革的方法，以及用根本不同的意义来理解组织和工作，把焦点放在重新构筑战略上来学习。把现有的战略具体化也包含着有效的学习，但只是渐进式的学习还远远不够，只有用根本不同的新方法理解组织和工作、重新构筑战略的学习，才能给组织带来新的能力。

12.3.4 将企业社会责任纳入到企业战略中的步骤

企业社会责任的学习是一个很特别的过程。这不仅仅是在组织内部发生的过程，而且是基于与利益相关方的对话，这也许有助于新产品的设计，提供较长生命周期的产品和服务，或者与其他企业在营销战略中形成战略联盟。并且，利益相关方还有可能在形成公司最基本的环境责任的原则上起到非常重要的作用。因此，企业社会责任的学习是基于行为活动的社会网络中的学习。企业将社会责任纳入到企业的经营管理中，需要有一种结构化的方法，此方法包括以下 6 个步骤。

(1) 列出利益相关方的期望和要求。

(2) 就企业社会责任问题确立共同愿景和行为准则。

(3) 制定短期和长期的企业社会责任战略，依据此战略作出行动的计划。

(4) 建立监控和报告系统。

(5) 把此过程整合到质量和管理系统。

(6) 把此方法和所获得的结果在内部和外部进行交流。

实施这 6 个步骤的前后顺序会因公司的不同而异。每个公司都会沿着自己的途径迈向企业的社会责任，这要依赖其自身的具体条件和公司内部的支撑系统。在制定政策时应考虑把可持续性纳入到各个方面，即 5 P：大众（People）、过程（Process）、产品（Product）、渠道（Place）和利润（Profit）。

12.4 旅游企业伦理规范治理

12.4.1 公司治理问题的本质

人们在讨论关于公司治理问题时总是倾向于提出以下 3 个问题。最高一层的问题是：社会如何使公司满足公众利益。这是社会公司治理问题。第二层的问题是：经理人如何以股东利益最大化来经营公司。这是股东公司治理问题。第三层的问题是：公司的管理者如何激励员工在做好本职工作的同时满足公司的最大利益。这是经理人公司治理的问题。有的学者（Craig Mackenzie）又提出，治理的广义定义还应包括“公司社会责任”问题。

在经济学传统的概念中（亚当·斯密）公司治理的最基本原因是在每一个治理层面主要参与者的利益没有得到很好的分配。公司可以把成本外在化施加在社会上来增加他们本身的利益。公司董事们有很多机会以牺牲股东的长远利益来使他们自己的财富最大化。同样，雇员也可怠慢工作，但还是能够得到很好的报酬，因为在监督他们的行为方面存在很大的困难。基于这些情况，对公司治理问题的挑战便成为：如何激励员工和董事们服务于公司与股东，而公司又如何服务于社会。

12.4.2 解决公司治理问题的传统途径

1. 市场“看不见的手”

对公司治理问题有很多讨论，最早对社会的公司治理问题有所反应的是亚当·斯密。他认为，通过市场价格机制这只看不见的手，功能完善的市场能够有效地调节公众和私人的利益。因此，这一途径能够消除社会的公司治理问题。在市场失灵的情况下，社会的利益与公司和他们股东的利益就难以协调。在这种情况下，解决社会治理问题和解决股东治理问题的措施就会有矛盾。

2. 政府干预

对公司治理的第二种途径是政府干预。当市场对公司和社会的利益协调失灵时，政府可以进行干涉，用政策和规章进行约束。人们可以看到有许多方面是可以由政府加以控制的：就业、偏见、卫生与安全、环境保护、消费者保护、竞争、广告、会计和报告等。除了政府强制性的规章制度外，还可借助于法律，通过诉讼纠正市场失灵所带来的损失。诉讼不仅能够给受害者提供补偿，而且也会对公司的侵犯行为加以限制。

3. 经济手段

对公司治理问题的第三种解决办法是使用经济手段来平衡公众和私人的利益。庇古税就是其中的一种，如英国的填埋税和对可再生能源的补贴。另外，还有对有限的资源进行可交易的产权分配（科斯）。美国的二氧化硫可交易排放许可项目就是很好的例证。

4. 法律手段

由于市场不能作为协调利益的手段，股东就要依靠公司法中法律责任的建立，并享有起诉权。对董事们没有履行信托责任的行为，有权进行起诉。

5. 投票与报酬

股东有权使用他们的选票和他们的“声音”使管理层改变他们的行为。在原则上，选举应该是对管理的有力激励。报酬系统是调节委托人与代理人之间利益的最好办法。

12.4.3 伦理规范作为公司治理的一个重要途径

1. 社会责任条件下的公司治理

伦理规范之所以能在公司环境中发挥有效的功能，在于其可为代理者提供精神上和社会约束上的激励，与经济利益不协调这一公司治理问题抗衡。被公司的雇员、股东和公民社会所接受的有很多典型的规范，它们起着规制公司行为的作用。在许多情况下，这些伦理规范与个人的日常行为准则相一致，如诚实、守信、公平、不损害别人的利益，以及尊重他人的权利。由于公司行为的特殊性，公司有很多特殊的伦理规范，即人们所熟知的“商业伦理”或“公司社会责任”。这些伦理规范包括雇员的健康和安全、环境管理、竞争行为的合法性、对客户的公平、对股东的责任、供应链中的劳动标准和对公众的责任。

2. 旅游企业伦理治理的内部运行机制

旅游企业伦理能够提高企业的利润、公共形象和主雇关系，将使企业在激烈的市场竞争中占据优势。作为企业的交流和社会化的一个重要成分，企业伦理规范的存在与加强具有阻止非伦理行为、提高职工的伦理道德意识和保持顾客忠诚度的作用。因此，旅游企业必须承担起对环境、社会、旅游者和自己员工的伦理责任，在经营中实现不同利益相关者的动态平衡。其主要措施如下。

1）制定企业的伦理章程，设计一套可行的制度安排

旅游企业首先应该制定一个务实的伦理章程，包括企业的价值观和可能遇到的各种伦理问题。此外，规章的长期实施是很重要的，不然就成为一纸空文，而实施的关键就是最高层的示范作用。企业最高层必须率先垂范，这样才会形成从旅游企业的经理到每个员工的企业道德认同感，才能使伦理在企业中得到认可。

2）在治理中引入利益相关者理论

利益相关者作为受旅游企业经营决策和行为的影响，同时又影响旅游企业决策和行为的个人与团体，构成了旅游企业经营环境的基本方面，其利益愿望和权利从根本上决定了旅游企业的存在与发展。利益相关者不仅会对企业提出期望和需要，并且会针对企业的社会责任表现给予回报。

旅游业是一个利益共同体，公司的治理机制也不能仅限于以治理结构为基础的内部治理，而是利益相关者通过一系列的内部和外部契约机制来实施共同治理。旅游业是一个空间运行广阔的一体化经营行业，供求双方共同组成了一个庞大而复杂的市场。旅游业除了涉及吃、住、行、游、购、娱等旅游六要素外，还涉及旅游管理者、开发经营者、当地社区、当地居民、旅游者等人及人的行为，也涉及资源、环境、社会、经济、科技等自然和人文要素。实现服务利润的衔接，建立一个循环的服务网络才能实现行业的有序发展。要做到这一点，服务网络上的供给方——提供不同旅游产品的旅游企业就必须遵守道德、诚信经营。

3）创建企业伦理文化

企业的价值取向和伦理规范决定着企业在技能与知识、技术系统和管理系统 3 个方面中学习什么样的知识与创建什么样的企业文化。价值取向可作为筛选和控制知识的机制。

影响旅游企业对伦理规范治理的接受性的一个很重要的因素是价值影响，即组织内

部的成员对社会和环境责任的潜在承诺。由于绿色环保意识和以生态为中心的价值观的形成，以及旅游发展与良好的生态体系的相互作用观念的广泛传播，许多旅游企业的经营价值观也在彻底发生改变。

4）建立一个高效的伦理管理模式

首先，要构建符合道德规范的决策流程。旅游企业的决策者必须要理解和接受自己的社会责任，在进行商业决策时，要把对道德责任的关切至少摆在与经济考量同等的地位上。例如，在进行旅游规划时，决策者必须要仔细考虑社区的利益、环境的承载力、社会和文化的影响、旅游基础设施和排污设施的建设等。

3. 旅游企业伦理治理的外部支撑体系

1）加快法律、法规建设

旅游立法工作明显滞后。现行的旅游立法大多是 10 多年前制定的管理条例，对于旅游企业的非道德行为惩处力度较小且漏洞较多。随着我国旅游业的全面开放，旅游法规建设刻不容缓，应全面实行环境影响评价制度。

2）加强社会舆论监督，提高企业经营的透明度

利用社会的舆论导向和公众压力来促使旅游企业的经营活动满足伦理的要求。

3）建立行会，实现业内监督和自律

我国的旅游协会已初具规模。据统计，目前全国省以上旅游协会的会员单位近 2 万个，会员涵盖国内大型旅游企业集团、国际旅行社、高星级饭店、世界文化遗产和著名旅游景区。要加强旅游行业协会的管理功能，树立协会的威信和权威，将旅游企业伦理道德的建设引入到旅游行业协会的管理职能中来。

12.5 旅游企业环境管理认证体系

为了提高旅游企业的环境意识，树立可持续发展的思想，提高企业的遵法、守法意识和环境法规的贯彻实施，调动企业防治环境污染的主动性，促进旅游企业不断改进环境管理工作，推动资源和能源的节约，实现其合理利用，需要将 ISO 14001 环境管理认证体系和绿色环球 21 纳入到旅游企业总的管理体系中。

12.5.1 ISO 14001 环境管理认证体系

1. ISO 14001 标准的主要内容

ISO 14001 是 ISO 14000 系列标准的组成部分。ISO 14000 系列标准是国际标准化组织 ISO/TC 207 负责起草颁布的一系列环境管理标准，包括环境管理体系、环境审核、环境行为评价、环境标志，生命周期评估等国际环境管理领域内的许多焦点问题，旨在规范企业和社会团体等所有组织的环境行为，该标准不是强制的，而是自愿采用

的。ISO 14001环境管理体系采用的是典型的PDCA系统化管理模式，即“策划”（Plan）—“实施”（Do）—“检查”（Check）—“评审”（Action）。这一模式适用于任何类型的组织。标准化的环境管理体系是由五大部分、17个核心要素构成的，它们相互作用，共同保证体系的有效建立和实施。

1）环境方针

作为建立环境管理体系的最初工作之一，组织应根据自身的特点确立环境方针。环境方针反映了组织的环境发展方向及其总目标，并具有对持续改进和污染预防，以及对符合法律、法规和其他要求的两项基本承诺，环境方针为组织制定具体的目标和指标提供了一个框架。

2）规划

环境管理体系的规划活动包括以下几个方面。

（1）确定重大环境因素。建立环境管理体系的最终目的是控制本组织的环境问题，以实现环境行为的持续改进。为了达到此目的，在体系建立之初，首先，应全面系统地调查和评审本组织的总体环境状况，识别出其环境因素；其次，在全面识别出其环境因素的基础上，还应对其进行评价，确定出重大环境因素，作为设立目标和指标的依据。

（2）识别法律、法规和其他要求。符合所在国家和地区的法律、法规是ISO 14001的基本要求，并确保这些要求在体系的运行过程中被遵守和保持。

（3）设立环境目标指标和管理方案。根据法律、法规的要求，技术能力，财政经营情况，相关方的要求等诸多方面，设立有层次的环境目标。为了完成每一项目标和指标，应有详细的实施方案予以支持，包括规定相应的职责，采用的方法、步骤、时间进度表等。

3）实施与运行

目标、指标和相应的环境管理方案的成功实施需要有一系列的管理要素支持，这包括以下几方面。

（1）确定组织机构和明确职责分工。

（2）提供必要的培训。

（3）建立通畅的内部和外部信息沟通途径。

（4）建立文件化的体系，并采取必要的文件控制措施。

（5）对关键活动进行控制。

（6）建立紧急准备与反应程序。

4）检查与纠正措施

无论策划工作多么完美无缺，由于执行人员的素质、技术能力和其他一些不可预见的因素，在实施过程中很可能发生对方针目标的偏离，因此需要有自我检查和纠正机制对不符合情况及时纠正，同时对体系的整体运行情况进行评价。

2. 按照ISO 14001建立和实施环境管理的益处

（1）提高企业和产品的市场竞争力，树立优秀企业形象。通过ISO 14001认证的企业向顾客提供这样的信息：一个能对环境负责的企业，其产品和服务一定能对用户负责，让用户满意；企业的关注点，已不仅仅是质量，而是对人类的责任。

(2) 加强管理，降低成本。实施 ISO 14001 认证，除了要符合法律、法规要求之外，预防污染，节约能源和资源是环境管理同样重要的两个方面。

(3) 减少环境责任事故的发生，从根本上实现污染预防。通过认证的大多数企业均已实现达标排放，因而免收了超标排污费，使企业直接从中获得了经济效益。

(4) 提高企业环境管理水平和员工的环境意识。ISO 14001 是一种非常科学的管理体系，企业通过实施 ISO 14001 变粗放型管理为集约型管理，使自己的管理水平得到明显提高，并全面优化各方面的管理，做到最小环境影响控制，最低物耗、能耗控制，最低成本控制，以及最低环境风险控制。建立环境管理体系的过程也是企业对全体员工进行教育的过程。这个过程会大大提高员工的环境意识，从自身做起，爱护环境、保护环境。

12.5.2 案例分析：泉州清源山风景名胜区 ISO 14001 环境管理体系的实施

1. 概况

ISO 14001 环境管理体系 1996 年引入我国，从 1999 年开始，部分风景区建立 ISO 14001 环境管理体系并通过了认证。作为管理性标准，在对风景名胜区的管理和项目开发中实施环境管理、进行污染预防、提高风景名胜区环境意识和管理水平等方面将发挥巨大作用，使风景名胜区的环境状况得以持续改善，提高风景名胜资源和环境保护工作的管理水平，促进风景名胜区可持续发展。泉州清源山风景名胜区从 2001 年 6 月开始建立实施 ISO 14001 管理体系标准。为了在新形势下保护好清源山风景名胜区的自然和人文资源，遵循国家风景名胜区“严格保护、统一管理、合理开发、永续利用”工作方针的要求，在领导与专家的指导帮助下，在景区实施 ISO 14001 体系管理，把风景资源与环境保护纳入到科学、规范和与国际标准衔接的轨道。

ISO 14001 标准有 17 个要素，包括环境方针，环境因素，法律、法规与其他要求，目标和指标，环境管理方案，组织机构和职责，培训意识和能力，信息交流，环境管理体系文件编制，文件控制，运行控制，应急准备和响应，监测和测量，不符合纠正与预防措施，记录，环境管理体系审核，管理评审。

2. 按照 17 个要素的要求建立体系

1) 准备

由清源山风景名胜区最高管理者全力支持建立环境管理体系，成立 ISO 14001 贯标认证办公室。办公室成员分为 4 个小组（宣传教培组、计统资料组、协调联络组、文件编写组），制定建立体系的计划。

2）初始环境评审

进行清源山风景名胜区的环境因素的识别和评价，收集和识别适用于风景名胜区应遵守的环境法律和其他要求，总结以往的环境管理工作。

3）体系策划

制定环境方针，承诺遵守环境法律和其他要求，坚持污染预防和持续改进，并根据风景名胜区的情况制定目标、指标和环境管理方案，并分析其可行性；调整组织机构与职责。在此工作中制定以下工作方案。

（1）首推老君岩景区为“无烟景区”和固废（固体废弃物）分捡收集先行区。

（2）加强泉瀑水源管理，强化“虎乳”名泉规范化管理，防止人为取水活动污染水源。

（3）规范“山海大观”景区经营服务活动管理，制止流动叫卖和随意摆摊设点的无序活动，实行“四定”（定点、定位、定人、定职责）管理。

（4）整治老君岩停车场，翻修地面，加强绿化配置，设置规范标识，合理疏导，保证畅通有序。

（5）发动以青年团员为主体的市民群体，认捐、认养南台岩“世纪青年林”，丰富植物资源，呼唤生态环保意识。

（6）推出一批绿色环保标志（导游标志、环保警示、景点介绍牌）。

（7）国庆旅游黄金周推出一条生态旅游线路，倡导回归自然、保护环境。

（8）举办清源山生态环保摄影展（“走进清源山”摄影作品展），施加环保影响。

（9）推出一条环保型（车辆尾气排放达标）旅游公交线路。

（10）设立“清源天湖”景区山林生物防治“试验区”。

4）编写环境管理手册、环境管理程序文件及作业指导书

形成三级文件支持体系贯标办，在组织编写体系文件过程中，多次举行体系文件的讨论、修改，使之完善和符合要求。

5）体系试运行

在试运行阶段，贯标认证的工作目标是：进行全员深入动员培训；各部门、岗位模拟受控；各有关部门找出受控整改的环境因素优先项，狠抓持续改进。结合国庆节旅游黄金周推出生态旅游线路、摄影展、绿色志愿者咨询等一系列公益活动，多方面推进贯标认证工作的进一步发展。

6）体系内审和管理评审

管理评审和内审一样，都要求组织根据评审结果制定相应的措施，以改进或纠正评审中发现的问题，并对措施的实施情况及其效果进行跟踪。

通过不断进行内审和管理评审，可以及时发现环境管理体系中存在的不足和薄弱环节，以便采取纠正与预防措施，不断提高组织的环境绩效，达到持续改进环境管理体系的目的。此外，内审解决的是体系符合性评价问题，而管理评审更主要的是着眼于体系

的持续改进。

7）正式申请并进行认证审核和注册获取证书

根据注册材料上报清单的要求，审核组长对上报材料进行整理并填写注册推荐表，该表最后上交认证机构进行复审，如果合格，认证机构将编制并发放证书，将该申请方列入获证目录，申请方可以通过各种媒介来宣传，并可以在产品上加贴注册标识。

3. 清源山风景名胜区实施 ISO 14001 环境管理体系的意义

清源山风景名胜区位于泉州市区北郊，城中有景，景在城中，其保护及管理水平对泉州市起到举足轻重的作用。在人们越来越重视环境保护的 21 世纪，清源山风景名胜区建立 ISO 14001 国际通行的环境管理体系标准，旨在预防污染，持续改进环境管理机制，按国际标准进行管理，不断提高服务质量，大力塑造服务形象，创造最佳的环境绩效。建立和实施这一体系标准，是风景名胜行业规范化管理的一项新举措，有利于逐步与国际接轨，是可持续发展之路。

12.5.3 绿色环球 21（Green Globe 21）

1. 什么是绿色环球 21

绿色环球 21 是旅游业达标、认证和改进的计划，提供一个基于全球标准和最新的可持续旅游研究的环境绩效监控框架系统，涵盖主要的旅游部门，如住宿业、运输业、景区等。

绿色环球 21 主要包括两个简单的步骤，如表 12-1 所示。

表 12-1　绿色环球 21 的步骤

达标	衡量指标 提交达标评估数据 每年进行绩效改进	
认证	由第三方评审单位进行现场评审 企业/景区信息自动编码并存入 绿色环球 21 的“旅行计划者”	

2. 绿色环球 21 现有四大标准

(1) 可持续旅游企业标准。针对宾馆饭店、餐馆酒吧、度假村、旅游管理部门、观光缆车、航空公司、飞机场、旅游交通公司、租车行、游轮游船、游船码头、旅游列车、聚会场所、展销零售点、会展中心、农家乐、高尔夫球场、旅游综合服务公司、旅游项目经销商、节事活动、旅游景点、野外宿营地、游客信息服务中心和果园/葡萄酒厂等。

(2) 可持续旅游区标准。针对旅游区、行政区、景区和城镇等。

(3) 生态旅游标准。针对生态旅游产品。

(4) 可持续设计建设标准。针对规划建设中的旅游景点与设施。

3. 绿色环球 21 关注的主要问题

实施绿色环球 21 标准是为了增强旅游企业/景区对环境和社会的责任感，以及让公众了解该企业/景区对环境与社会和谐发展的承诺。绿色环球 21 特别关注经济、社会和环境的全面健康发展，要求旅游企业/景区采取以下有效措施。

(1) 减少温室气体排放。

(2) 提高能源利用率。

(3) 加强淡水资源管理。

(4) 保护空气质量和控制噪声。

(5) 减少废弃物和进行废物回收利用。

(6) 改进废水处理。

(7) 改善社区关系。

(8) 保护文化遗产。

(9) 保护自然生态系统。

(10) 保护野生动植物种类。

(11) 强化土地规划和管理。

(12) 妥善保存并慎用对环境有害的物质。

4. 基于地球评分指标的绿色环球 21 绩效达标评估

基于地球评分指标的绿色环球 21 绩效达标评估如图 12－5 所示。

(1) 基点实践水平（Baseline Performance）。基点实践水平是绿色环球 21 的一个"地球评分"指标水平。如果超过这一水平，说明企业具有良好的环境与社会表现。为了使用独特的绿色环球 21 徽标，企业的"地球评分"指标必须位于或超过基点实践水平之上。如果有一个指标低于基点实践水平，则将鼓励企业逐年改进其操作水平直至达到最佳实践状态。

(2) 最佳实践水平（Best Performance）。最佳实践水平也是绿色环球 21 的一个"地球评分"指标水平，用以说明企业已经达到模范状态。

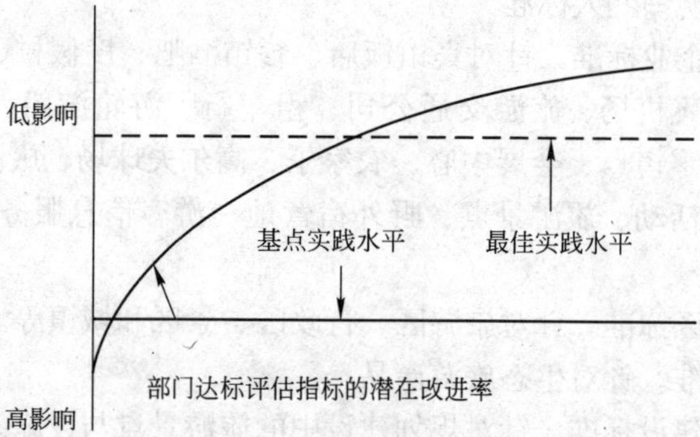

图 12-5 基于地球评分指标的绿色环球 21 绩效达标评估

5. 加入绿色环球 21 认证的意义

（1）节省成本。通过减少能源消耗、减少一次性用品、减少废水和废弃物总量、减少淡水用量，以及通过综合、系统的处理方法提高资源利用率，从而达到节省成本的目的。

（2）提供资信证明。在环境可持续理论与实践越来越受重视的地方，绿色环球 21 作为唯一的旅行旅游行业世界性认证体系，可以向所有利益相关团体与个人证明企业/景区的环境实施成效。

（3）促进市场营销。企业/景区如果承诺依照可持续旅行旅游原则和实践进行经营活动，尤其是利用绿色环球 21 这个唯一的旅行旅游行业世界性环境认证品牌，就能在新型市场上占据制高点。

（4）增强员工的责任感。很好地了解雇主在环境可持续性方面的承诺，可以对员工的精神风貌产生积极的影响。

（5）获得专业帮助。绿色环球 21 可以根据行业的环境实施达标要求，把达标评估信息反馈给企业/景区，同时根据最初的评估报告，提出企业/景区需要继续改进和如何改进的建议。

（6）改善环境。绿色环球 21 通过可持续的旅行旅游业为人类的地球家园创造更好的环境。绿色环球 21 企业/景区为此作出了杰出的贡献。每一个企业/景区取得的成就都可以直接改善人类的家园。企业/景区所取得的成就将通过正面宣传得到回报，并形成良性循环。

（7）改善社区关系。作为绿色环球 21 标准的关键内容，绿色环球 21 积极鼓励企业/景区加强与当地社区联系，并在评估中给予特别重视。尤其要指出的是，绿色环球 21 要求企业/景区将其获得的绿色环球 21 认证合格进行展示，企业/景区取得的环境实施成效也应该广为宣传。

6. ISO 14001 环境管理体系与绿色环球 21 之间的关系

就标准本身而言，无论是绿色环球 21 还是 ISO 14001 环境管理体系，都以环境保护、可持续发展为核心，都有一个制定政策，遵守法律、法规，以及建立环境管理体系的要求，但两者之间仍存在着以下几个显著的差别。

(1) 适用范围不同

绿色环球 21 是专门针对旅行旅游行业设计的标准体系，因而对旅游服务行业的环境问题针对性较强，这是该标准广受旅游企业欢迎和关注的重要原因之一。ISO 14001 环境管理体系的涵盖范围广，而且主要是针对生产型企业设计的。

(2) 考核标准不同

绿色环球 21 关注定性的体系控制过程和定量的控制结果，是一套定性和定量相结合的体系。绿色环球 21 达标评估指标体系的设计，既考虑不同旅游部门的特殊性，又顾及国家和地区的“特色”。而 ISO 14001 环境管理体系则更多地关注对体系的定性考核。

(3) 涉及问题不同

绿色环球 21 标准综合考虑了质量管理、环境管理、职业健康安全和社会责任等问题，在标准规范的设计中体现对环境、社会、经济和文化的考虑，更符合旅游行业、服务性行业的特征，树立社会形象和宣传可持续发展理念的需求。而 ISO 14001 环境管理体系则以污染控制和节能降耗为主旨。

(4) 标志不同

绿色环球 21 拥有一个独特设计的徽标，可以在企业/景区的市场营销中展示企业/景区的良好形象。而 ISO 14001 环境管理体系只有证书，没有独立的标志。

因此，绿色环球 21 作为全球唯一的可持续旅游标准体系，在 ISO 14001 环境管理体系的基础上进行了完善和升华，从而更适合于旅行旅游行业的应用。

12.5.4 案例分析：凯库拉（Kaikoura）基于绿色环球 21 的地球评分达标评价指标

凯库拉（Kaikoura）的年度评价是基于绿色环球 21 的地球评分达标评价指标基础上的，其评价指标是经过仔细筛选用于考察关键领域的环境和社会绩效影响的，如表 12－2 所示。

表 12－2　凯库拉（Kaikoura）的评价指标

	每年标准
① 可持续政策	政策的产生和实施
② 能源消耗	能源消耗（10^9 焦/(人·年)）
③ 温室气体产生	二氧化碳（吨/(人·年)）
④ 空气质量	氮氧化物产生/面积（千克/公顷）
⑤ 空气质量	二氧化硫产生/面积（千克/公顷）

续表

	每年标准
⑥ 空气质量	颗粒产生/面积（千克/公顷）
⑦ 饮用水的消费	饮用水消耗（千升/(人·年)）
⑧ 固体废物产生	废物量（吨/(人·年)）
⑨ 资源保护	纸制品购买（千克/(员工·年)）
⑩ 资源保护	可生物降解农药的使用（千克）/总的农药使用（千克）
⑪ 资源保护	可生物降解的清洁所用的化学品（千克）/总计使用的清洁化学品（千克）
⑫ 生物多样性	生态保护区/总目的地面积
⑬ 水路质量	水质测试通过/采取水样
⑭ 旅游	环境绩效认可的旅游活动/总的旅游活动

（1）可持续政策。

（2）能源消耗。

能源消耗，如图 12－6 所示。

（3）温室气体产生。

凯库拉（Kaikoura）2001—2005 年的二氧化碳（CO_2）产生量如图 12－7 所示。

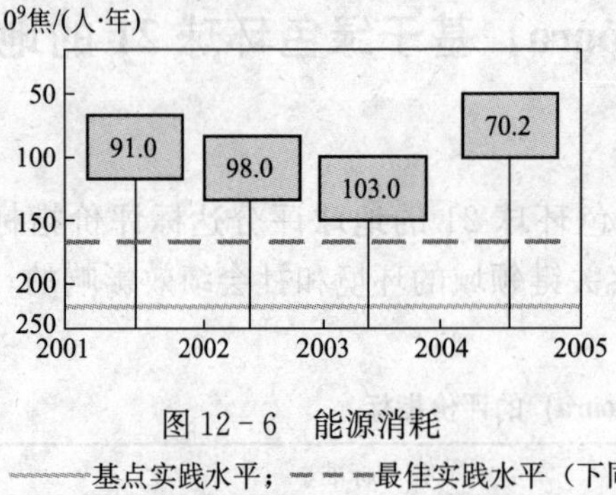

图 12－6　能源消耗

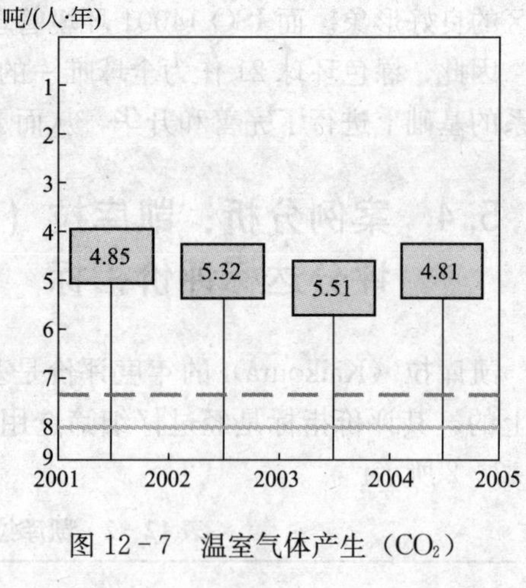

图 12－7　温室气体产生（CO_2）

注：——基点实践水平；－－－最佳实践水平（下同）

（4）空气质量。

凯库拉 2001—2005 年的氮氧化物（NO_X），产生量如图 12－8 所示。

（5）空气质量。

凯库拉 2001—2005 年的二氧化硫（SO_2），产生量如图 12－9 所示。

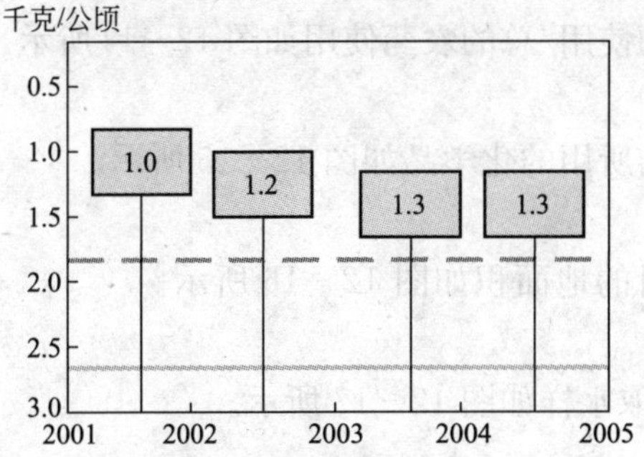

图 12-8　空气质量（NO_x）

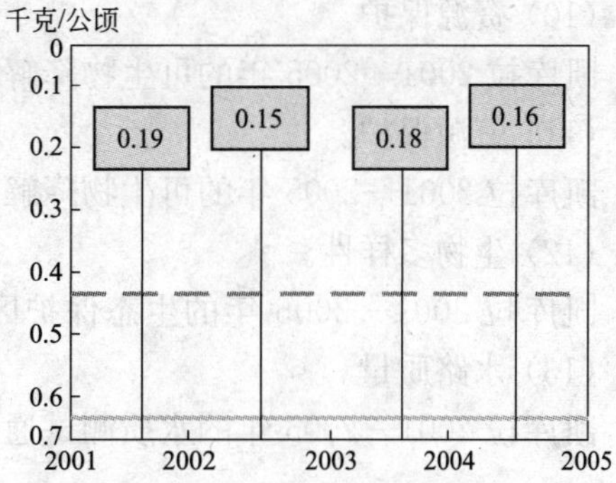

图 12-9　空气质量（SO_2）

(6) 空气质量。

凯库拉 2001—2005 年的颗粒如图 12-10 所示。

(7) 饮用水的消费。

凯库拉 2001—2005 年的饮用水消耗如图 12-11 所示。

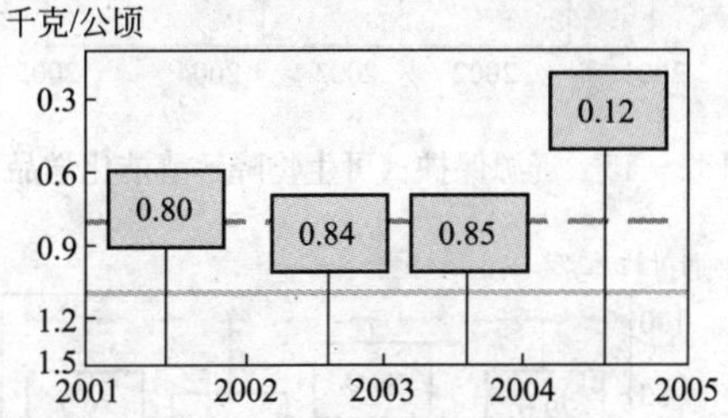

图 12-10　空气质量（颗粒）

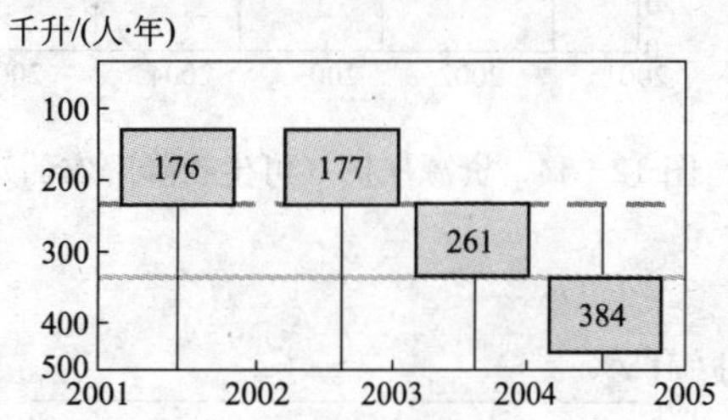

图 12-11　饮用水的消耗

(8) 固体废物产生。

凯库拉 2001—2005 年的废物量如图 12-12 所示。

(9) 资源保护。

凯库拉 2001—2005 年的纸制品购买量如图 12-13 所示。

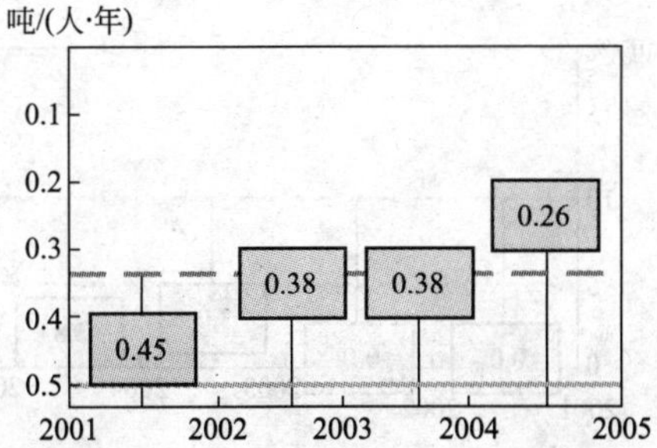

图 12-12　固体废物产生（废物量）

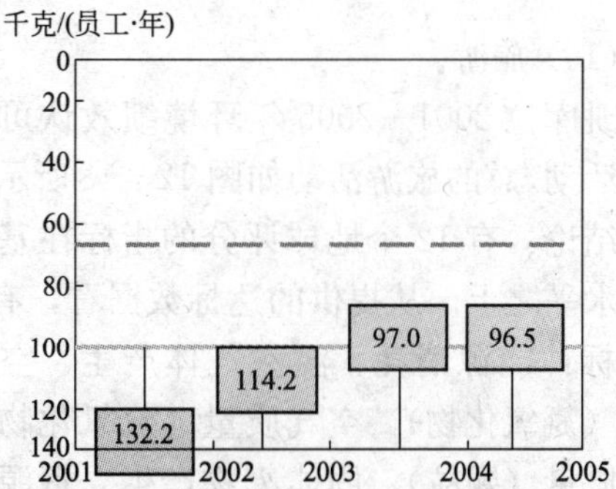

图 12-13　资源保护（纸制品购买）

(10) 资源保护。

凯库拉 2001—2005 年的可生物降解农药的使用/总的农药使用如图 12－14 所示。

(11) 资源保护。

凯库拉 2001—2005 年的可生物降解的清洁所用的化学品如图 12－15 所示。

(12) 生物多样性。

凯库拉 2001—2005 年的生态保护区/总目的地面积如图 12－16 所示。

(13) 水路质量。

凯库拉 2001—2005 年的水质测试通过/采取水样如图 12－17 所示。

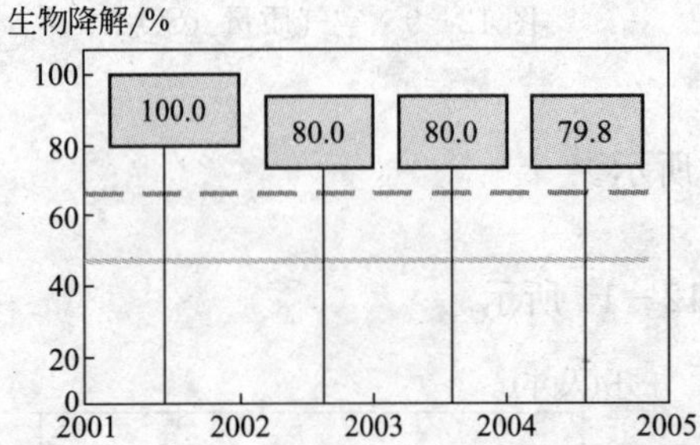

图 12－14　资源保护（可生物降解农药）

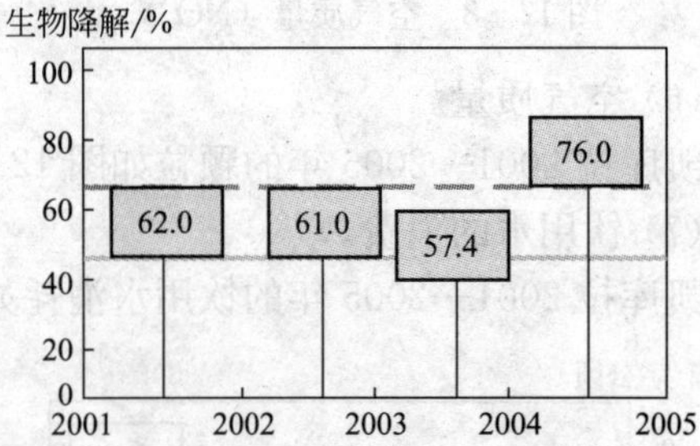

图 12－15　资源保护（可生物降解清洁化学品）

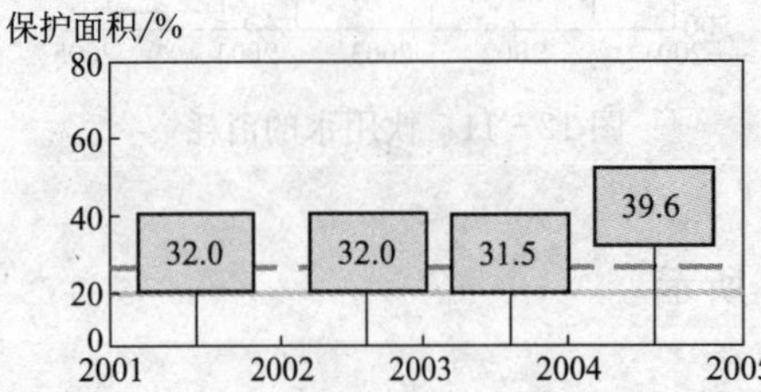

图 12－16　生物多样性（生态保护面积）

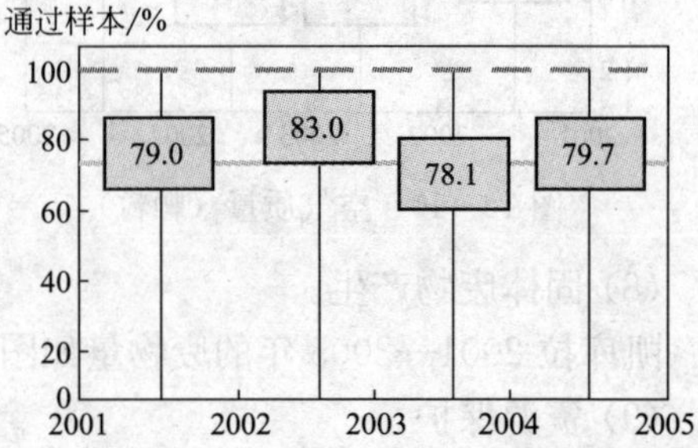

图 12－17　水路质量（水质测试）

(14) 旅游。

凯库拉 2001—2005 年环境绩效认可的旅游活动/总的旅游活动如图 12－18 所示。

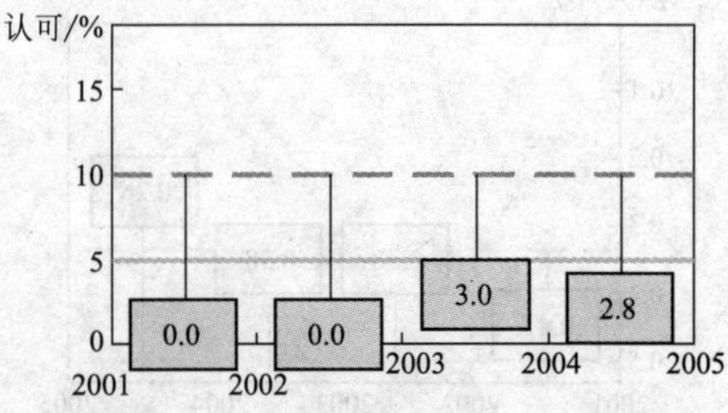

图 12－18　旅游（环境绩效认可）

结论：有 12 个地球评分的指标在基点实践水平之上。从提供的达标数据看，有 8 个指标：能源消耗、温室气体产生、空气质量（氮氧化物）、空气质量（硫氧化物）、空气质量（颗粒）、固体废物产生、资源保护（可生物降解农药的使用）、资源保护

（可生物降解化学品的使用）和生物多样性在最佳实践水平之上，是一个值得高度赞扬的杰出成就。有一个指标在基点实践水平之下，就是水的消费，高出基点实践水平18.5%，但在过去几年里明显上升。

指标的改进不仅有助于环境的改善，也有助于降低成本。特别的是凯库拉被鼓励调查水消耗水平的显著增长。

本章小结

企业作为经济主体，其首要责任是为社会提供合格的产品和服务，以获取最大限度的利润。这是企业生存之本。企业承担环境责任，会不会影响企业的经济利益，从而影响企业的生存，从长远角度看，企业可持续发展的环境责任与其经济利益紧密结合，是现代企业竞争力的源泉。

对企业环境责任的关注已成为现代企业竞争的新潮流。本章探讨了履行社会责任的企业如何将生态经营战略纳入到企业的可持续发展战略之中；论述了企业要根据可持续发展战略的不同，制定出不同的生态战略，以及如何明确具体的经营策略，选择适当的指标来衡量和监控企业的生态战略绩效。

本章从理论上探讨了如果“伦理规范治理”能够发展成为一种比较完善的公司治理理论，就能够给政策制定者提供一个有效的工具。传统的公司治理理论和政策大都忽视伦理对解决公司治理问题的作用。其关注的焦点集中在政府的干预和市场的各种补救措施上。而基于伦理道德的公司治理方法有可能会提供一种潜在的、有力的、灵活的、分权的，并且有可能是低成本的对政府和市场的补充方法。在社会责任条件下，伦理作为公司治理的新途径的原因是其可以为代理者提供精神上和社会约束上的激励，与经济利益不协调这一公司治理问题抗衡。在企业的环境管理过程中，环境伦理可以起到约束企业行为的重要作用。企业环境责任条件下，公司治理应以伦理规范作为途径。

许多公司都已认识到企业社会责任这一趋势。但如何实践“从经济的到道德的可持续经营”成为公司所面临的问题。“组织学习”这一管理学理念将有助于企业加快实施企业社会责任，使企业认识到随着环境的变化，企业要重新定位、要有前瞻性，并且决定采取什么样的环境和社会措施来加以应对。为了要在这些因素（对环境责任、社会责任的新要求）所造成的环境中生存下去，企业必须不断地学习，灵活地预见未来。能否过渡成为一个学习型组织，在工业经济时代也许意味着组织生存的好与坏，而在知识经济时代则意味着存与亡。为了适应时代的要求，员工要成为学习型组织的员工，而管理者则要千方百计提高组织的学习能力。本章提出围绕清洁生产进行组织学习能够提高企业的竞争力。

旅游企业按照 ISO 14001 建立和实施环境管理的益处是提高企业和产品的市场竞争力，树立优秀企业形象；加强管理，降低成本；减少环境责任事故的发生，从根本上实现污染预防；提高企业环境管理水平和员工的环境意识。加入绿色环球 21 认证的意义是节省成本，提供资信证明，促进市场营销，增强员工的责任感，获得专业的帮助，改善环境和社区关系。

练习题

1. 名词解释

可持续发展的“三个基本点”　企业公民　学习型组织　ISO 14001　绿色环球 21 基点实践水平　最佳实践水平

2. 思考题

(1) 简述将企业社会责任纳入到企业战略中的步骤。

(2) 企业社会责任的价值体系。

(3) 简述解决公司治理问题的传统途径。

(4) 简述旅游企业伦理治理的外部支撑体系。

(5) 简述 ISO 14001 标准的主要内容。

(6) 简述按照 ISO 14001 建立和实施环境管理的益处。

(7) 简述加入绿色环球 21 认证的意义。

(8) 简述绿色环球 21 现有的四大标准。

(9) 绿色环球 21 关注的主要问题。

(10) 论述旅游企业伦理治理的内部运行机制。

(11) 论述基于可持续发展的生态经营战略。

参考文献

[1] DYLLICK T，HICKERTS K. Beyond the business case for corporate sustainability. Business Strategy and the Environment，2002 (11)：130－141.

[2] 金乐琴. 企业社会责任：推动可持续发展的第三种力量. 中国人口：资源与环境，2004，2 (14)：123.

[3] 王鲜萍. 解读企业公民. 上海企业，2004 (4)：24－25.

[4] RONDINELLI D A，BERRY M A. Environmental citizenship in multinational corporations：social responsibility and sustainable development. European mana-

gement Journal，2000，18（1）：70－84.
[5] MAIGNAN I，FERRELL O C. Antecedents and benefits of corporate citizenship：an investigation of French businesses. Journal of Business Research，2001（51）：37－51.
[6] ZNKIN J. Maximising the “Licence to Operate”，CSR from an Asian Perspective. Journal of Corporate Citizenship，2004（14）：67－80.
[7] 王竹林. 绿色经营与企业的社会责任. 理论导刊，2003（14）：537－539.
[8] MARREWIJK M V，WERRE M. Multiple level of corporate sustainability. Journal of Business Ethics，2003（44）：107－119.
[9] 佩因. 公司道德：高绩效企业的基石. 北京：机械工业出版社，2004.
[10] 彭赓，李敏强，寇纪淞. 组织学习与学习型组织研究. 中国软科学，1999（12）：119.
[11] 冯奎. 学习型组织：未来成功企业的模式. 广州：广东经济出版社，2001.
[12] CRAMER J. Company learning about corporate social responsibility. Business Strategy and the Environment，2005（14）：255－266.
[13] HENDERSON J C. Corporate social responsibility and tourism：hotel companies in Phuket，Thailand，after the Indian Ocean tsunami. Hospitality Management，2007（26）：228－239.
[14] SWARBROOKE J. The development and management of visitor attractions. Elsevier Science，2002（2）.
[15] MACKENZIE C. Moral sanctions：Ethical norms as a solution to corporate governance problems. Journal of Corporate Citizenship，2004.
[16] London Stock Exchange（LSE）. The combined code on corporate governance in the UK，2003.
[17] 崔如波. 公司治理：制度与绩效. 北京：中国社会科学出版社，2004.
[18] 张秋来，黄维. “搭便车”与公司治理结构中利益相关者行为分析. 科技管理研究，2005（2）.
[19] FENNELL D A，Tourism ethics. New York：The Cromwell Press，2006.
[20] 谭春化. 试论旅游企业的伦理道德及对策. 商场现代化，2006（4）：170－171.
[21] 谢芳，廖筠. 基于企业社会责任的旅游业公司伦理规范治理探讨. 现代财经，2008（9）.
[22] 王宁，谢芳. 中国绿色环球21认证体系实施研究. 生态经济，2009（5）：317－320.
[23] 杨惠聪，卢永贤. 按标准建立清源山风景名胜区的环境管理体系. 福建建设科技，2002（1）：33－34.